Mara Bruzzi Francesco Saverio Cataliotti Duccio Fanelli

ELEMENTI DI MECCANICA E TERMODINAMICA

Società Editrice ESCULAPIO

ISBN 978-88-9385-207-4

Società Editrice Esculapio s.r.l.
Via Terracini, 30 – 40131 Bologna
www.editrice-esculapio.com – info@editrice-esculapio.it

In copertina: *Newton's Gravity law infographic with Earth globe, moon, apple tree and basic diagram.*

Impaginazione: Carlotta Lenzi

Società Editrice
ESCULAPIO

Indice

Capitolo 1 Introduzione

Capitolo 2 Grandezze scalari e vettoriali

Capitolo 3 Grandezze Cinematiche

Capitolo 4 Dinamica del punto materiale

Capitolo 5 Natura delle Forze

Capitolo 6 Energia

Capitolo 7 Corpi estesi

Capitolo 8 Urti

Capitolo 9 Onde

Capitolo 10 Meccanica dei fluidi

Capitolo 11 Cenni di Meccanica Statistica

Capitolo 12 I principio della Termodinamica

Capitolo 13 II principio della Termodinamica

Capitolo 1

Introduzione

1.1 SCIENZA SPERIMENTALE

Nella sua accezione più generale la Fisica è un programma vasto e ambizioso che ha come ultimo scopo quello di fornire un modello logico-matematico dell'Universo che permetta una descrizione dei fenomeni naturali, in qualunque luogo e in qualunque momento essi si verifichino. La rappresentazione fisica è una descrizione della realtà che discende, secondo le regole della logica, da un insieme, il più possibile ristretto, di ipotesi arbitrarie chiamate comunemente *principi della fisica*. La Fisica ha storicamente rappresentato il primo ambito di applicazione del *metodo scientifico* introdotto da Galileo nel XVII secolo. La base del metodo sono gli *esperimenti*: ogni conclusione scientifica deve partire dall'analisi di una *sensata esperienza* di un fenomeno e deve essere sottoposta al vaglio di un esperimento. I principi della fisica sono soggetti a un continuo controllo sperimentale, sia direttamente (quando questo è possibile), che indirettamente, attraverso la verifica delle loro logiche conseguenze. È importante notare che, anche quando il risultato di un particolare esperimento non contraddice la predizione del modello, questo non prova la *verità assoluta* del modello, quanto la sua validità alla luce delle evidenze sperimentali esistenti.

Galileo Galilei

(Pisa 1564 - Arcetri 1642), fisico e filosofo italiano.

In altre parole ogni principio fisico è *vero solo fino a prova contraria*.

1.2 SISTEMI DI UNITÀ DI MISURA

Per poter costruire un modello logico-matematico di un fenomeno materiale e verificarne sperimentalmente le predizioni

Costante Fisica	Unità [simbolo]	Definizione	Formula
ν_{Cs}, frequenza di transizione fra i due livelli iperfini dello stato fondamentale dell'atomo di cesio 133	secondo [s]	Il **secondo**, simbolo s, è l'unità SI di *tempo*. Si definisce fissando il valore numerico della frequenza del cesio ν_{Cs}, la frequenza di transizione fra i due livelli iperfini dello stato fondamentale non perturbato dell'atomo di cesio-133, a 9192631770 quando espressa nell'unità Hz, che è uguale a s^{-1}	$1\,\mathrm{s} = \frac{9192631770}{\nu_{Cs}}$
c, velocità della luce nel vuoto	metro [m]	Il **metro**, simbolo m, è l'unità SI di *lunghezza*. Si definisce fissando il valore numerico della velocità della luce nel vuoto c a 299792458 quando espresso nell'unità $m{\cdot}s^{-1}$, dove il secondo è definito in termini di frequenza del cesio ν_{Cs}.	$1\,\mathrm{m} = \frac{9192631770}{299792458}\frac{c}{\nu_{Cs}}$
h, costante di Planck	kilogrammo [kg]	Il **kilogrammo**, simbolo kg, è l'unità SI di *massa*. Si definisce fissando il valore numerico della costante di Planck h a $6.62607015{\cdot}10^{-34}$ quando espresso nell'unità J·s, che è uguale a $kg{\cdot}m^2{\cdot}s^{-1}$, dove sono definiti il metro e il secondo in termini di c e ν_{Cs}.	$1\,\mathrm{kg} = \frac{(299792458)^2}{(6.62607015\cdot 10^{-34})(9192631770)}\frac{h\nu_{Cs}}{c^2}$
e, carica elementare	Ampere [A]	L'**Ampere**, simbolo A, è l'unità SI della *corrente elettrica*. Si definisce fissando il valore numerico della carica elementare e a $1.602176634{\cdot}10^{-19}$ quando espresso nell'unità C, che è uguale ad A·s, dove il secondo è definito in termini di ν_{Cs}.	$1\,\mathrm{A} = \frac{e\nu_{Cs}}{(1.602176634\cdot 10^{-19})(9192631770)}$
k, costante di Boltzmann	Kelvin [K]	Il **Kelvin**, simbolo K, è l'unità SI della *temperatura termodinamica*. Si definisce fissando il valore numerico della costante di Boltzmann k a $1.380649{\cdot}10^{-23}$ quando espresso nell'unità $J{\cdot}K^{-1}$, che è uguale a $kg{\cdot}m^2{\cdot}s^{-2}{\cdot}K^{-1}$, dove il chilogrammo, metro e secondo sono definiti in termini di h, c e ν_{Cs}.	$1\,\mathrm{K} = \frac{1.380649\cdot 10^{-23}}{(6.6260715\cdot 10^{-34})(9192631770)}\frac{h\nu_{Cs}}{k}$
N_A, costante di Avogadro	Mole [mol]	La **mole**, simbolo mol, è l'unità SI della *quantità di materia*. Una mole contiene esattamente un numero di Avogadro N_A di entità elementari. Il valore numerico di N_A è fissato a $6.02214076{\cdot}10^{23}$ quando espresso nell'unità mol^{-1}. La *quantità di sostanza*, simbolo n, di un sistema è una misura del numero di entità elementari specificate. Un'entità elementare può essere un atomo, una molecola, uno ione, un elettrone, qualsiasi altra particella o un gruppo specificato di particelle.	$1\,\mathrm{mol} = \frac{6.02214076\cdot 10^{23}}{N_A}$
K_{cd}, efficienza luminosa	Candela [cd]	La **candela**, simbolo cd, è l'unità SI dell'*intensità luminosa* in una direzione data. Si definisce fissando il valore numerico dell'efficacia luminosa della radiazione monocromatica di frequenza $540{\cdot}10^{12}$ Hz, K_{cd}, a 683 quando espresso nell'unità $lm{\cdot}W^{-1}$, che è uguale a $cd{\cdot}sr{\cdot}W^{-1}$ o $cd{\cdot}sr{\cdot}kg^{-1}{\cdot}m^{-2}{\cdot}s^3$, dove kilogrammo, metro e secondo sono definiti in termini di h, c e ν_{Cs}.	$1\,\mathrm{cd} = \frac{K_{cd}h(\nu_{Cs})^2}{683(6.62607015\cdot 10^{-34})(9192631770)^2}\mathrm{sr}^{-1}$

Tabella 1.1 Unità di base del Sistema Internazionale.

è, per prima cosa, necessario *quantificare* le proprietà fisiche che descrivono il sistema. Per fare questo è necessario *misurare* le proprietà fisiche di interesse. Definire operativamente la metodologia con la quale si misura una determinata proprietà fisica equivale a definire una *grandezza fisica*. Idealmente una grandezza fisica si misura per confronto con un *campione* che presenta la stessa proprietà e stabilisce quindi l'*unità di misura*; è tuttavia sempre possibile ricorrere a campioni ottenuti dalla combinazione di altre unità di misura. Le grandezze per le quali è individuato un campione si dicono *grandezze fondamentali*. Le altre, definite per combinazione delle grandezze fondamentali, si dicono *grandezze derivate*.

Grandezza fisica

L'insieme dei campioni e delle definizioni delle grandezze fisiche (sia fondamentali che derivate) costituisce un *sistema di unità di misura*. Il sistema attualmente in utilizzo è il *Sistema Internazionale (SI) di Unità di misura*.

Il 20 maggio 2019, in occasione dei 144 anni della *convenzione del metro*, le 7 unità di misura fondamentali del SI sono state ridefinite assegnando dei valori esatti a 7 costanti fisiche.

Così come i principi della fisica anche il sistema di unità di misura è soggetto a continua verifica sperimentale e modificato quando risulti inadeguato. La scelta del campione, infatti, si effettua individuando un sistema fisico nel quale la proprietà di interesse sia il più possibile indipendente dalle condizioni ambientali e che sia il più possibile facile da riprodurre. L'inadeguatezza del campione emerge quando la scoperta di nuove metodologie e strumenti di misura mette in evidenza la variabilità del campione stesso o quando viene inventata una nuova metodologia o una nuova strumentazione che permetta di accedere ad un miglior campione.

Oltre alle unità di misura nel Sistema Internazionale, per comodità, sono definiti dei multipli e sottomultipli in potenze di 1000.

Tabella 1.2
Principali abbreviazioni per multipli e sottomultipli.

Prefisso	pico	nano	micro	milli	kilo	Mega	Giga	Tera
Simbolo	p	n	μ	m	k	M	G	T
Potenza di 10	10^{-12}	10^{-9}	10^{-6}	10^{-3}	10^{3}	10^{6}	10^{9}	10^{12}

L'adozione di un Sistema Internazionale di unità di misura ha rappresentato un passo storico importante che non solo ha facilitato la condivisione della conoscenza scientifica ma ha anche favorito gli scambi commerciali. In effetti in ogni paese avanzato esiste un'Istituzione che si dedica al mantenimento ed all'aggiornamento dei campioni del sistema Internazionale. In Italia l'Istituto Nazionale di Ricerca Metrologica, INRIM, si trova a Torino.

È però vero che nell'uso comune si utilizzano spesso unità di misura diverse da quelle del Sistema Internazionale, come ad esempio pollici e iarde per le lunghezze ma anche più familiarmente minuti, ore e giorni per il tempo. Questo significa che si deve essere capaci di cambiare unità di misura senza incorrere in banali errori di calcolo.

Naturalmente non è quasi mai possibile confrontare il sistema da misurare con il vero campione dell'unità di misura, per questo si ricorre a campioni secondari tarati per confronto con il campione primario. Il risultato del confronto fra il sistema in esame ed il campione è espresso da un numero razionale seguito dal simbolo dell'unità di misura. Ad esempio la larghezza di questa pagina è 190 mm.

1.3 CALCOLO DIMENSIONALE

Combinare fra di loro i risultati di diverse misure richiede un certo grado di accortezza. Nel seguito, per il calcolo dimensionale, useremo la convenzione di indicare la grandezza fisica tra parentesi quadre.

SOMMA

$$n[u] \pm m[u] = l[u]$$

Si sommano misure espresse nella stessa unità di misura. Il risultato è espresso ancora nella stessa unità di misura

PRODOTTO

$$n[u] \cdot m[v] = nm[uv]$$

Si possono moltiplicare misure espresse in diverse unità di misura. In ogni caso il risultato è espresso in una nuova unità di misura che è il prodotto delle unità dei fattori. Lo stesso vale per l'elevazione a potenza.

DIVISIONE

$$\frac{n[u]}{m[v]} = \frac{n}{m}\left[\frac{u}{v}\right]$$

Si possono dividere misure espresse in diverse unità di misura. In ogni caso il risultato è espresso in una nuova unità di misura che è il rapporto delle unità dei fattori

L'argomento di una funzione, come ad esempio sen, cos o log, è *sempre* un numero puro.

Il controllo del rispetto di queste poche regole basilari, non è solamente un utilissimo strumento per la verifica della correttezza dei calcoli in equazioni complicate, ma costituisce anche un potente metodo di indagine per aiutare la comprensione di un determinato fenomeno fisico.

1.4 ERRORI DI MISURA

Il risultato di una misura non è mai esatto ma è sempre affetto da un *errore.*

Esistono due tipi di errore, l'*errore sistematico* dovuto a difetti di taratura o inevitabili incertezze di procedura e l'*errore casuale* dovuto a ineliminabili variazioni statistiche del sistema e/o dell'apparato di misura.

Errore sistematico

L'errore sistematico può essere solamente stimato attraverso un'attenta valutazione della procedura e della strumentazione di misura. Nelle misure di alta precisione la sua corretta stima rappresenta uno dei problemi più complessi con i quali si confronta uno sperimentatore.

Errore casuale

L'errore casuale può invece essere valutato attraverso l'analisi statistica dei risultati di più misure ripetute. Supponiamo di ripetere una misura di una certa grandezza fisica e definiamo $f(x)dx$ la probabilità che una misura generi un risultato compreso fra x e $x + dx$. Se la variazione del risultato di misure successive è effettivamente dovuta a cause fra di loro indipendenti i risultati si distribuiscono secondo una funzione di Gauss:

Carl Friedrich Gauss

(Brunswick 1777 - Gottinga 1855) fisico e matematico tedeso.

$$f(x) = \frac{1}{\sqrt{2\pi}\sigma} \exp\left[-\frac{(x-x_m)^2}{2\sigma^2}\right] \tag{1.1}$$

Notiamo che, dato che la probabilità di ottenere un risultato x compreso fra $-\infty$ e ∞ è 1, deve essere $\int_{-\infty}^{\infty}\left[f(x)\right]dx = 1$, come è immediato verificare.

Il valore più probabile per il risultato della misura si ottiene come *valor medio* di x sulla funzione $f(x)$:

$$\langle x \rangle = \int_{-\infty}^{\infty}\left[x\, f(x)\right]dx = x_m \tag{1.2}$$

e l'errore casuale $\sigma_{\langle x\rangle}$ come *deviazione standard* della funzione:

$$\sigma^2_{\langle x\rangle} = \int_{-\infty}^{\infty} \left[(x-\langle x\rangle)^2 f(x)\right]dx = \sigma^2 \tag{1.3}$$

Indicare un risultato sperimentale come $\langle x\rangle \pm \sigma_{\langle x\rangle}[u]$ implica che nel 68% dei casi una nuova misura darà un risultato compreso tra $\langle x\rangle - \sigma_{\langle x\rangle}[u]$ e $\langle x\rangle + \sigma_{\langle x\rangle}[u]$. Questa probabilità sale rapidamente e a 3σ è già del 99.7%.

In generale il risultato di una misura può essere indicato come $n \pm e[u]$ oppure $n(e)[u]$ dove e è l'*errore assoluto*. Alternativamente si possono definire l'*errore relativo* come e/n e l'*errore percentuale* come $e/n \cdot 100$.

Il risultato di una misura viene riportato fino alla cifra che cambia quando si somma o si sottrae l'errore. Le cifre correttamente espresse secondo quanto appena osservato si dicono *significative*. Ogni cifra dopo l'ultima risulterebbe infatti inferiore all'incertezza della misura dettata dall'errore.

Combinando i risultati di diverse misure l'errore si propaga. Uno studio dettagliato di questa propagazione esula dagli scopi del presente testo. Si può in generale dire che, se le sorgenti di errore non sono fra di loro correlate si sommano gli errori relativi. In generale combinando i risultati di più misure il numero di cifre significative può solo *diminuire*.

Per esempio la lunghezza di questa pagina misurata con un comune righello è 245 ± 1 mm dove 245 mm è la lunghezza misurata e 1 mm è l'errore sulla misura. Il numero di cifre significative in questo esempio è 3. Se si combina questo risultato con la larghezza della pagina (190 ± 1 mm) per ottenerne l'area si ottiene $(46.55\pm0.4)\cdot 10^3$ mm^2.

Quando si combinano i risultati di diverse misure è utile conservare più cifre di quelle significative. Si deve però ricordare di arrotondare il risultato finale alle ultime cifre significative compatibili con i dati di partenza.

1.5 RAPPRESENTAZIONI GRAFICHE

La definizione e la misura delle grandezze fisiche che caratterizzano un sistema fisico rappresenta soltanto il primo passo verso la comprensione fisica dei fenomeni naturali. Il passo successivo consiste nell'individuare le relazioni che intercorrono fra le diverse grandezze fisiche. Queste relazioni sono espresse a mezzo di *funzioni matematiche*. È spesso molto utile rappresentare tali funzioni per via grafica. Il grafico più semplice per rappresentare la relazione fra due grandezze fisiche, ciascuna espressa da un singolo numero razionale, è probabilmente un grafico *cartesiano* bidimensionale nel quale per ogni punto si assegnano i corrispondenti valori delle grandezze.

Grafico cartesiano

Quando il numero di grandezze fisiche da mettere in relazione aumenta o quando la natura delle grandezze è tale che per descriverle si deve ricorrere a più di un numero, allora i grafici diventano più complicati.

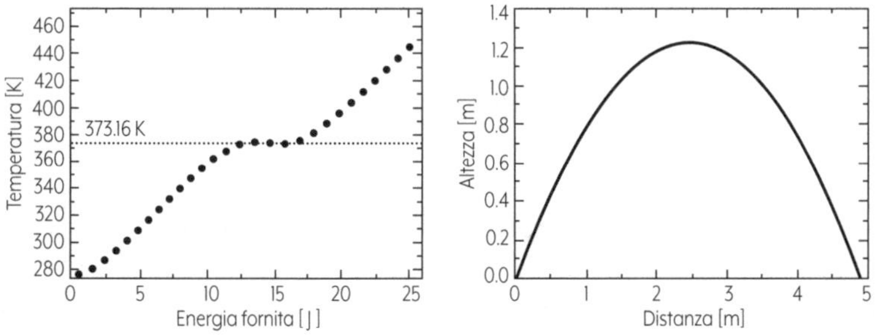

(A) (B)

Figura 1.1

A) Temperatura di un campione di acqua distillata alla pressione di $1.01 \cdot 10^5$ Pa in funzione del calore fornito. B) Traiettoria di un proiettile.

Figura 1.2

Distribuzione spaziale dell'intensità di un fascio laser rappresentata da curve di livello (sinistra), e come proiezione (destra). Si tratta di una superficie gaussiana. Le unità sono arbitrarie.

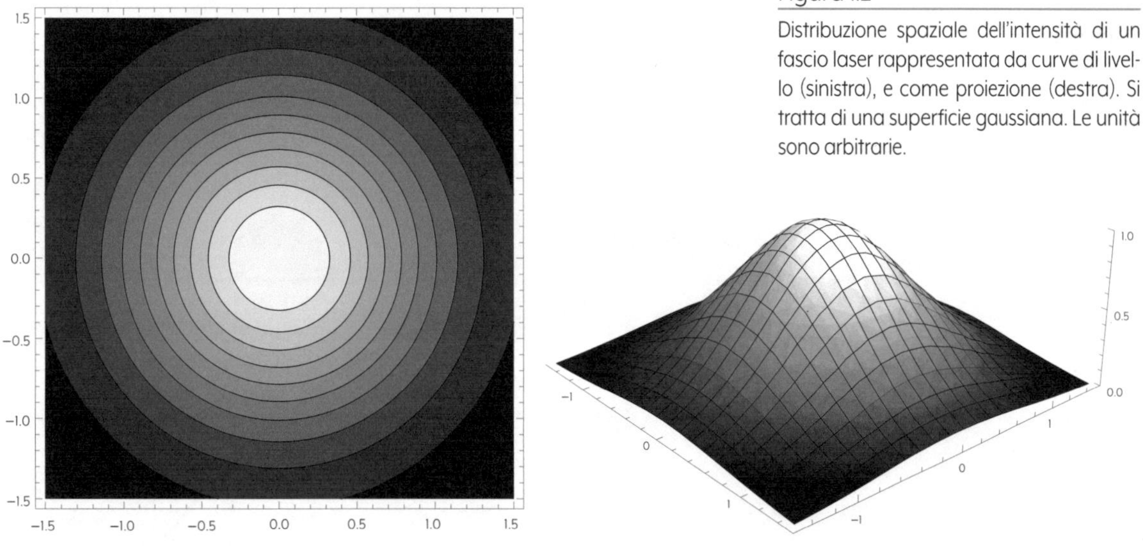

ESERCIZI

☑ ESERCIZIO 1

La legge oraria per la dipendenza dal tempo t (espresso in secondi) dell'angolo θ che il filo di un pendolo forma con la verticale (cfr. sez. 5.2), può prendere la forma $\theta(t)=\theta(0)\cos(\omega t)$. Usando il ragionamento dimensionale trovare l'espressione della pulsazione ω in funzione della lunghezza L (espressa in metri) del filo del pendolo e dell'accelerazione di gravità g (espressa in metri/secondi^2).

Soluzione

L'argomento di una funzione deve essere un numero puro. In particolare, l'argomento della funzione coseno rappresenta un angolo e quindi deve essere espresso in radianti. Di conseguenza:

Nota

L'angolo piano, espresso in radianti, si ottiene come rapporto fra la lunghezza dell'arco di circonferenza e la lunghezza del raggio. Essendo il rapporto fra due lunghezze è un numero puro (cfr. sez 1.2).

$$\omega[\mathrm{u}]t[\mathrm{s}]=n[\mathrm{rad}]\rightarrow\omega[\mathrm{u}]=\frac{n[\mathrm{rad}]}{t[\mathrm{s}]}\rightarrow[\mathrm{u}]=\left[\frac{\mathrm{rad}}{\mathrm{s}}\right]$$

Se facciamo il rapporto fra g ed L otteniamo $\dfrac{g[\mathrm{m/s^2}]}{L[\mathrm{m}]}=\dfrac{g}{L}\left[\dfrac{1}{\mathrm{s}^2}\right]$

quindi per ottenere l'unità di misura corretta dobbiamo estrarre la radice quadrata

$$\omega=\sqrt{\frac{g}{L}}$$

☑ ESERCIZIO 2

La legge oraria per la caduta di un grave (cfr. sez 4.4) può prendere la forma $y=-\frac{1}{2}gt^2+h$. Disegnarne il grafico ponendo sull'asse delle ascisse il tempo t e su quello delle ordinate la posizione y.

Soluzione

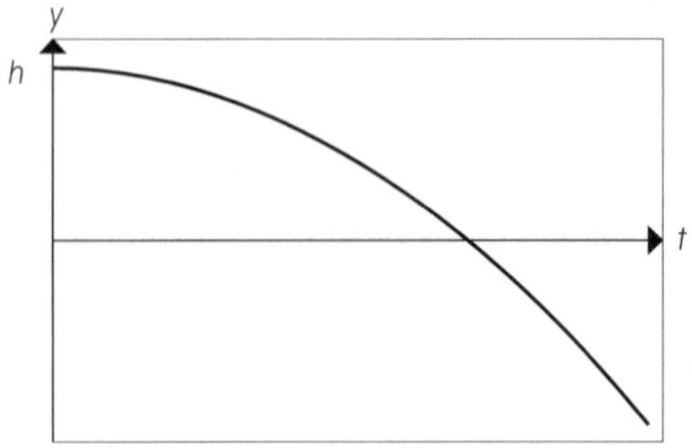

ESERCIZIO 3 ☑

L'unità di misura dell'energia è il Joule (cfr. sez. 6.1), una unità derivata la cui espressione è $J = \frac{\text{kg m}^2}{\text{s}^2}$. Trovarne l'espressione in termini delle costanti fondamentali

Soluzione

Partendo dalla tabella 1.1

$$1J = \frac{\frac{(299792458)^2}{(6.62607015\cdot 10^{-34})(9192631770)}\frac{h\nu_{Cs}}{c^2}\left(\frac{9192631770}{299792458}\frac{c}{\nu_{Cs}}\right)^2}{\left(\frac{9192631770}{\nu_{Cs}}\right)^2} =$$

$$= \frac{h\nu_{Cs}}{(6.62607015\cdot 10^{-34})(9192631770)}$$

Osserviamo che abbiamo ottenuto la nota formula di Planck $E = h\nu$.

Notiamo che si poteva arrivare alla stessa formula semplificando la velocità della luce c nell'espressione per il kg secondo l'ancor più nota formula di Einstein $E = mc^2$.

Capitolo 2

Grandezze scalari e vettoriali

Non tutte le grandezze fisiche sono completamente specificate quando si sia ottenuto un unico numero come risultato di una misura. Le grandezze che possono essere caratterizzate a mezzo di un unico numero sono dette *scalari*. Sono scalari grandezze fondamentali come la massa (misurata in kilogrammi) o l'intervallo di tempo (misurato in secondi) ma anche grandezze derivate come la frequenza (misurata in Hertz o s^{-1}) oppure il volume (misurato in m^3).

Grandezza scalare

Tuttavia vi sono anche grandezze per le quali non è sufficiente specificare un unico numero. Supponiamo di voler indicare, per esempio, la posizione relativa di due oggetti: non basterà quantificarne la distanza in metri, ma si dovrà anche aggiungere che sono separati e.g. in direzione verticale e che l'oggetto A si trova e.g. al di sotto dell'oggetto B. La posizione, in effetti, è il primo esempio che incontriamo di grandezza *vettoriale*, ovvero di una grandezza che, per essere completamente specificata, richiede non uno ma tre numeri. Per essere precisi in questo testo incontreremo essenzialmente due tipi di grandezze:

Grandezza vettoriale

SCALARI	1 numero reale
VETTORIALI	3 numeri reali (riflette la natura tridimensionale dello spazio ordinario)

Di seguito esamineremo con un certo dettaglio le operazioni che coinvolgono grandezze scalari e vettoriali (quelle che coinvolgono le sole grandezze scalari sono state illustrate nel precedente capitolo).

Si deve infine osservare che, in alcuni casi, come ad esempio quello di una forza, non è sufficiente specificare un vettore per definire completamente la grandezza fisica in questione, ma è necessario specificarne il ***punto di applicazione***.

Scalari, Vettori

In questo testo indicheremo gli scalari come lettere dell'alfabeto, i vettori come lettere sormontate da una freccia. Per chiarire: v è uno scalare, $\vec{v}$ è un vettore.

In tali casi si parla di ***vettore applicato*** intendendo con ciò l'insieme del vettore e del suo punto di applicazione.

2.1 RAPPRESENTAZIONE DEI VETTORI

Come osservato nella sezione precedente, un vettore dello spazio tridimensionale è definito da 3 numeri. Se ne possono dare diverse rappresentazioni. In questo testo saranno utilizzate prevalentemente la rappresentazione *cartesiana* e quella *grafica*.

Nella rappresentazione grafica un vettore è rappresentato come una *freccia* la cui *lunghezza* (definita positiva) rappresenta il modulo del vettore; la *famiglia di rette parallele* alla freccia rappresenta la direzione del vettore; il *verso che va dalla coda alla punta* della freccia rappresenta il verso del vettore. Nel caso di vettori applicati la *coda del vettore* è posta nel punto di applicazione del vettore stesso. In questo caso la *particolare retta alla quale appartiene* la freccia rappresenta la retta di azione del vettore.

Versori

Useremo una lettera sormontata da un cappello per indicare i versori ($\hat{v}$).

I vettori di *modulo unitario* si dicono *versori* e permettono di individuare completamente una famiglia di rette orientate fra di loro parallele. Convenzionalmente gli assi cartesiani, sui quali ritorneremo in seguito, sono individuati dai versori:

asse x versore $\hat{u}_x$

asse y versore $\hat{u}_y$

asse z versore $\hat{u}_z$

È spesso comodo rappresentare i vettori applicati come differenza (formale) di punti nello spazio, ovvero come *segmenti orientati*, intendendo che con il primo punto, P , si indica la punta del vettore e con il secondo, O, la coda, ovvero il punto di applicazione del vettore $\vec{r} \equiv (P-O)$.

2.2 OPERAZIONI CON I VETTORI

2.2.1. Somma fra vettori

Il risultato della somma fra vettori è un vettore; graficamente la somma si esegue facendo coincidere la coda di un vettore con la punta dell'altro ed ottenendo la somma come il vettore congiungente la coda del primo vettore con la punta del secondo. Come si vede dalla **figura 2.1** tale risultato si ottiene anche come diagonale di un parallelogramma costruito a partire dai vettori applicati nello stesso punto (*regola del parallelogramma*).

In termini di punti nello spazio

$$\vec{a} \equiv (B-A); \quad \vec{b} \equiv (C-B); \quad \vec{a}+\vec{b}=\vec{c} \equiv (C-A) \tag{2.1}$$

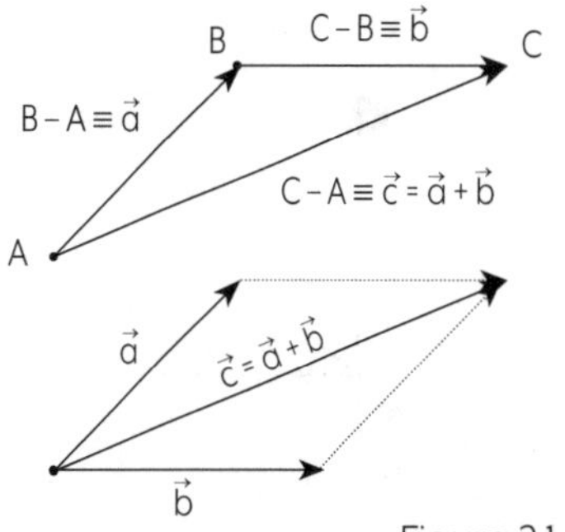

Figura 2.1
Somma tra vettori.

La sottrazione fra vettori si ottiene semplicemente invertendo il segno (il verso) del vettore da sottrarre (**Figura 2.2**).

Dalla definizione segue immediatamente che la somma fra vettori gode sia della proprietà commutativa che di quella associativa ovvero

$$\vec{a}+\vec{b}=\vec{b}+\vec{a} \tag{2.2}$$

$$\vec{a}+\vec{b}+\vec{c}=\left(\vec{a}+\vec{b}\right)+\vec{c}=\vec{a}+\left(\vec{b}+\vec{c}\right) \tag{2.3}$$

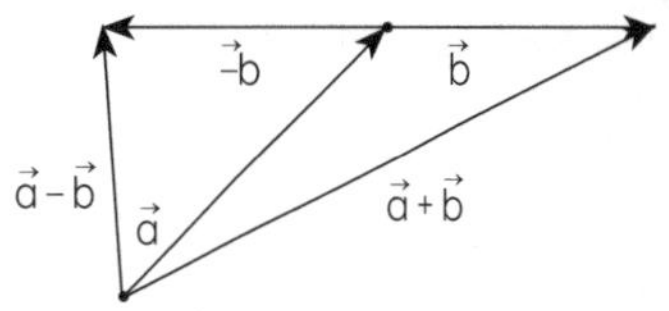

Figura 2.2
Sottrazione tra vettori.

2.2.2. Prodotto di uno scalare per un vettore

Il prodotto fra un qualunque scalare ed un vettore è un vettore di:

- modulo dato dal prodotto del modulo vettore per il modulo dello scalare;
- stessa direzione del vettore;
- verso concorde se lo scalare è positivo, discorde se lo scalare è negativo.

Una volta definito un asse per mezzo di un versore, tutti i vettori paralleli a tale asse possono essere costruiti come prodotto di uno scalare per il versore. In questo caso lo scalare prende il nome di *componente* del vettore lungo l'asse definito dal versore.

$\vec{r}=r_x\hat{u}_x$ || all'asse x $\quad r_x$ componente x di $\vec{r}$
$\vec{r}=r_y\hat{u}_y$ || all'asse y $\quad r_y$ componente y di $\vec{r}$
$\vec{r}=r_z\hat{u}_z$ || all'asse z $\quad r_z$ componente z di $\vec{r}$

È sempre possibile ottenere un versore da un vettore dividendo il vettore per il proprio modulo:

$$\hat{r}=\frac{\vec{r}}{|\vec{r}|}\equiv\frac{\vec{r}}{r}; \quad \vec{r}=|\vec{r}|\hat{r}\equiv r\hat{r} \tag{2.4}$$

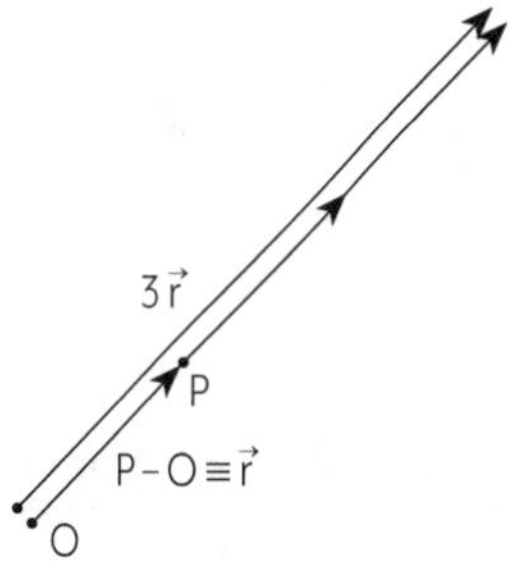

Figura 2.3
Prodotto di un vettore per uno scalare.

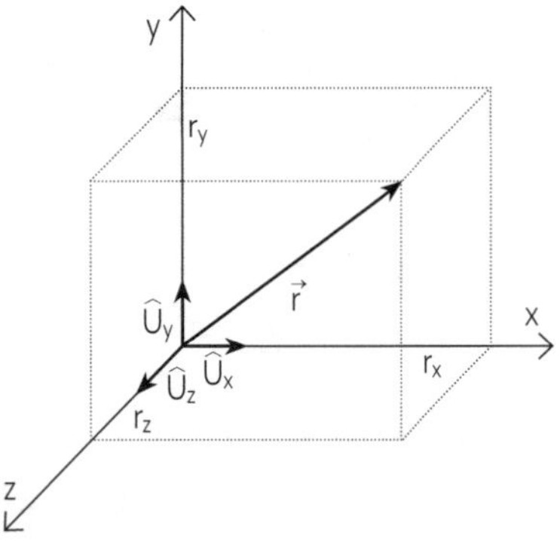

Figura 2.4

Vettore in componenti cartesiane.

Le due nozioni di prodotto per scalare e somma fra vettori ci permettono di capire la scrittura di un vettore in componenti cartesiane (**Figura 2.4**):

$$\vec{r} = r_x\hat{u}_x + r_y\hat{u}_y + r_z\hat{u}_z \equiv \{r_x; r_y; r_z\} \tag{2.5}$$

Utilizzando le componenti cartesiane è possibile verificare come le componenti del vettore somma siano la somma delle componenti dei vettori addendi:

$$\vec{a} = a_x\hat{u}_x + a_y\hat{u}_y + a_z\hat{u}_z$$
$$\vec{b} = b_x\hat{u}_x + b_y\hat{u}_y + b_z\hat{u}_z$$
$$\vec{a} + \vec{b} = (a_x + b_x)\hat{u}_x + (a_y + b_y)\hat{u}_y + (a_z + b_z)\hat{u}_z \tag{2.6}$$

Sempre utilizzando le componenti cartesiane è possibile verificare come ciascuna delle componenti del prodotto di un vettore per uno scalare sia il prodotto dello scalare per ciascuna delle componenti:

$$\begin{aligned}\vec{r} &= r_x\hat{u}_x + r_y\hat{u}_y + r_z\hat{u}_z \\ a\vec{r} &= ar_x\hat{u}_x + ar_y\hat{u}_y + ar_z\hat{u}_z\end{aligned} \tag{2.7}$$

Osserviamo che il prodotto di uno scalare per un vettore gode della proprietà commutativa nonchè delle proprietà associativa e distributiva sia rispetto alla somma dei numeri che dei vettori:

$$b(c\vec{a}) = (bc)\vec{a} \tag{2.8}$$

$$(b + c)\vec{a} = b\vec{a} + c\vec{a} \tag{2.9}$$

$$c(\vec{a} + \vec{b}) = c\vec{a} + c\vec{b} \tag{2.10}$$

Infine notiamo che se (e solo se) due vettori sono fra di loro paralleli allora è sempre possibile trovare uno scalare *c* tale che:

$$\vec{a} = c\vec{b} \tag{2.11}$$

2.2.3. Prodotto scalare

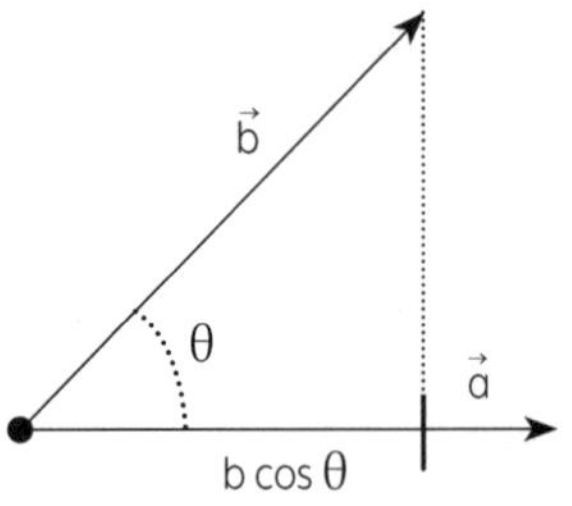

Figura 2.5

Prodotto scalare tra vettori.

Il risultato del prodotto scalare fra due vettori è uno scalare dato dal prodotto del modulo di un vettore per la lunghezza della proiezione del secondo sul primo (con segno), ovvero dal prodotto dei moduli dei due vettori per il coseno dell'angolo compreso fra i vettori (crescente dal primo al secondo vettore).

$$\vec{a} \cdot \vec{b} = ab\cos\theta \tag{2.12}$$

$$\vec{a} \cdot \vec{b} = a_x b_x + a_y b_y + a_z b_z \tag{2.13}$$

Dalla 2.12 segue che il prodotto scalare di due vettori perpendicolari è nullo.

Notare che, per le proprietà di simmetria della funzione coseno, il prodotto scalare gode della proprietà commutativa. Il prodotto scalare gode anche della proprietà distributiva:

$$\vec{a}\cdot\vec{b}=\vec{b}\cdot\vec{a} \qquad (2.14)$$

$$\left(\vec{a}+\vec{b}\right)\cdot\vec{c}=\vec{a}\cdot\vec{c}+\vec{b}\cdot\vec{c} \qquad (2.15)$$

Si noti che la proiezione di un vettore lungo una particolare direzione può essere ottenuta dal prodotto scalare del vettore per il versore che individua tale direzione. In particolare le componenti cartesiane di un vettore possono essere definite utilizzando il prodotto scalare:

$$a_x \equiv \vec{a}\cdot\hat{u}_x; \qquad a_y \equiv \vec{a}\cdot\hat{u}_y; \qquad a_z \equiv \vec{a}\cdot\hat{u}_z \qquad (2.16)$$

Infine, osserviamo come il modulo di un vettore possa essere definito come la radice quadrata del prodotto scalare del vettore con sé stesso:

$$|\vec{a}| \equiv a \equiv \sqrt{\vec{a}\cdot\vec{a}} \equiv \sqrt{a^2} = \sqrt{a_x^2+a_y^2+a_z^2} \qquad (2.17)$$

Vettori perpendicolari

Due vettori $\vec{a}$ e $\vec{b}$ sono fra di loro perpendicolari se e solo se $\vec{a}\cdot\vec{b}=0$.

2.2.4. Prodotto vettoriale

Il risultato del prodotto vettoriale fra due vettori è un vettore di:

- modulo dato dal prodotto del modulo del primo vettore per la lunghezza della proiezione del secondo vettore sulla perpendicolare al primo. In altre parole dal modulo del prodotto dei moduli per il seno dell'angolo compreso;
- direzione perpendicolare al piano individuato dai due vettori;
- verso dato dalla regola di mano destra (**Figura 2.6**): ponendo pollice, indice e medio della mano destra in direzione perpendicolare fra di loro e adagiando il pollice nella direzione e verso del primo vettore, l'indice nella direzione e verso del secondo, il medio indicherà direzione e verso del vettore risultante dal prodotto.

È importante notare che con questa definizione il prodotto vettoriale è anticommutativo.

$$\vec{a}\times\vec{b}=-\vec{b}\times\vec{a} \qquad (2.18)$$

$$|\vec{a}\times\vec{b}| = ab\sin\theta \qquad \theta<\pi \qquad (2.19)$$

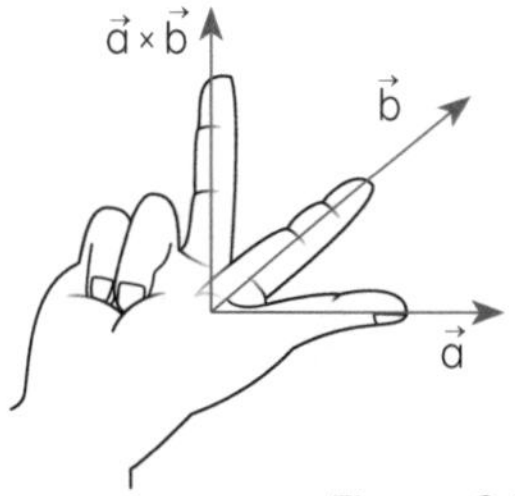

Figura 2.6

Prodotto vettoriale con la regola di mano destra.

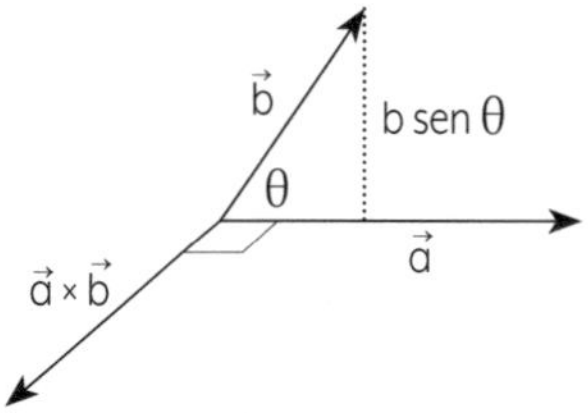

Figura 2.7

Prodotto vettoriale tra vettori.

$$\vec{a}\times\vec{b} = (a_y b_z - a_z b_y)\hat{u}_x + (a_z b_x - a_x b_z)\hat{u}_y + (a_x b_y - a_y b_x)\hat{u}_z = \begin{vmatrix} \hat{u}_x & \hat{u}_y & \hat{u}_z \\ a_x & a_y & a_z \\ b_x & b_y & b_z \end{vmatrix} \tag{2.20}$$

dove con l'ultima espressione si intende il determinante della matrice formata dai versori degli assi e dalle componenti dei due vettori da moltiplicare.

È facile dimostrare con le definizioni precedenti che il prodotto vettoriale non gode della proprietà associativa ed è quindi necessario specificare quali prodotti vanno svolti per primi:

$$\left(\vec{a}\times\vec{b}\right)\times\vec{c} \neq \vec{a}\times\left(\vec{b}\times\vec{c}\right) \tag{2.21}$$

Infatti valgono le formule:

$$\left(\vec{a}\times\vec{b}\right)\times\vec{c} = \left(\vec{a}\cdot\vec{c}\right)\vec{b} - \left(\vec{b}\cdot\vec{c}\right)\vec{a} \tag{2.22}$$

$$\vec{a}\times\left(\vec{b}\times\vec{c}\right) = \left(\vec{a}\cdot\vec{c}\right)\vec{b} - \left(\vec{a}\cdot\vec{b}\right)\vec{c} \tag{2.23}$$

Vale invece la proprietà distributiva:

$$\left(\vec{a}+\vec{b}\right)\times\vec{c} = \vec{a}\times\vec{c} + \vec{b}\times\vec{c} \tag{2.24}$$

Vettori paralleli

Due vettori $\vec{a}$ e $\vec{b}$ sono fra di loro paralleli se e solo se $\vec{a}\times\vec{b}=0$.

Si noti che il prodotto vettoriale di due vettori paralleli è nullo.

Con prodotti scalari e vettoriali è possibile definire la terna cartesiana destrorsa:

$$\begin{array}{lll} \hat{u}_x\times\hat{u}_y = \hat{u}_z & \hat{u}_x\cdot\hat{u}_y = 0 & \hat{u}_x\cdot\hat{u}_x = 1 \\ \hat{u}_y\times\hat{u}_z = \hat{u}_x & \hat{u}_y\cdot\hat{u}_z = 0 & \hat{u}_y\cdot\hat{u}_y = 1 \\ \hat{u}_z\times\hat{u}_x = \hat{u}_y & \hat{u}_z\cdot\hat{u}_x = 0 & \hat{u}_z\cdot\hat{u}_z = 1 \end{array} \tag{2.25}$$

2.2.5. Prodotto misto

È utile anche conoscere il prodotto misto $\vec{a}\times\vec{b}\cdot\vec{c}$ il cui risultato è uno scalare che rappresenta il volume (con segno) del parallelepipedo di cui $\vec{a},\vec{b}$ e $\vec{c}$ sono gli spigoli. Il prodotto misto gode della proprietà ciclica rispetto ai vettori:

$$\vec{a}\times\vec{b}\cdot\vec{c} = \vec{b}\times\vec{c}\cdot\vec{a} = \vec{c}\times\vec{a}\cdot\vec{b} \tag{2.26}$$

e della proprietà di scambio rispetto alle operazioni di prodotto:

$$\vec{a}\times\vec{b}\cdot\vec{c} = \vec{a}\cdot\vec{b}\times\vec{c} \tag{2.27}$$

In componenti:

$$\begin{vmatrix} a_x & a_y & a_z \\ b_x & b_y & b_z \\ c_x & c_y & c_z \end{vmatrix} = a_x(b_y c_z - b_z c_y) + a_y(b_z c_x - b_x c_z) + a_z(b_x c_y - b_y c_x) \quad (2.28)$$

Notare che il prodotto misto di tre vettori complanari è nullo.

Vettori complanari

Tre vettori $\vec{a}, \vec{b}$ e $\vec{c}$ sono fra di loro complanari se e solo se $\vec{a} \times \vec{b} \cdot \vec{c} = 0$.

2.3 MOMENTO DI UN VETTORE APPLICATO

Si definisce *momento* del vettore applicato in P rispetto ad un *centro di riduzione* O il prodotto vettoriale:

$$\vec{M}_O \equiv (P - O) \times (X - P) \quad (2.29)$$

dove $(X - P)$ è il vettore applicato in P. Dalla definizione segue immediatamente che se i vettori $(P - O)$ e $(X - P)$ sono paralleli, il momento del vettore $(X - P)$ rispetto al centro O è nullo.

A partire da un insieme di vettori $\vec{v}_i$ è possibile definire un vettore *risultante* $\vec{v}_T$ come la somma vettoriale dei $\vec{v}_i$ ovvero

Vettore risultante

$$\vec{v}_T = \sum_i \vec{v}_i \quad (2.30)$$

Risultante dei momenti

Se i vettori sono applicati nei punti P_i si definisce poi *risultante dei momenti* $\vec{M}_{OT}$ rispetto ad un centro di riduzione O il vettore

$$\vec{M}_{OT} = \sum_i \vec{M}_{Oi} = \sum_i (P_i - O) \times \vec{v}_i \quad (2.31)$$

Notiamo che la risultante dei momenti è *diversa* dal momento della risultante. Si può però dimostrare che, se la risultante di un insieme di vettori applicati è nulla, allora la risultante dei momenti è indipendente dal centro di riduzione.

$$\begin{aligned} \vec{M}_{OT} &= \sum_i (P_i - O) \times \vec{v}_i = \sum_i \left[(P_i - O') + (O' - O) \right] \times \vec{v}_i = \\ &= \sum_i (P_i - O') \times \vec{v}_i + (O' - O) \times \sum_i \vec{v}_i = \vec{M}_{O'T} + (O' - O) \times \vec{v}_T \end{aligned}$$

In definitiva:

$$\vec{M}_{OT} = \vec{M}_{O'T} + (O' - O) \times \vec{v}_T \quad (2.32)$$

ed essendo $\vec{v}_T = 0$ per ipotesi, abbiamo provato che $\vec{M}_{OT} = \vec{M}_{O'T}$.

2.4 DERIVATA DI UN VETTORE

Qualora una grandezza vettoriale dipenda da una variabile scalare, è facile estendere ad una grandezza vettoriale i concetti di derivata ed integrale facendo uso delle definizioni di differenza fra vettori e di prodotto di un vettore per uno scalare. Supponiamo ad esempio che il vettore $\vec{r}$ dipenda dal tempo. La derivata temporale di $\vec{r}$ è il vettore $\vec{v}$ definito come:

$$\vec{v} \equiv \frac{d\vec{r}}{dt} = \lim_{\Delta t \to 0} \frac{\vec{r}(t+\Delta t) - \vec{r}(t)}{\Delta t} \tag{2.33}$$

Naturalmente, di un vettore possono variare con continuità sia il modulo che la direzione e quindi la derivata di un vettore di modulo costante non è necessariamente nulla.

Supponendo di avere a che fare con un sistema di riferimento nel quale i versori degli assi siano indipendenti dal tempo, possiamo scrivere le componenti cartesiane del vettore derivata come:

$$v_x = \frac{dr_x}{dt} \tag{2.34}$$

$$v_y = \frac{dr_y}{dt} \tag{2.35}$$

$$v_z = \frac{dr_z}{dt} \tag{2.36}$$

2.4.1. Derivata di un versore

Sia $\hat{\tau}$ un versore. Il suo modulo è, per definizione, unitario. Ne segue:

$$\frac{d(\hat{\tau} \cdot \hat{\tau})}{dt} = \frac{d(1)}{dt} = 0 \rightarrow \frac{d\hat{\tau}}{dt} \cdot \hat{\tau} = 0 \tag{2.37}$$

di conseguenza il vettore $d\hat{\tau}/dt$ ed il versore $\hat{\tau}$ sono fra di loro perpendicolari. Se due vettori sono fra di loro perpendicolari è sempre possibile trovare un terzo vettore $\vec{\omega}$ perpendicolare ad entrambi tale che:

$$\frac{d\hat{\tau}}{dt} = \vec{\omega} \times \hat{\tau} \tag{2.38}$$

Torneremo su questo punto e sul significato fisico del vettore $\vec{\omega}$ quando discuteremo il concetto di accelerazione.

2.5 INTEGRALE DI UN VETTORE

Anche l'operazione inversa della derivata, ovvero l'integrazione, risulta in una nuova grandezza vettoriale. Ad esempio:

$$\vec{r} = \int \vec{v}(t)dt \tag{2.39}$$

Supponendo di avere a che fare con un sistema di riferimento nel quale i versori degli assi siano indipendenti dal tempo, possiamo scrivere le componenti cartesiane del vettore integrale come:

$$r_x = \int v_x dt \tag{2.40}$$

$$r_y = \int v_y dt \tag{2.41}$$

$$r_z = \int v_z dt \tag{2.42}$$

2.6 OPERATORE NABLA

Più complessa è la situazione quando una grandezza vettoriale o scalare è funzione di una o più grandezze vettoriali. La trattazione di funzioni in più variabili prescinde gli scopi di questo testo. Tuttavia è utile introdurre l'operatore differenziale *nabla* ∇ in coordinate cartesiane:

$$\nabla = \frac{\partial}{\partial x}\hat{u}_x + \frac{\partial}{\partial y}\hat{u}_y + \frac{\partial}{\partial z}\hat{u}_z \tag{2.43}$$

dove con il simbolo $\partial/\partial x$ si indica la derivata parziale rispetto alla variabile x della funzione alla quale si applica l'operatore. Analoghe considerazioni si applicano alla descrizione dei simboli $\partial/\partial y$ e $\partial/\partial z$.

Per esemplificarne l'utilizzo applichiamo questo operatore ad una funzione scalare della posizione $U(\vec{r})$:

$$\nabla U = \frac{\partial U}{\partial x}\hat{u}_x + \frac{\partial U}{\partial y}\hat{u}_y + \frac{\partial U}{\partial z}\hat{u}_z \tag{2.44}$$

Abbiamo ottenuto un vettore che prende il nome di *gradiente* della funzione U, ovvero grad U.

Al contrario, applicando l'operatore ad una grandezza vettoriale $\vec{F}$, possiamo ottenere sia uno scalare che un vettore a seconda che si operi formalmente con un prodotto rispettivamente scalare o vettoriale.

Ad esempio, la *divergenza* di $\vec{F}$, ovvero div($\vec{F}$), è lo scalare definito come:

$$\nabla \cdot \vec{F} = \frac{\partial F_x}{\partial x} + \frac{\partial F_y}{\partial y} + \frac{\partial F_z}{\partial z} \tag{2.45}$$

Al contrario, il *rotore* di $\vec{F}$, ovvero rot($\vec{F}$), è definito come:

$$\nabla \times \vec{F} = \left(\frac{\partial F_z}{\partial y} - \frac{\partial F_y}{\partial z} \right) \hat{u}_x + \left(\frac{\partial F_x}{\partial z} - \frac{\partial F_z}{\partial x} \right) \hat{u}_y + \left(\frac{\partial F_y}{\partial x} - \frac{\partial F_x}{\partial y} \right) \hat{u}_z \tag{2.46}$$

Utilizzando formalmente l'analogia fra ∇ ed un vettore, sotto opportune condizioni di regolarità per $\vec{F}$, è facile intuire che

$$\nabla \cdot \nabla \times \vec{F} = 0 \tag{2.47}$$

$$\nabla \times \left(\nabla U \right) = 0 \tag{2.48}$$

ESERCIZI

☑ ESERCIZIO 1

Due auto procedono a velocità uguale in modulo v (per esempio 50 km/h) in direzioni perpendicolari fra di loro (una lungo x e una lungo y). La velocità relativa è definita come la differenza fra le velocità delle auto. Trovare il modulo della velocità relativa.

Soluzione

Supponiamo che l'auto 1 si muova lungo l'asse x e l'auto 2 lungo l'asse y. Scriviamo i vettori velocità delle due auto in coordinate cartesiane: $\vec{v}_1 = \mathrm{v}\,\hat{u}_x$ e $\vec{v}_2 = \mathrm{v}\,\hat{u}_y$. L'espressione per velocità relativa è dunque: $\vec{v}_{rel} = \vec{v}_1 - \vec{v}_2 = \mathrm{v}\,\hat{u}_x - \mathrm{v}\,\hat{u}_y$. Il modulo risulta quindi $\left|\vec{v}_{rel}\right| = \sqrt{\mathrm{v}^2 + \mathrm{v}^2} = \sqrt{2}\mathrm{v} \simeq 71\ \mathrm{km/h}$.

☑ ESERCIZIO 2

Dati due punti di coordinate $P_1 = (1;1;1)$ e $P_2 = (3;5;7)$ trovare componenti e modulo del vettore $\vec{v} = \left(P_2 - P_1\right)$. Trovare componenti e modulo del momento di $\vec{v}$ rispetto all'origine.

Soluzione

Le componenti del vettore si ottengono come differenza fra le coordinate dei punti ovvero $\vec{v} = \left(P_2 - P_1\right) = \left\{3-1; 5-1; 7-1\right\} =$ $= \left\{2;4;6\right\}$. Il modulo è quindi $\left|\vec{v}\right| = \sqrt{\left(4+16+36\right)} \simeq 7.5$.

Usando la formula 2.29 per la definizione del momento e la formula 2.20 per il calcolo si ottiene come

$$\vec{M}_O = (P_1 - O) \times \vec{v} = \{6-4; 2-6; 4-2\} = \{2; -4; 2\}$$

Il modulo è quindi $\left|\vec{M}_o\right| = \sqrt{(4+16+4)} \simeq 4.9$

ESERCIZIO 3 ☑

Nel piano *xy*, trovare che angolo formano i vettori $\vec{v}_1 = \{1;1\}$ e $\vec{v}_2 = \{2;2\}$. Trovare lo scalare a per il quale $\vec{v}_2 = a\vec{v}_1$. Trovare sul piano *xy* un versore $\hat{v}_3$ perpendicolare a $\vec{v}_1$. Trovare (nello spazio tridimensionale) il vettore $\vec{\omega}$ tale che $\hat{v}_3 = \vec{\omega} \times \vec{v}_1$.

Soluzione

La tangente dell'angolo che un vettore $\vec{v}$ forma con l'asse x è data dal rapporto v_y/v_x. Di conseguenza i due vettori sono paralleli (e formano un angolo di $\pi/4$ con l'asse x). Poiché $\{2;2\} = a\{1;1\} = \{a;a\}$, si ottiene $a = 2$.

Scriviamo $\hat{v}_3 = \{x_3; y_3\}$, facendo uso della definizione di perpendicolarità $\hat{v}_3 \cdot \vec{v}_1 = 0$ vediamo subito $x_3 = -y_3$ quindi abbiamo, $\hat{v}_3 = \left\{-\frac{1}{\sqrt{2}}; \frac{1}{\sqrt{2}}\right\}$.

Dovendo essere perpendicolare a $\hat{v}_3$ il vettore $\vec{\omega}$ è diretto come l'asse z quindi $\vec{\omega} = \omega\hat{u}_z$. Usando la formula 2.20 vediamo subito che $\omega = \frac{1}{\sqrt{2}}$.

Capitolo

3 Grandezze Cinematiche

I primi fenomeni fisici che tratteremo riguarderanno il moto dei corpi nello spazio. Iniziamo quindi introducendo le grandezze fisiche cinematiche e le loro relazioni.

Esistono diversi modi di costruire le rappresentazioni grafiche e matematiche delle grandezze cinematiche. In generale tutte iniziano dallo stabilire un *sistema di riferimento*. La scelta del sistema di riferimento molto spesso facilita la descrizione di un particolare fenomeno. È però importante sottolineare come le relazioni fondamentali che intercorrono fra le grandezze fisiche debbano essere indipendenti dal sistema di riferimento. È tuttavia necessario fare alcune precisazioni, sulle quali torneremo ad insistere più approfonditamente nel prossimo capitolo.

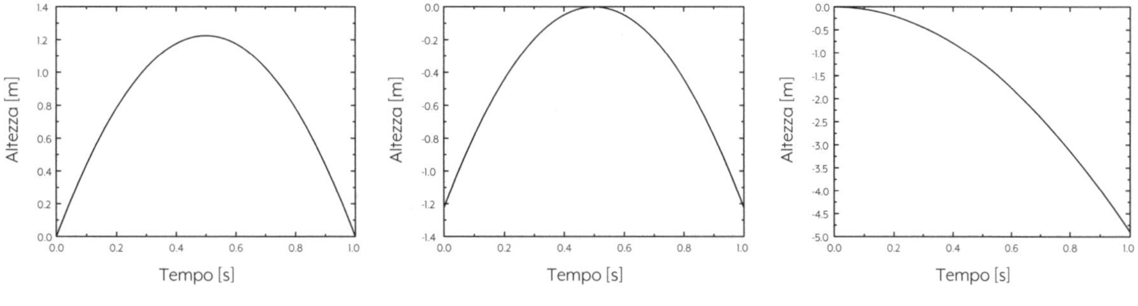

Figura 3.1

Legge oraria della componente verticale del moto del proiettile di figura 1.1(B): nel sistema di riferimento posto a terra; nel sistema di riferimento posto al culmine della traiettoria; nel sistema di riferimento in moto alla velocità iniziale del proiettile. Notare che si tratta sempre di una parabola.

3.1 POSIZIONE

Per specificare la *posizione* di un punto nello spazio ad un dato istante si assegna un *vettore posizione* $\vec{r} \equiv (P-O)$, il cui modulo rappresenta la distanza del punto da *O*, origine del *sistema di riferimento cartesiano*. Per il momento prenderemo in considerazione i sistemi di riferimento cartesiani fissi. Il sistema di riferimento

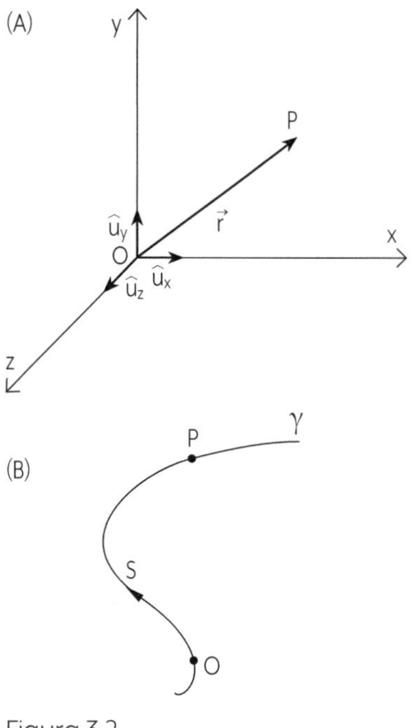

Figura 3.2

A) Riferimento cartesiano ortonormale;
B) Traiettoria e coordinata intrinseca.

cartesiano è specificato assegnando l'origine O e dei versori, fra loro ortogonali, per gli assi $(\hat{u}_x, \hat{u}_y, \hat{u}_z)$. In formule:

$$(P - O) \equiv \vec{r} \equiv x\hat{u}_x + y\hat{u}_y + z\hat{u}_z \equiv \{x; y; z\} \tag{3.1}$$

In alternativa è possibile utilizzare una descrizione *intrinseca* specificando la lunghezza s sulla curva γ nello spazio. Tale curva prende il nome di *traiettoria* e descrive l'insieme delle posizioni visitate dal punto nello spazio durante il suo moto. Si deve inoltre assegnare una *origine* su γ, ovvero un punto della traiettoria rispetto al quale misurare la lunghezza s. Infine è necessario stabilire un verso di percorrenza per attribuire il segno ad s.

In generale, le componenti cartesiane $\{x; y; z\}$ e la distanza s dall'origine lungo la traiettoria saranno funzione del tempo attraverso una *legge oraria*:

$$\vec{r} \quad \mapsto \quad \vec{r}(t) \equiv x(t)\hat{u}_x + y(t)\hat{u}_y + z(t)\hat{u}_z \equiv \{x(t); y(t); z(t)\} \tag{3.2}$$

$$s \quad \mapsto \quad s(t) \tag{3.3}$$

3.2 VELOCITÀ

Vogliamo adesso sapere quanto rapidamente variano le quantità appena illustrate, ovvero vogliamo trovare la *velocità* del punto. Sperimentalmente questo corrisponde a rilevare la posizione del punto in due istanti di tempo successivi, calcolarne la differenza (vettoriale!) e dividere per il tempo trascorso. Per avere una informazione più accurata è necessario aumentare il campionamento, ovvero effettuare misure di posizione ad intervalli di tempo sempre più piccoli. Concettualmente questa procedura corrisponde all'operazione di derivata:

$$\vec{v}(t) \equiv \lim_{\Delta t \to 0} \frac{\vec{r}(t+\Delta t) - \vec{r}(t)}{\Delta t} \equiv \frac{d\vec{r}(t)}{dt} \equiv \dot{\vec{r}}(t) \tag{3.4}$$

In coordinate cartesiane:

$$\vec{v}(t) \equiv \frac{dx(t)}{dt}\hat{u}_x + \frac{dy(t)}{dt}\hat{u}_y + \frac{dz(t)}{dt}\hat{u}_z \equiv v_x(t)\hat{u}_x + v_y(t)\hat{u}_y + v_z(t)\hat{u}_z \tag{3.5}$$

In coordinate intrinseche la definizione di velocità diviene:

$$\vec{v}(t) \equiv \frac{ds(t)}{dt}\hat{\tau}(t) \equiv \dot{s}(t)\hat{\tau}(t) \tag{3.6}$$

dove $\hat{\tau}(t)$ rappresenta il versore, funzione del tempo, tangente alla traiettoria γ. Dalla definizione intrinseca è facile comprendere come il vettore velocità risulti applicato al punto P, al contrario del vettore posizione che è applicato nell'origine O. L'unità di misura della velocità risulta dalla combinazione delle unità di misura per posizione e tempo, ovvero $[m]/[s] \equiv [m/s]$.

In coordinate cartesiane, quindi, il modulo della velocità è pari alla somma delle componenti in quadratura:

$$|\vec{v}| = \sqrt{v_x^2 + v_y^2 + v_z^2} \tag{3.7}$$

In coordinate intrinseche, invece, è uguale al modulo della derivata temporale della lunghezza s, ovvero $|\dot{s}|$.

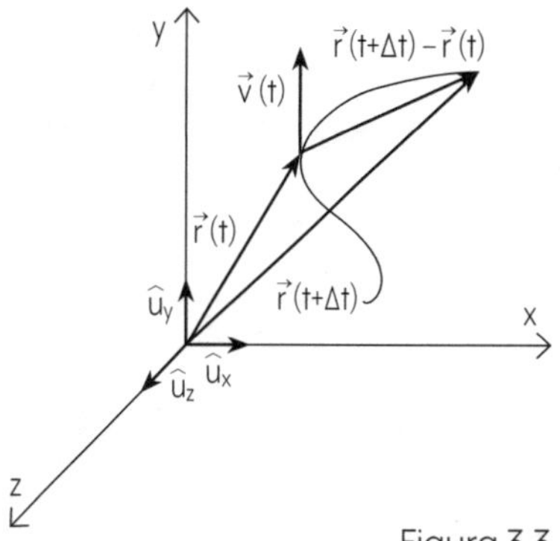

Figura 3.3
La velocità istantanea di un punto è tangente alla traiettoria.

3.3 ACCELERAZIONE

L'*accelerazione* rappresenta la variazione temporale della velocità, ovvero la sua derivata nella variabile temporale:

$$\vec{a}(t) \equiv \frac{d\vec{v}(t)}{dt} \equiv \frac{d^2\vec{r}(t)}{dt^2} \equiv \ddot{\vec{r}}(t) \tag{3.8}$$

In coordinate cartesiane:

$$\begin{aligned}\vec{a}(t) &\equiv \frac{dv_x(t)}{dt}\hat{u}_x + \frac{dv_y(t)}{dt}\hat{u}_y + \frac{dv_z(t)}{dt}\hat{u}_z \\ &\equiv \frac{d^2x(t)}{dt^2}\hat{u}_x + \frac{d^2y(t)}{dt^2}\hat{u}_y + \frac{d^2z(t)}{dt^2}\hat{u}_z \\ &\equiv a_x(t)\hat{u}_x + a_y(t)\hat{u}_y + a_z(t)\hat{u}_z\end{aligned} \tag{3.9}$$

In forma intrinseca, invece, dobbiamo derivare un prodotto di due funzioni del tempo. Otterremo quindi la somma di due termini:

$$\vec{a}(t) \equiv \frac{d\vec{v}(t)}{dt} \equiv \frac{d^2s}{dt^2}\hat{\tau} + \frac{ds}{dt}\frac{d\hat{\tau}}{dt} \tag{3.10}$$

L'ultimo termine origina dalla variazione nel tempo del versore $\hat{\tau}$. Come osservato in 2.4.1 la derivata di un versore non può avere componenti parallele al versore stesso. Si può quindi definire un versore $\hat{n}$ perpendicolare a $\hat{\tau}$ e scrivere:

$$\frac{d\hat{\tau}}{dt} = \left|\frac{d\hat{\tau}}{dt}\right|\hat{n} \tag{3.11}$$

Dobbiamo dunque stimare la quantità $|d\hat{\tau}/dt|$ che possiamo riscrivere nella forma:

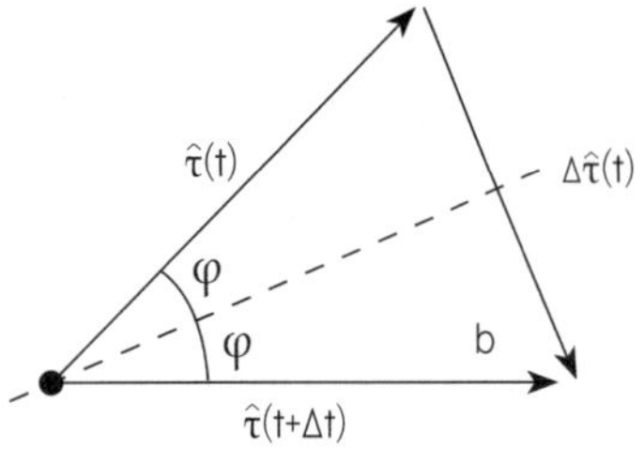

Figura 3.4

Il vettore $\Delta\hat{\tau}$ è uguale alla differenza fra $\hat{\tau}(t+\Delta t)$ e $\hat{\tau}(t)$. Il modulo di tale vettore si scrive come $|\Delta\hat{\tau}| = 2\,\text{sen}\,\varphi$.

$$\left|\frac{d\hat{\tau}}{dt}\right| = \lim_{\Delta t\to 0}\frac{|\Delta\hat{\tau}|}{\Delta t} \tag{3.12}$$

Per procedere oltre, facciamo riferimento alla **figura 3.4**, dove abbiamo rappresentato il vettore $\Delta\hat{\tau} = \hat{\tau}(t+\Delta t) - \hat{\tau}(t)$.

Il modulo di tale vettore misura la lunghezza del segmento di base di un triangolo isoscele, di lato obliquo pari a $|\hat{\tau}| = 1$. Detto 2φ l'angolo al vertice del suddetto triangolo possiamo porre $|\Delta\hat{\tau}| = 2\,\text{sen}\,\varphi$. Sostituendo questo risultato nell'equazione (3.12) si ottiene:

$$\left|\frac{d\hat{\tau}}{dt}\right| = \lim_{\Delta t\to 0}\frac{2\,\text{sen}\,\varphi}{\Delta s}\frac{\Delta s}{\Delta t} \tag{3.13}$$

dove nell'ultimo passaggio abbiamo semplicemente moltiplicato e diviso per una stessa quantità, la variazione della coordinata intrinseca Δs che si realizza nell'intervallo di tempo Δt. Riferiamoci alla **figura 3.5**, dove è riportata la generica traiettoria descritta dal punto, evidenziando le due posizioni di interesse, rispettivamente $P(t)$ e $P(t + \Delta t)$, visitate dal punto nei due istanti successivi t e $t + \Delta t$.

Una qualunque curva continua e derivabile, come ad esempio la traiettoria disegnata in figura può essere localmente approssimata con una circonferenza di raggio ρ. Tale circonferenza è detta *osculatrice* e giace nel *piano osculatore*. Il raggio ρ varia da punto a punto della traiettoria. Per Δt (e dunque Δs) sufficientemente piccolo è dunque lecito confondere la traiettoria con la circonferenza osculatrice. Detto θ l'angolo al centro che sottende l'arco di circonferenza osculatrice che approssima localmente il tratto di traiettoria Δs percorso dal punto, è possibile scrivere $\Delta s = \rho\theta$. D'altra parte, semplici considerazioni geometriche conducono all'identità $\theta = 2\varphi$, da cui $\Delta s = 2\rho\varphi$. Alla luce di questa osservazione, la relazione (3.13) si scrive nella forma:

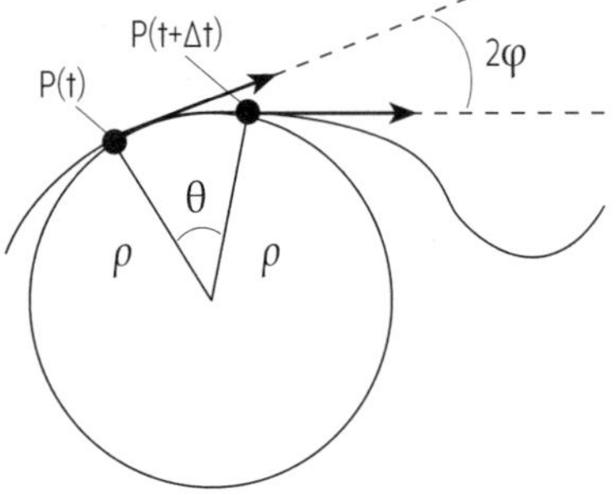

Figura 3.5

Traiettoria descritta dal punto. $P(t)$ e $P(t+\Delta t)$ sono le posizioni della traiettoria visitate agli istanti t e $t + \Delta t$. Δs misura il tratto di traiettoria rettificato percorso dal punto nel passare da $P(t)$ a $P(t+\Delta t)$. La traiettoria è localmente approssimata dalla circonferenza osculatrice di raggio ρ. Dall'analisi della figura è immediato concludere che $\theta = 2\varphi$.

$$\left|\frac{d\hat{\tau}}{dt}\right| = \lim_{\Delta t\to 0}\frac{1}{\rho}\frac{2\sin\varphi}{2\varphi}\frac{\Delta s}{\Delta t} \tag{3.14}$$

Ricordando il limite notevole $\lim_{x\to 0}\sin(x)/x = 1$ e osservando che quando $\Delta t \to 0$ anche $\varphi \to 0$ e $\Delta s \to 0$, si arriva all'espressione compatta:

$$\left|\frac{d\hat{\tau}}{dt}\right| = \frac{1}{\rho}\frac{ds}{dt} \tag{3.15}$$

In conclusione:

$$\vec{a} = \frac{d^2 s}{dt^2}\hat{\tau} + \left(\frac{ds}{dt}\right)^2 \frac{1}{\rho}\hat{n} = \ddot{s}\hat{\tau} + \frac{\dot{s}^2}{\rho}\hat{n} \qquad (3.16)$$

Accelerazione tangenziale e accelerazione normale

In definitiva l'accelerazione risulta composta di due parti:

- una tangente alla traiettoria (detta *accelerazione tangenziale*) associata alla variazione del modulo della velocità.
- una normale derivante dalla variazione della direzione della velocità (detta *accelerazione normale*).

È inutile, per ragioni fisiche che si chiariranno in seguito, chiedersi come varia nel tempo l'accelerazione.

3.4 RELAZIONI INVERSE

Date le definizioni di velocità istantanea ed accelerazione istantanea basate sulla derivazione in funzione del tempo, è evidente che si può interpretare la posizione come l'integrale nel tempo della velocità e la velocità come integrale nel tempo dell'accelerazione:

$$\vec{r}(t) = \int_0^t \vec{v}(t')\,dt' + \vec{r}(0) \qquad (3.17)$$

$$\vec{v}(t) = \int_0^t \vec{a}(t')\,dt' + \vec{v}(0) \qquad (3.18)$$

Si noti che si tratta di integrali definiti, fra l'istante iniziale, arbitrariamente definito come $t = 0$, ed il generico istante di tempo t. Si noti anche che è necessario conoscere $\vec{v}(0)$, vettore velocità all'istante $t = 0$ e $\vec{r}(0)$ vettore posizione all'istante $t = 0$.

3.5 CAMPI

Molte grandezze fisiche possono variare come funzione della posizione, della velocità e del tempo. Matematicamente faremo quindi riferimento a funzioni (scalari E o vettoriali $\vec{F}$) di più variabili dette *campi*:

$$\vec{F}(\vec{r},\vec{v},t) \equiv \vec{F}(x,y,z,v_x,v_y,v_z,t) \qquad (3.19)$$

$$E(\vec{r},\vec{v},t) \equiv E(x,y,z,v_x,v_y,v_z,t) \qquad (3.20)$$

Si tratta di un concetto che si rivelerà di grande utilità in seguito.

La visualizzazione grafica di un campo vettoriale è ottenuta definendo delle *linee di campo*, ovvero curve orientate nello spazio che, in ogni punto, risultano tangenti al vettore del campo ed orientate nello stesso verso. Le linee di campo si infittiscono dove il campo risulta più intenso ma non si possono incrociare nel dominio di definizione del campo stesso. Quando questo accade, come ad esempio nel caso delle masse puntiformi per un campo gravitazionale, abbiamo una singolarità nel campo che di solito indica una sorgente del campo stesso. Evidentemente per campi dipendenti dal tempo le linee di campo possono modificarsi in funzione del tempo.

I campi scalari sono convenientemente rappresentati da superfici (o ipersuperfici, in più dimensioni) definite come il luogo dei punti nei quali il campo prende un valore fissato.

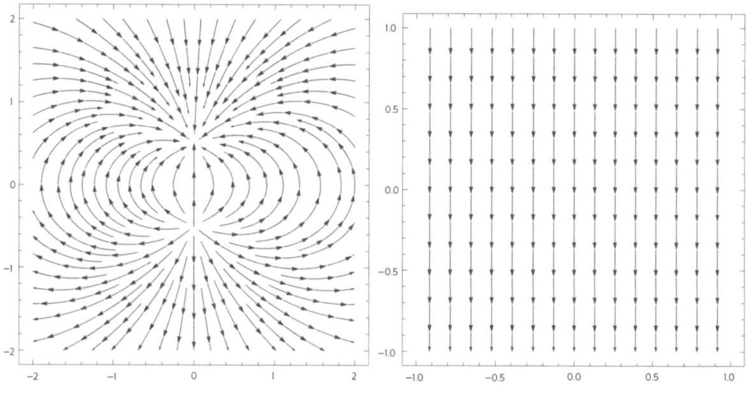

Figura 3.6

Esempi di campi vettoriali: a sinistra campo elettrico generato da un dipolo, a destra campo della forza peso. In ambo i casi le unità di misura sono arbitrarie.

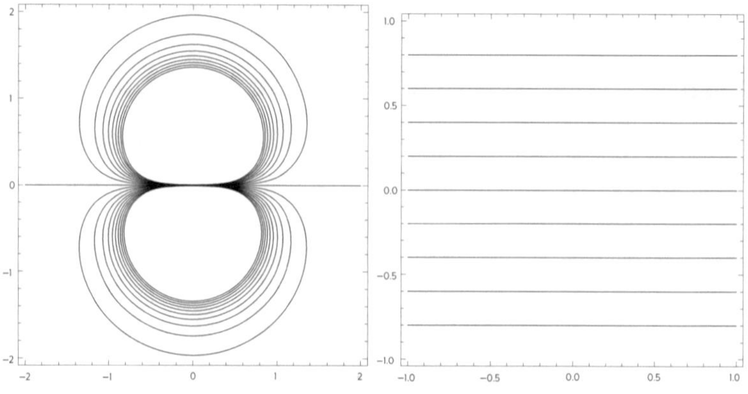

Figura 3.7

Esempi di campi scalari: a sinistra potenziale di un dipolo, a destra potenziale della forza peso. In ambo i casi le unità di misura sono arbitrarie.

3.6 CAMBIAMENTO DEL SISTEMA DI RIFERIMENTO

È spesso utile cambiare il sistema di riferimento. Diamo qui di seguito alcuni esempi.

3.6.1. Traslazione unidimensionale

In una dimensione cambiare sistema di riferimento significa spostare l'origine ad O', a distanza $x_{O'}$ da O. Le nuove coordinate divengono:

$$x' = x - x_{O'} \tag{3.21}$$

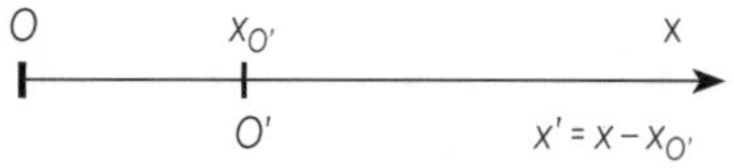

Figura 3.8
Traslazione del sistema di riferimento in una dimensione: al di sopra le coordinate nel sistema centrato in O al di sotto quelle in O'.

Naturalmente in caso di un sistema in movimento tutte queste quantità sono funzioni del tempo. È ovviamente possibile spostare anche l'origine dei tempi da 0 a t_0 così che i nuovi tempi sono dati da:

$$t' = t - t_0 \tag{3.22}$$

Con queste definizioni le lunghezze e gli intervalli di tempo sono invarianti. In formule:

$$\Delta x' = x_1' - x_2' = x_1 - x_2 = \Delta x \tag{3.23}$$

$$\Delta t' = t_1' - t_2' = t_1 - t_2 = \Delta t \tag{3.24}$$

Nel nuovo sistema di riferimento variano quindi anche le velocità e le accelerazioni:

$$v' = \frac{dx'}{dt} = \frac{dx}{dt} - \frac{dx_{O'}}{dt} = v - v_{O'} \tag{3.25}$$

$$a' = \frac{d^2x'}{dt^2} = \frac{dv'}{dt} = \frac{dv}{dt} - \frac{dv_{O'}}{dt} = a - a_{O'} \tag{3.26}$$

3.6.2. Passaggio in coordinate polari nel caso bidimensionale

In questo caso si cambia il sistema di riferimento da uno cartesiano x, y ad uno polare nel quale le nuove coordinate di un punto P sono la distanza di P dall'origine 0 e l'angolo che il segmento orientato $(P-0)$ forma con una direzione fissata. Assumiamo per semplicità che l'origine dei due sistemi di riferimento coincida e che l'asse x definisca la direzione di riferimento rispetto alla quale si misura la coordinata angolare.

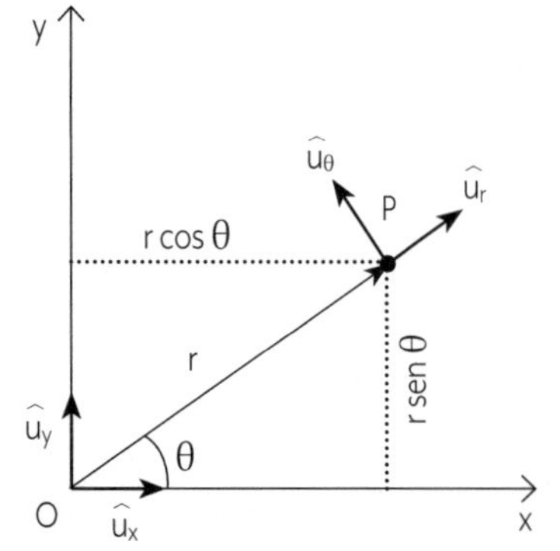

Figura 3.9

Trasformazione da un sistema di riferimento cartesiano al sistema di riferimento delle coordinate polari.

Utilizzando la trigonometria è facile osservare che le coordinate cartesiane risultano:

$$\begin{aligned} x &= r\cos\theta \\ y &= r\,\mathrm{sen}\,\theta \end{aligned} \tag{3.27}$$

di conseguenza:

$$\begin{aligned} r &= \sqrt{x^2+y^2} \\ \theta &= \arctan\frac{y}{x} \end{aligned} \tag{3.28}$$

Naturalmente anche r e θ possono essere funzione del tempo. Possiamo ottenere, in funzione delle derivate temporali di raggio ed angolo, le componenti cartesiane della velocità:

$$\begin{aligned} \dot{x} &= \dot{r}\cos\theta - r\dot{\theta}\,\mathrm{sen}\,\theta \\ \dot{y} &= \dot{r}\,\mathrm{sen}\,\theta + r\dot{\theta}\cos\theta \end{aligned} \tag{3.29}$$

e dell'accelerazione:

$$\begin{aligned} \ddot{x} &= \ddot{r}\cos\theta - r\ddot{\theta}\,\mathrm{sen}\,\theta - 2\dot{r}\dot{\theta}\,\mathrm{sen}\,\theta - r\dot{\theta}^2\cos\theta \\ \ddot{y} &= \ddot{r}\,\mathrm{sen}\,\theta + r\ddot{\theta}\cos\theta + 2\dot{r}\dot{\theta}\cos\theta - r\dot{\theta}^2\,\mathrm{sen}\,\theta \end{aligned} \tag{3.30}$$

Osserviamo però che i versori $\hat{u}_r$, $\hat{u}_\theta$ non sono indipendenti dal tempo. Infatti definendo:

$$\begin{aligned} \hat{u}_r &= \cos\theta\hat{u}_x + \mathrm{sen}\,\theta\hat{u}_y \\ \hat{u}_\theta &= -\mathrm{sen}\,\theta\hat{u}_x + \cos\theta\hat{u}_y \end{aligned} \tag{3.31}$$

risulta:

$$\begin{aligned} \dot{\hat{u}}_r &= \dot{\theta}\hat{u}_\theta \\ \dot{\hat{u}}_\theta &= -\dot{\theta}\hat{u}_r \end{aligned} \tag{3.32}$$

Le espressioni per la velocità e l'accelerazione risultano quindi:

$$\vec{v} = \dot{r}\hat{u}_r + r\dot{\theta}\hat{u}_\theta \equiv v_r\hat{u}_r + v_\theta\hat{u}_\theta \tag{3.33}$$

$$\vec{a} = (\ddot{r} - r\dot{\theta}^2)\hat{u}_r + (2\dot{r}\dot{\theta} + r\ddot{\theta})\hat{u}_\theta \tag{3.34}$$

L'espressione dell'accelerazione si può convenientemente riscrivere:

$$\vec{a} = (\ddot{r} - r\dot{\theta}^2)\hat{u}_r + \frac{1}{r}\frac{d(r^2\dot{\theta})}{dt}\hat{u}_\theta = a_r\hat{u}_r + a_\theta\hat{u}_\theta \tag{3.35}$$

3.6.3. Caso cartesiano tridimensionale

Indichiamo con $\vec{r}$ i vettori posizione nel sistema di riferimento fisso in O e definiamo, in tale sistema di riferimento, il vettore posizione dell'origine del nuovo sistema di riferimento come $\vec{r}_{O'}$. Indichiamo quindi con $\vec{r}\,'$ i vettori posizione nel sistema di riferimento ruotato. In questo sistema di riferimento quindi variano nel tempo sia la posizione della nuova origine O' che i versori degli assi:

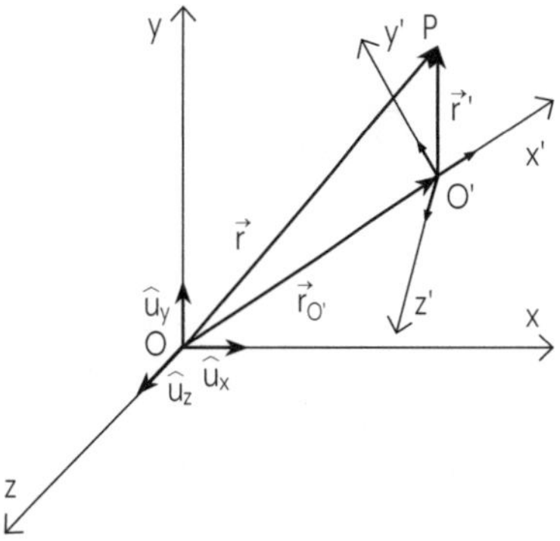

Figura 3.10

Trasformazione da un sistema cartesiano fisso in uno mobile.

$$\vec{r} = \vec{r}\,' + \vec{r}_{O'} \tag{3.36}$$

derivando rispetto al tempo otteniamo le formule di cambiamento di base per la velocità:

$$\vec{v} = \frac{d\vec{r}}{dt} = \frac{d\vec{r}\,'}{dt} + \frac{d\vec{r}_{O'}}{dt} = \vec{v}' + \vec{\omega} \times \vec{r}' + \vec{v}_{O'} \tag{3.37}$$

Dato che per il vettore $\vec{r}\,'$ variano nel tempo sia le componenti che i versori degli assi, la sua derivata temporale è la somma di due termini: il primo, $\vec{v}\,'$, ottenuto derivando le componenti ed il secondo, $\vec{\omega} \times \vec{r}\,'$, ottenuto derivando i versori degli assi mobili.

Derivando nuovamente rispetto al tempo otteniamo le espressioni per l'accelerazione:

Nota

A proposito della derivata di un versore si veda la discussione relativa all'accelerazione in forma intrinseca.

$$\vec{a} = \frac{d\vec{v}}{dt} = \frac{d\vec{v}'}{dt} + \frac{d\vec{\omega}}{dt} \times \vec{r}' + \vec{\omega} \times \frac{d\vec{r}'}{dt} + \frac{d\vec{v}_{O'}}{dt} =$$

$$= \vec{a}' + \vec{\omega} \times \vec{v}' + \vec{\alpha} \times \vec{r}' + \vec{\omega} \times \vec{v}' + \vec{\omega} \times \left(\vec{\omega} \times \vec{r}'\right) + \vec{a}_{O'} \tag{3.38}$$

dove $\vec{\alpha} = \dfrac{d\vec{\omega}}{dt}$.

In definitiva con un generico cambiamento di sistema di riferimento l'accelerazione si modifica in:

$$\vec{a} = \vec{a}' + \vec{a}_t + \vec{a}_C \tag{3.39}$$

dove si è definita l'*accelerazione di trascinamento* $\vec{a}_t$ come:

$$\vec{a}_t = \vec{a}_{O'} + \vec{\alpha} \times \vec{r}' + \vec{\omega} \times \left(\vec{\omega} \times \vec{r}'\right) \tag{3.40}$$

mentre $\vec{a}_C$ rappresenta l'*accelerazione di Coriolis*:

Gustave-Gaspard Coriolis

(Parigi 1792 - Parigi 1843) ingegnere e matematico francese.

$$\vec{a}_C = 2\vec{\omega} \times \vec{v}' \tag{3.41}$$

Torneremo su questo punto nel prossimo capitolo discutendo i sistemi di riferimento non inerziali.

ESERCIZI

☑ ESERCIZIO 1

Un corpo si muove su una traiettoria circolare di raggio R con velocità angolare in modulo costante e pari ad ω. Posto un sistema di riferimento cartesiano con l'origine nel centro della traiettoria si scrivano in funzione del tempo i vettori posizione, velocità e accelerazione.

Soluzione

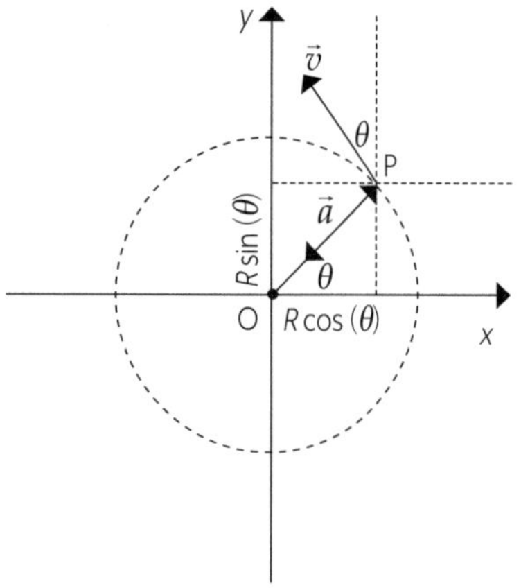

Dato che il modulo della velocità angolare è costante, assumendo che all'istante iniziale l'angolo sia $\theta(0) = 0$, potremo scrivere: $\theta(t) = \omega t$. Si faccia riferimento al disegno a fianco.

$$\begin{aligned}(P-O) &= R\cos(\omega t)\hat{u}_x + R\sin(\omega t)\hat{u}_y = \\ &= R\left[\cos(\theta)\hat{u}_x + \sin(\theta)\hat{u}_y\right] = -R\hat{n}\end{aligned}$$

$$\begin{aligned}\vec{v} &= -\omega R\sin(\omega t)\hat{u}_x + \omega R\cos(\omega t)\hat{u}_y - \\ &= \omega R\left[-\sin(\theta)\hat{u}_x + \cos(\theta)\hat{u}_y\right] = \omega R\hat{\tau}\end{aligned}$$

$$\begin{aligned}\vec{a} &= -\omega^2 R\cos(\omega t)\hat{u}_x - \omega^2 R\sin(\omega t)\hat{u}_y = \\ &= -\omega^2 R\left[\cos(\theta)\hat{u}_x + \sin(\theta)\hat{u}_y\right] = -\omega^2 R\hat{n}\end{aligned}$$

☑ ESERCIZIO 2

Un corpo, fermo nell'origine al tempo $t = 0$, si muove con accelerazione di modulo $\sqrt{2}a$ costante lungo la bisettrice del I quadrante. Si scrivano le componenti del vettore posizione in funzione del tempo e si disegni la traiettoria del punto. Si consideri poi un sistema di riferimento con gli assi paralleli al primo ma la cui origine ha coordinate variabili nel tempo $O' = \left(\frac{1}{2}at^2 - v_0 t; v_0 t\right)$, si disegni la traiettoria del punto nel sistema mobile e si scrivano le componenti del vettore accelerazione.

Soluzione

Facciamo uso delle relazioni inverse (cfr. sezione 3.4)

$$\vec{a}(t) = a\hat{u}_x + a\hat{u}_y \rightarrow \vec{v}(t) - \vec{0} = \int_0^t \vec{a}(t)dt = at\hat{u}_x + at\hat{u}_y \rightarrow$$

$$\rightarrow \vec{r}(t) - \vec{0} = \int_0^t \vec{v}(t)dt = \frac{1}{2}at^2\hat{u}_x + \frac{1}{2}at^2\hat{u}_y$$

Vediamo subito che $y = x$, la traiettoria è quindi una semiretta corrispondente alla bisettrice del primo quadrante.

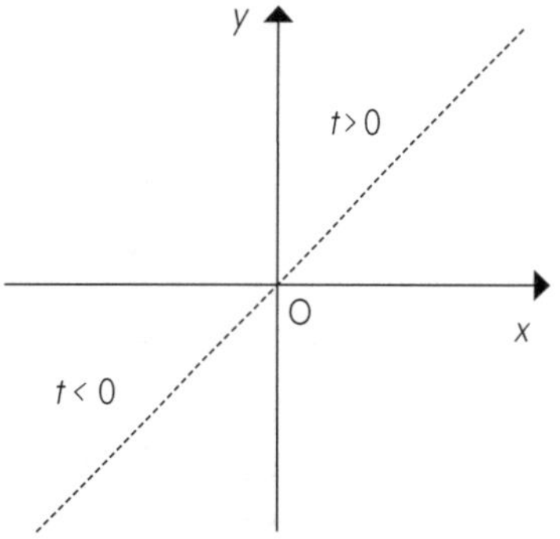

Nel sistema di riferimento mobile possiamo scrivere le componenti del vettore posizione (cfr. sezione 3.6.3):

$$\vec{r}'(t) = \vec{r}(t) - (O' - O) = \frac{1}{2}at^2\hat{u}_x + \frac{1}{2}at^2\hat{u}_y - \left[\left(\frac{1}{2}at^2 - v_0 t\right)\hat{u}_x + v_0 t\hat{u}_y\right] =$$

$$= v_0 t\hat{u}_x + \left(\frac{1}{2}at^2 - v_0 t\right)\hat{u}_y$$

Potremmo trovare graficamente la traiettoria, tuttavia è possibile anche trovare una espressione esplicita, infatti scrivendo $x = v_0 t$ otteniamo $y = \frac{1}{2}\frac{a}{v_0^2}x^2 - x$. La traiettoria è quindi una parabola passante per l'origine.

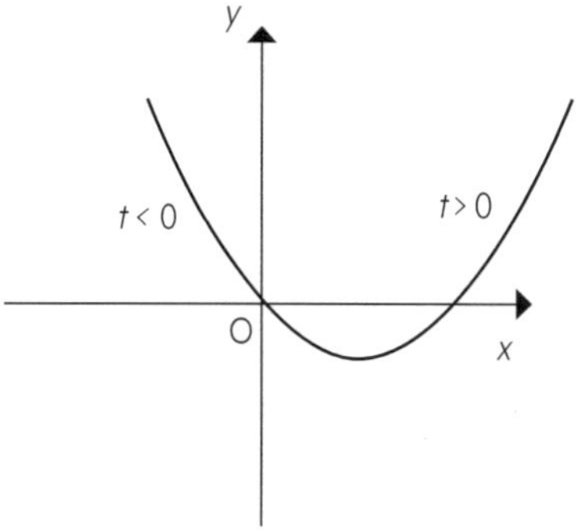

Derivando rispetto al tempo due volte (cfr. sezione 3.2 e 3.3) otteniamo: $\vec{a}'(t) = \frac{d^2\vec{r}'}{dt^2} = a\hat{u}_y$.

ESERCIZIO 3 ☑

Un corpo si muove di una traiettoria circolare di raggio R con una velocità il cui modulo aumenta linearmente nel tempo. Supponendo che all'istante iniziale la velocità sia nulla si scrivano in funzione del tempo le componenti intrinseche dell'accelerazione. Posto un sistema di riferimento cartesiano con l'origine nel centro della traiettoria si scrivano in funzione del tempo i vettori posizione, velocità e accelerazione.

Soluzione

Il modulo della velocità è $\dot{s}(t)$ (cfr. formula 3.6). Dato che tale modulo aumenta linearmente nel tempo e all'istante iniziale è nullo possiamo scrivere: $\dot{s}(t) = \alpha t = \dot{\theta}R$, dove la costante α ha le dimensioni di un'accelerazione e $\dot{\theta}$ rappresenta la velocità angolare. Le componenti intrinseche dell'accelerazione sono (cfr. formula 3.16): $\vec{a} = \alpha\hat{\tau} + \frac{(\alpha t)^2}{R}\hat{n}$.

$$(P - O) = R\cos(\theta)\hat{u}_x + R\sin(\theta)\hat{u}_y = R\left[\cos(\theta)\hat{u}_x + \sin(\theta)\hat{u}_y\right] = -R\hat{n}$$

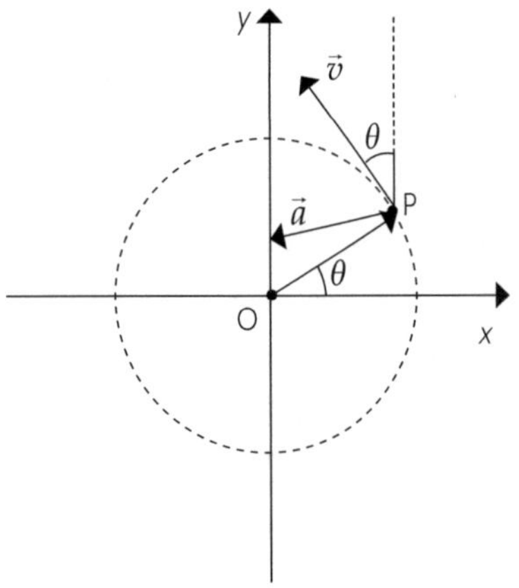

$$\vec{v} = -\dot{\theta}R\sin(\theta)\hat{u}_x + \dot{\theta}R\cos(\theta)\hat{u}_y = \dot{\theta}R\left[-\sin(\theta)\hat{u}_x + \cos(\theta)\hat{u}_y\right] = $$
$$= \dot{\theta}R\hat{\tau} = \alpha t\hat{\tau}$$

$$\vec{a} = -\left[\dot{\theta}^2 R\cos(\theta) + \ddot{\theta}R\sin(\theta)\right]\hat{u}_x + \left[-\dot{\theta}^2 R\sin(\theta) + \ddot{\theta}R\cos(\theta)\right]\hat{u}_y =$$
$$= \ddot{\theta}R\left[-\sin(\theta)\hat{u}_x + \cos(\theta)\hat{u}_y\right] - \dot{\theta}^2 R\left[\cos(\theta)\hat{u}_x + \sin(\theta)\hat{u}_y\right] =$$
$$= \ddot{\theta}R\hat{\tau} + \dot{\theta}^2 R\hat{n} = \alpha\hat{\tau} + \frac{(\alpha t)^2}{R}\hat{n}$$

Capitolo

Dinamica del punto materiale

4

Nel capitolo precedente abbiamo individuato le grandezze che caratterizzano il moto, *posizione, velocità, accelerazione*. Tutte queste grandezze possono essere funzioni del tempo. In questo capitolo intendiamo invece dare una spiegazione del moto che parta dalla determinazione delle sue cause. Studieremo dunque la *dinamica del punto materiale* partendo dall'enunciazione dei principi fondamentali formulati sistematicamente da Isaac Newton.

Isaac Newton

(Woolsthorpe, Lincolnshire 1642 - Londra 1727) fisico e astronomo inglese.

4.1 I PRINCIPIO DELLA DINAMICA

Cambiando il sistema di riferimento, le grandezze cinematiche cambiano. Data l'arbitrarietà insita nella scelta del sistema di riferimento è dunque necessario definire almeno un sistema di riferimento (o meglio una classe di sistemi di riferimento) rispetto ai quali le leggi della Fisica siano invarianti. Dal punto di vista logico non possiamo quindi che definire questi sistemi di riferimento attraverso un postulato, ovvero un principio fisico non dimostrabile ma solo verificabile per via sperimentale:

Le cause del moto (le leggi della Fisica) sono le stesse in una classe di sistemi di riferimento detti sistemi di riferimento inerziali. Tutti i sistemi di riferimento in moto rettilineo uniforme rispetto ad un sistema di riferimento inerziale sono a loro volta inerziali.

Questo è il *principio di relatività Galileiana* nella formulazione che ne ha successivamente dato Einstein. Per un osservatore è dunque impossibile determinare sperimentalmente se il suo sistema di riferimento sia fermo o in moto rettilineo uniforme.

Albert Einstein

(Ulm 1879 - Princeton 1955), fisico tedesco.

Possiamo dedurre questo principio anche a partire da una serie di esperimenti volti ad individuare lo stato di moto "naturale" di un punto materiale. Questa è la via seguita da Newton che, grazie all'analisi delle esperienze di Galileo, giunse alla seguente formulazione

I PRINCIPIO DELLA DINAMICA

In assenza di cause del moto (dette FORZE) un punto materiale si muove di moto rettilineo uniforme ($\vec{v} = costante$).

Punto materiale

L'enunciato di Newton introduce l'importante concetto di *punto materiale*, ovvero un *corpo materiale di dimensione nulla*. I principi della dinamica sono dunque validi solo ed esclusivamente per un punto materiale e la loro estensione ad oggetti più complicati dovrà essere dimostrata come un teorema.

In pratica, quando le dimensioni di un corpo in movimento sono piccole rispetto alla porzione di spazio che il corpo visita nel proprio moto, tale corpo può essere approssimato come un punto materiale.

Dalla formulazione di Newton vediamo anche come lo stato di moto "naturale" di un corpo sia il moto rettilineo uniforme e non la condizione di immobilità.

Il I principio della dinamica prende, infatti, anche il nome di *principio di inerzia* e rappresenta un sostanziale passo avanti rispetto alla visione aristotelica che postulava nell'immobilità lo stato dei corpi in assenza di cause del moto.

Si noti che anche nella formulazione Newtoniana il I principio è necessario per l'individuazione dei sistemi di riferimento inerziali e rappresenta dunque un passo logico fondamentale che apre la strada alla formulazione dei successivi principi.

4.2 II PRINCIPIO DELLA DINAMICA

Una volta individuati i sistemi di riferimento inerziali potremo cercare le cause del moto che, evidentemente, dovranno produrre una variazione della velocità dei punti materiali. Le *cause del moto* o *forze* provocheranno quindi una accelerazione dei punti materiali. È dunque evidente che le forze dovranno avere carattere vettoriale. La relazione tra i valori della forza e dell'accelerazione è lineare.

II PRINCIPIO DELLA DINAMICA

Un punto materiale, soggetto ad una forza, si muove con un'accelerazione vettorialmente proporzionale alla forza stessa.

Questo enunciato acquista chiarezza ed eleganza se espresso come formula matematica

$$\vec{F} = m\vec{a}$$

A causa della linearità di questa equazione è possibile sommare vettorialmente le forze che agiscono su di un punto materiale, $\vec{F}$ essendo il vettore risultante (*risultante delle forze*).

La costante di proporzionalità fra forza ed accelerazione è la *massa* del punto materiale. La massa è una grandezza fondamentale, ha carattere scalare, e si misura in kilogrammi $[kg]$.

Massa

La forza è una grandezza derivata, ha carattere vettoriale, ed il suo modulo si misura in Newton $[kg][m]/[s]^2 \equiv [N]$. Dato che la massa è una quantità scalare positiva, la risultante delle forze applicate ad un punto materiale e l'accelerazione del punto sono vettori equiversi.

Una versione più moderna del secondo principio si ottiene definendo una nuova grandezza detta *quantità di moto*: $\vec{p} = m\vec{v}$ (misurata in $[kg][m]/[s]$)

Quantità di moto

Il principio diviene quindi:

$$\vec{F} = \frac{d\vec{p}}{dt}$$

4.3 III PRINCIPIO DELLA DINAMICA

Per descrivere i moti potremo anche ignorare la natura delle forze ovvero le proprietà dei corpi che le determinano. Vi è però una proprietà comune a tutte le forze che ne stabilisce la natura di *interazioni*. Se su un punto materiale è applicata una forza, esiste un altro corpo che la genera.

III PRINCIPIO DELLA DINAMICA

Se un punto materiale esercita una forza su un altro punto materiale, il secondo esercita sul primo una forza vettorialmente opposta, avente la stessa retta di azione.

Indichiamo con $\vec{F}_{12}$ la forza che il punto 1 esercita sul punto 2, ovvero un vettore applicato nel punto 2. Sia $\vec{F}_{21}$ la forza che il punto 2 esercita sul punto 1, ovvero un vettore applicato nel punto 1. Le due forze NON hanno lo stesso punto di applicazione ma hanno la stessa retta di azione: costituiscono cioè una *coppia di braccio nullo* (si veda la **figura 4.1**). In formule per ogni coppia di punti P_1, P_2 fra di loro interagenti, si ha:

$$\vec{F}_{12} + \vec{F}_{21} = 0$$
$$(P_1 - O)\times\vec{F}_{21} + (P_2 - O)\times\vec{F}_{12} = \vec{M}_{int} = 0$$

per una generica scelta del centro di riduzione O.

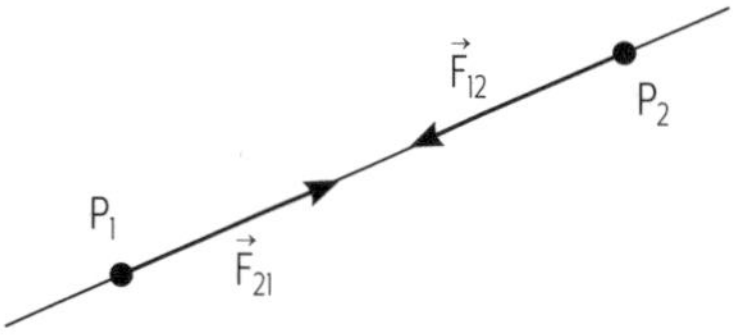

Figura 4.1
L'interazione fra due punti materiali è costituita da due forze aventi diverso punto di applicazione ma con lo stesso modulo, la stessa retta di azione e verso opposto.

Si noti che il terzo principio, oltre ad identificare le forze come interazioni fra punti materiali, permette anche di definire una serie di misure con le quali è di fatto possibile determinare se ci si trova o meno in un sistema di riferimento inerziale. Infatti, se ci troviamo in un sistema di riferimento non inerziale, si osservano forze che non possono essere attribuite ad interazioni. Si tratta delle cosiddette *forze apparenti* o *forze fittizie* sulle quali torneremo nel paragrafo 5.6.

4.4 MOTI UNIDIMENSIONALI

Possiamo ora studiare il moto dei corpi una volta note le forze agenti su di essi. Inizieremo considerando un unico punto materiale in una sola dimensione. Dovremo chiaramente conoscere il campo di forza al quale è sottoposto. Nel caso più generale tale campo potrà essere funzione della posizione, del tempo e della velocità, $\vec{F}(\vec{r},\vec{v},t)$.

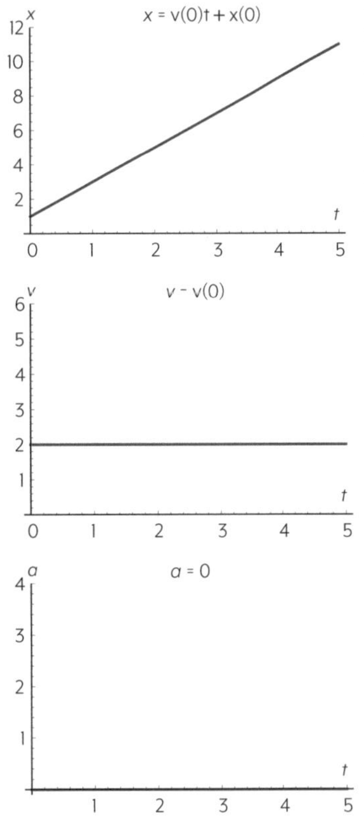

Figura 4.2

Esempio di legge oraria del moto rettilineo uniforme in una dimensione ($v(0)$ = 2 m/s, $x(0)$ = 1 m); dall'alto verso il basso: spazio percorso in funzione del tempo (si tratta di una retta), velocità in funzione del tempo (si tratta di un valore costante: in questa rappresentazione è una retta orizzontale), accelerazione in funzione del tempo (costantemente nulla).

CASO 4.4.1 Forza nulla

Cominciamo quindi dal caso più semplice, ovvero quello di un campo di forza nullo. In questo caso, il I principio della dinamica ci permette di concludere che il moto è rettilineo uniforme, cioè la velocità è costante. Possiamo quindi scrivere:

$$\dot{x} = v(0) \tag{4.1}$$

dove abbiamo indicato con $v(0)$ il valore della velocità del punto materiale in un sistema di riferimento nel quale l'asse x è scelto parallelo alla velocità.

Dall'espressione per la velocità possiamo ottenere, integrando nel tempo, la legge oraria del moto rettilineo uniforme:

$$x - x(0) = \int_0^t \dot{x}(t')\,dt' = \int_0^t v(0)\,dt' = v(0)t \tag{4.2}$$

da cui, riordinando i termini, segue immediatamente:

$$x = v(0)t + x(0) \tag{4.3}$$

Si noti che per ottenere la legge oraria è necessario conoscere la posizione iniziale del punto materiale nel sistema di riferimento scelto.

A riprova del fatto che l'accelerazione in questo moto è nulla possiamo anche derivare due volte nel tempo l'espressione per la posizione (4.3) ottenendo:

$$a = \frac{d^2x}{dt^2} = 0 \tag{4.4}$$

La legge oraria del moto rettilineo uniforme dunque è una retta che viene determinata a partire dalle condizioni iniziali, $v(0)$ per la velocità e $x(0)$ per la posizione, nel sistema di riferimento scelto.

Forza costante CASO 4.4.2

Consideriamo ora un campo di forza costante nel tempo e nello spazio. Come avremo modo di discutere in seguito, è questo il caso della forza peso.

Scegliamo un sistema di riferimento inerziale con l'asse x parallelo ad $\vec{F}$ (si veda la **figura 4.3**). Il II principio della dinamica ci permette di scrivere:

$$\vec{F} = F\hat{u}_x = ma_x\hat{u}_x = m\frac{d^2x}{dt^2}\hat{u}_x \tag{4.5}$$

ed arriviamo così ad una equazione differenziale unidimensionale:

$$\frac{d^2x}{dt^2} = \alpha \tag{4.6}$$

con $\alpha = F/m$. Risolvere una equazione differenziale di questo tipo significa trovare una funzione $x(t)$ la cui derivata seconda (nella variabile temporale) sia una costante. Una funzione di questo tipo è una parabola ovvero una funzione quadratica nel tempo che rappresenta la legge oraria del *moto uniformemente accelerato.*

$$x(t) = \frac{1}{2}\alpha t^2 + bt + c \tag{4.7}$$

dove b e c sono due costanti arbitrarie sulle quali torneremo in seguito. Derivando la legge oraria possiamo anche ricavare, in funzione del tempo, la velocità e, a riprova dell'equazione (4.6), l'accelerazione di tale moto:

$$\dot{x}(t) = v(t) = \alpha t + b \tag{4.8}$$

$$\ddot{x}(t) = a(t) = \alpha \tag{4.9}$$

Si noti che solamente l'accelerazione $\alpha = F/m$ è determinata dalla dinamica del problema. I valori di b e c rappresentano rispettivamente la *velocità iniziale* e la *posizione iniziale* del punto materiale. Questi valori dipendono dal sistema di riferimento. In accordo con il I principio l'accelerazione α è invece indipendente dal sistema di riferimento purché si tratti di un sistema di riferimento inerziale. Si noti che l'ipotesi di forza costante nel tempo e nello spazio è condizione necessaria ma non sufficiente per avere

Figura 4.3
Nel caso unidimensionale l'asse x può essere scelto parallelo alla direzione del vettore forza.

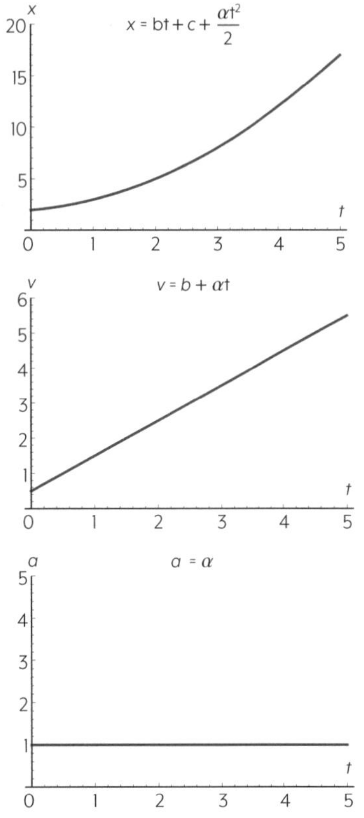

Figura 4.4

Esempio di legge oraria del moto uniformemente accelerato in una dimensione ($\alpha = 1\,m/s^2$, $b = 0.5\,m/s$, $c = 2\,m$); dall'alto verso il basso: spazio percorso in funzione del tempo (si tratta di una parabola), velocità in funzione del tempo (si tratta di una retta), accelerazione in funzione del tempo (si tratta di un valore costante: in questa rappresentazione è una retta orizzontale).

un moto unidimensionale. Affinchè il moto sia unidimensionale anche la velocità iniziale deve essere parallela alla forza applicata.

È possibile anche seguire un diverso percorso logico per trovare la legge oraria del moto in questione. Ricordando che l'integrale è l'operazione inversa della derivata, possiamo integrare nel tempo l'equazione dell'accelerazione per ottenere la velocità:

$$\int_0^t a(t')dt' = \int_0^t \alpha\, dt' \Rightarrow v(t) - v(0) = \alpha\, t \Rightarrow v(t) = \alpha\, t + v(0) \quad (4.10)$$

ed integrare nuovamente nel tempo per ottenere la posizione:

$$\int_0^t v(t')\, dt' = \int_0^t [\alpha t' + v(0)]dt' \Rightarrow x(t) - x(0) = \frac{1}{2}\alpha t^2 + v(0)t \quad (4.11)$$

da cui segue:

$$x(t) = \frac{1}{2}\alpha t^2 + v(0)t + x(0)$$

L'integrale è definito, ovvero calcolato fra l'istante iniziale $t = 0$ ed il generico istante t. Per ottenere la soluzione devono quindi essere note, come già osservato, sia la velocità iniziale $v(0) \equiv b$ che la posizione iniziale $x(0) \equiv c$.

Riassumendo, possiamo affermare che

la dipendenza quadratica della posizione dal tempo è la caratteristica della legge oraria del moto uniformemente accelerato.

Un caso particolare di moto uniformemente accelerato è quello della caduta di un grave. In questo caso la forza è costante e linearmente dipendente dalla massa del corpo sul quale si esercita. Ne segue che l'accelerazione è indipendente dalla massa del corpo in esame. Torneremo su questo aspetto discutendo la forza peso nel prossimo capitolo.

CASO 4.4.3 Forza dipendente linearmente dalla posizione relativa

È questo il caso della forza elastica la cui natura sarà illustrata nel prossimo capitolo. In effetti, come conseguenza del primo principio della dinamica non è possibile che una forza dipenda dalla posizione di un punto materiale perchè questa cambia cambiando il sistema di riferimento inerziale, la dipendenza sarà, quindi dalla posizione relativa del punto che subisce la forza rispetto ad un altro punto che la applica. Infatti, cambiando il sistema di riferimento la posizione relativa non cambia e la forza rimane dunque la stessa. È sempre possibile individuare un sistema di riferimento la cui origine coincida con la posizione del punto che applica la forza. Limitatamente al semplice caso unidimensionale, possiamo scegliere il sistema di riferimento con l'asse x parallelo alla direzione individuata dalla forza. Applicando il II principio della dinamica:

$$\vec{F} = -kx\hat{u}_x = ma_x\hat{u}_x = m\frac{d^2x}{dt^2}\hat{u}_x$$

dove k è una costante. Otteniamo di nuovo un'equazione differenziale del II ordine, ovvero:

$$\frac{d^2x}{dt^2} = -\omega^2 x \qquad (4.12)$$

dove si è definita la *pulsazione* $\omega = \sqrt{k/m}$. Notare che se k è negativo la forza cresce con la coordinata x e la pulsazione è un numero complesso. La soluzione di questa equazione differenziale (nel caso reale) è una funzione sinusoidale con pulsazione ω che rappresenta la legge oraria del *moto armonico*:

$$x(t) = c_1\cos(\omega t) + c_2\sin(\omega t) \qquad (4.13)$$

Derivando la legge oraria, ricaviamo, in funzione del tempo, la velocità e, a riprova dell'equazione (4.13), l'accelerazione di tale moto:

$$\dot{x}(t) = v(t) = -\omega c_1\sin(\omega t) + \omega c_2\cos(\omega t) \qquad (4.14)$$

$$\ddot{x}(t) = a(t) = -\omega^2[c_1\cos(\omega t) + c_2\sin(\omega t)] = -\omega^2 x(t) \qquad (4.15)$$

Notiamo che solo ω è determinato dalla dinamica ed è invariante rispetto al sistema di riferimento inerziale; le costanti c_1 e c_2 devono essere determinate a partire dalle condizioni iniziali:

$$c_1 = x(0) \qquad (4.16)$$

$$c_2 = \frac{v(0)}{\omega} \qquad (4.17)$$

con $x(0)$ e $v(0)$ posizione e velocità iniziali che dipendono dal sistema di riferimento. Si noti che è sempre possibile scrivere:

$$x(t) = A\cos(\omega t + \varphi) = A\sin\left(\omega t + \varphi - \frac{\pi}{2}\right) \qquad (4.18)$$

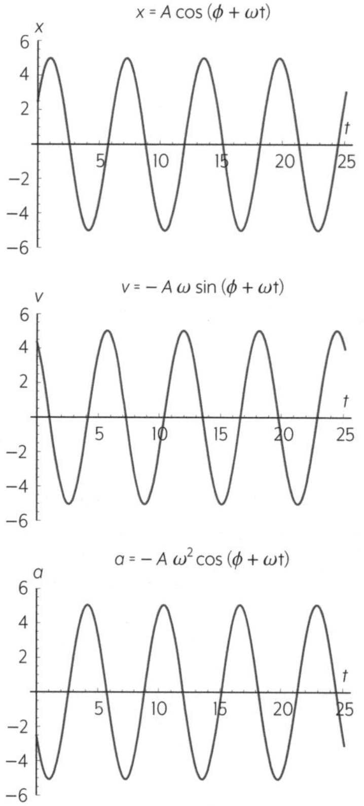

Figura 4.5

Esempio di moto armonico in una dimensione (A = 5 m, $\omega = 2\pi \times 0.12$ rad/s, $\phi = -\pi/3$ rad); dall'alto verso il basso: spazio percorso in funzione del tempo, velocità in funzione del tempo, accelerazione in funzione del tempo.

$$\dot{x}(t) = v(t) = -\omega A \sin(\omega t + \varphi) = \omega A \cos\left(\omega t + \varphi - \frac{\pi}{2}\right) \quad (4.19)$$

$$\ddot{x}(t) = a(t) = -\omega^2 A \cos(\omega t + \varphi) = -\omega^2 A \sin\left(\omega t + \varphi - \frac{\pi}{2}\right) = -\omega^2 x(t) \quad (4.20)$$

In questa scrittura A è detta *ampiezza* del moto mentre $(\omega t + \varphi)$ è detta *fase*; infine φ rappresenta lo *sfasamento*. Evidentemente, A e φ dipendono dalle condizioni iniziali. Con semplici passaggi è possibile mostrare che:

$$A = \sqrt{\left[x(0)\right]^2 + \left[\frac{v(0)}{\omega}\right]^2} \quad (4.21)$$

$$\varphi = \arctan\left[-\frac{v(0)}{\omega x(0)}\right] \quad (4.22)$$

Riassumendo possiamo quindi dire che

la dipendenza della posizione da una funzione sinusoidale (o cosinusoidale) del tempo è caratteristica del moto armonico.

Si noti che il caso più generale $\vec{F} = (-kx + f)\hat{u}_x$ si può ridurre a quanto appena discusso attraverso un cambio di variabile $x \to y + f / k$ che lascia invariate velocità e accelerazione. Naturalmente occorre ricordare di modificare in modo consistente le condizioni iniziali operando la trasformazione $x(0) \to y(0) + f / k$.

CASO 4.4.4 Forza dipendente linearmente dalla velocità relativa

È questo il caso dell'attrito viscoso, del quale si darà una spiegazione microscopica nel prossimo capitolo. Osserviamo comunque che, anche in questo caso, come conseguenza del primo principio, la forza non può dipendere dalla velocità del punto materiale, perchè questa si modifica cambiando il sistema di riferimento inerziale. Sarà quindi funzione della velocità relativa del punto materiale che subisce la forza rispetto al mezzo che la applica. La velocità relativa non cambia, infatti, al variare del sistema di riferimento inerziale. È sempre possibile trovare un sistema di riferimento inerziale nel quale il mezzo che applica la forza sia in quiete.

Nel caso unidimensionale scegliamo poi il sistema di riferimento con l'asse x parallelo alla forza. Applicando il II principio della dinamica:

$$\vec{F} = -h\vec{v} = -h\dot{x}\hat{u}_x = ma_x\hat{u}_x = m\frac{d^2x}{dt^2}\hat{u}_x \tag{4.23}$$

dove h è una costante positiva. Otteniamo un'equazione differenziale del I ordine per la velocità ovvero:

$$\frac{dv}{dt} = -\gamma v \tag{4.24}$$

dove si è definita la costante di smorzamento $\gamma = h/m$. La soluzione di questa equazione è una funzione esponenziale che rappresenta la legge oraria del *moto smorzato*:

$$x(t) = c_1(1 - e^{-\gamma t}) + c_2 \tag{4.25}$$

dalla quale si deducono la velocità e, a riprova dell'equazione (4.24), l'accelerazione:

$$\dot{x}(t) = v(t) = \gamma c_1 e^{-\gamma t} \tag{4.26}$$

$$\ddot{x}(t) = a(t) = -\gamma^2 c_1 e^{-\gamma t} = -\gamma v(t) \tag{4.27}$$

Ancora una volta notiamo come γ sia determinata dalla dinamica e indipendente dal sistema di riferimento inerziale mentre c_1 e c_2 devono essere determinati dalla posizione e velocità iniziali che, ricordiamo, dipendono dal sistema di riferimento:

$$c_1 = \frac{v(0)}{\gamma} \tag{4.28}$$

$$c_2 = x(0) \tag{4.29}$$

Riassumendo

la dipendenza esponenziale decrescente della velocità dal tempo è caratteristica del moto smorzato.

Osserviamo che, per tempi lunghi rispetto ad $1/\gamma$, la velocità del punto materiale tende a zero *nel sistema di riferimento nel quale il mezzo che applica la forza è in quiete*. Immaginiamo che il mezzo si muova ad una velocità $\vec{v}_m$ rispetto ad un osservatore. Tale osservatore, per tempi lunghi rispetto ad $1/\gamma$, vedrà il punto materiale trascinato dal mezzo a velocità $\vec{v}_m$.

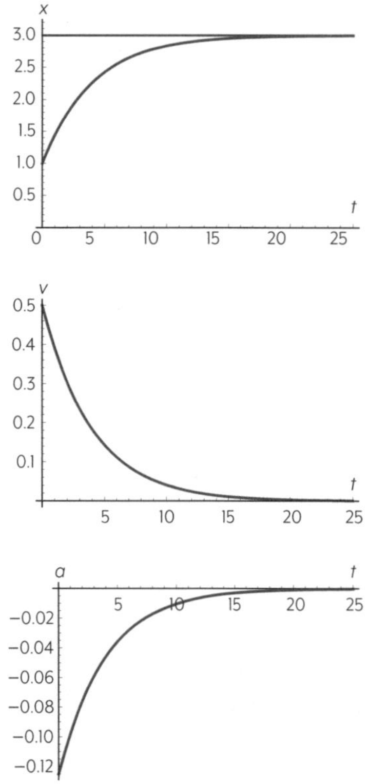

Figura 4.6

Esempio di moto smorzato in una dimensione; dall'alto verso il basso: spazio percorso in funzione del tempo, velocità in funzione del tempo, accelerazione in funzione del tempo.

Si noti che il caso più generale $\vec{F} = \left(-h\dot{x} + f\right)\hat{u}_x$ si può ridurre al problema appena trattato operando il cambio di variabile $\dot{x} \to \dot{y} + f/h$ che lascia invariata l'accelerazione. Naturalmente occorre cambiare in modo consistente le condizioni iniziali $\dot{x}(0) \to \dot{y}(0) + f/h$. Fisicamente, in presenza di una forza costante e di una forza linearmente dipendente dalla velocità e per tempi lunghi rispetto a $1/\gamma$, il moto risulta approssimativamente rettilineo uniforme con una velocità *f/h*. Torneremo su questo aspetto nel prossimo capitolo.

CASO 4.4.5 Moto armonico smorzato

Consideriamo un caso particolare di moto unidimensionale assumendo che sul punto materiale agiscano una forza che diminuisce linearmente con la posizione relativa ed una proporzionale alla velocità relativa. È questo il caso di un punto materiale soggetto ad una forza elastica in presenza di attrito viscoso. Assumiamo di poter scrivere, con un'opportuna scelta del sistema di riferimento la forza come:

$$F_x = -kx - hv_x = -kx - h\dot{x} \tag{4.30}$$

Applicando il II principio della dinamica otteniamo un'equazione differenziale del II ordine nel tempo:

$$ma_x = m\ddot{x} = -kx - h\dot{x} \tag{4.31}$$

Definiamo $\Gamma = h/2m$, $\omega = \sqrt{k/m}$ e $\Omega = \sqrt{\omega^2 - \Gamma^2}$. La soluzione dell'equazione (4.30) è:

$$x(t) = \left[c_1 \cos(\Omega t) + c_2 \sin(\Omega t)\right]e^{-\Gamma t} \tag{4.32}$$

Ancora una volta c_1 e c_2 vanno determinate dalle condizioni iniziali:

$$c_1 = x(0) \tag{4.33}$$

$$c_2 = \frac{\Gamma}{\Omega}x(0) + \frac{v(0)}{\Omega} \tag{4.34}$$

Vi sono due casi qualitativamente diversi di questa soluzione:

- $\omega > \Gamma$ il punto materiale compie delle oscillazioni la cui ampiezza si smorza a zero con una legge esponenziale (*moto sottosmorzato*) con costante di tempo $1/\Gamma$;
- $\omega \leq \Gamma$ il punto materiale si ferma nell'origine seguendo una legge esponenziale (*moto sovrasmorzato*), si noti che la costante di tempo dell'esponenziale è minima quando $\omega = \Gamma$.

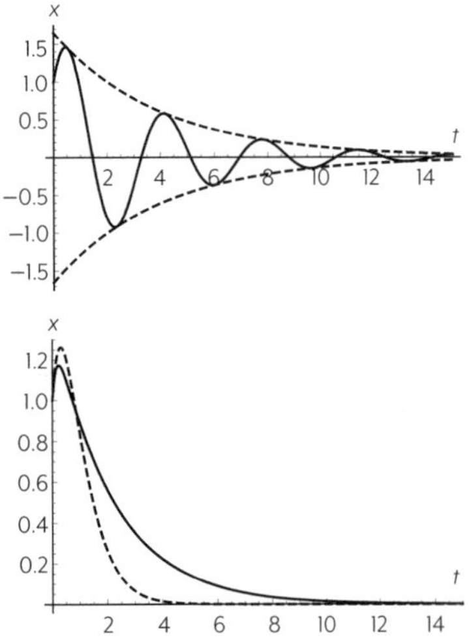

Figura 4.7

Sopra: moto armonico sottosmorzato, le curve tratteggiate sono esponenziali con costante di tempo $1/\Gamma$; Sotto: moto armonico sovrasmorzato, la curva tratteggiata rappresenta il moto corrispondente allo smorzamento ottimale.

Oscillazioni forzate CASO 4.4.6

Negli esempi precedenti non abbiamo mai considerato il caso di una forza dipendente dal tempo. Il caso semplice, nel quale la forza $\vec{F} = f(t)\hat{u}_x$ è esclusivamente funzione del tempo, si risolve integrando nel tempo l'equazione di moto ottenuta applicando il secondo principio della dinamica:

$$\ddot{x}(t) = \frac{f(t)}{m} \tag{4.35}$$

$$\dot{x}(t) = \frac{1}{m}\int_0^t f(t')dt' + c_1 \tag{4.36}$$

$$x(t) = \frac{1}{m}\int_0^t \left[\int_0^{t'} f(t'')dt''\right]dt' + c_1 t + c_2 \tag{4.37}$$

dove le costanti c_1 e c_2 dovranno essere determinate dalle condizioni iniziali.

Piuttosto che fare esempi di applicazione dell'equazione (4.37) che risulterebbero di scarso interesse, consideriamo qui il fenomeno delle oscillazioni forzate. In questo caso una forza di tipo elastico, cioè dipendente linearmente dalla posizione relativa, si somma ad una forza che varia sinusoidalmente con il tempo. In formule:

$$\vec{F} = \left[-kx + f\sin(\omega t)\right]\hat{u}_x \tag{4.38}$$

Applicando il secondo principio della dinamica si ottiene:

$$\ddot{x} = -\omega_0^2 x + \frac{f}{m}\sin(\omega t) \tag{4.39}$$

dove si è indicata con $\omega_0 = \sqrt{k/m}$ la pulsazione che avrebbe il moto armonico risultante in assenza del termine forzante $f\sin(\omega t)$. Supponiamo che inizialmente il sistema si trovi fermo nella posizione $x = 0$. Per procedere nei calcoli ipotizziamo che la soluzione sia della forma $x(t) = \alpha\left[\sin(\omega t) - \omega/\omega_0 \sin(\omega_0 t)\right]$. Inserendo questa ipotesi per la funzione $x(t)$ nell'equazione (4.39) otteniamo:

$$-\omega^2\alpha\sin(\omega t) + \omega\omega_0\sin(\omega_0 t) = -\omega_0^2\alpha\sin(\omega t) + \omega\omega_0\sin(\omega_0 t) + \frac{f}{m}\sin(\omega t) \tag{4.40}$$

Da cui segue che:

$$-\omega^2\alpha = -\omega_0^2\alpha + \frac{f}{m} \rightarrow \alpha = \frac{f/m}{\omega_0^2 - \omega^2} \tag{4.41}$$

Il moto risulta quindi periodico ma con un'ampiezza che dipende dalla differenza fra la frequenza dell'oscillatore libero e quella del termine forzante. Si tratta del fenomeno della *risonanza*. La divergenza dell'ampiezza di oscillazione che si osserva per $\omega = \omega_0$ nell'equazione (4.41) non corrisponde ad una situazione fisicamente realizzabile. Nelle applicazioni reali dobbiamo infatti tenere degli effetti dissipativi presenti in qualunque oscillatore meccanico.

CASO 4.4.7 Caso generale unidimensionale

Per trovare la legge oraria di un generico moto unidimensionale dobbiamo dunque risolvere un'equazione differenziale del II ordine:

$$\frac{d^2x}{dt^2} = \frac{1}{m}F\left[x(t);\dot{x}(t);t\right] \tag{4.42}$$

Tale equazione ha una soluzione che è univocamente determinata una volta assegnate due condizioni che, nei casi precedenti, abbiamo visto coincidere con le condizioni iniziali. Nel caso generale questa equazione non è integrabile e deve essere risolta numericamente. Gli esempi discussi in precedenza costituiscono comunque una prima approssimazione applicabile a molti problemi di interesse fisico.

4.5 MOTI IN PIÙ DIMENSIONI

Anche quando si considerino più dimensioni, a partire dall'applicazione del secondo principio della dinamica, è possibile ottenere un'equazione differenziale del II ordine che governa il moto del punto materiale. Si tratta tuttavia di un'equazione differenziale in forma vettoriale:

$$\frac{d^2\vec{r}}{dt^2} = \frac{1}{m}\vec{F}\left[\vec{r}(t);\dot{\vec{r}}(t);t\right] \tag{4.43}$$

Talvolta è possibile separare le variabili di questa equazione, ovvero giungere ad un sistema di tre equazioni unidimensionali disaccoppiate. In questo caso è possibile risolvere le equazioni scalari indipendentemente l'una dall'altra e giungere alla legge oraria complessiva attraverso la *composizione* di moti unidimensionali. Vediamo nel seguito alcuni esempi.

Balistica — CASO 4.5.1

Nel campo della balistica si studiano i moti dei proiettili sotto l'effetto della forza di gravità, dell'attrito dell'aria e tenendo conto del moto del pianeta.

Il caso più semplice è quello nel quale si considera esclusivamente l'effetto della forza peso che, come vedremo nel prossimo capitolo, è una forza costante diretta verticalmente e di modulo proporzionale alla massa del corpo sul quale è applicata. Scomponendo il sistema in coordinate cartesiane e scegliendo (arbitrariamente) l'asse z parallelo alla direzione verticale otterremo dal secondo principio della dinamica tre equazioni differenziali disaccoppiate:

$$\begin{aligned} m\ddot{x}(t) &= 0 \\ m\ddot{y}(t) &= 0 \\ m\ddot{z}(t) &= F = -mg \end{aligned} \tag{4.44}$$

dove $g = 9.81\ \text{m/s}^2$ rappresenta l'accelerazione locale di gravità che verrà descritta nel prossimo capitolo. In questo caso la soluzione è costituita da tre leggi orarie, due che caratterizzano il moto rettilineo uniforme che il sistema compie lungo le direzioni x e y, e la terza, quella associata alla direzione z, che corrisponde ad un moto rettilineo uniformemente accelerato. Scriviamo l'evoluzione temporale delle tre coordinate facendo apparire in modo esplicito le condizioni iniziali:

$$\begin{aligned} x(t) &= v_x(0)t + x(0) \\ y(t) &= v_y(0)t + y(0) \\ z(t) &= -\frac{1}{2}gt^2 + v_z(0)t + z(0) \end{aligned} \tag{4.45}$$

Dalle leggi orarie possiamo calcolare, ad esempio, la gittata D del proiettile, ovvero la distanza percorsa lungo la direzione x. Assumiamo che le condizioni iniziali siano $\vec{r}(0) = (0,0,0)$ e $\vec{v}(0) = (v_x(0), 0, v_z(0))$. Il moto si sviluppa quindi nel piano (x,z). Ponendo $z(t_f) = 0 \Rightarrow t_f = 2v_z(0)/g$ si ricava

$$D = x(t_f) = 2\frac{v_x(0)v_z(0)}{g} \tag{4.46}$$

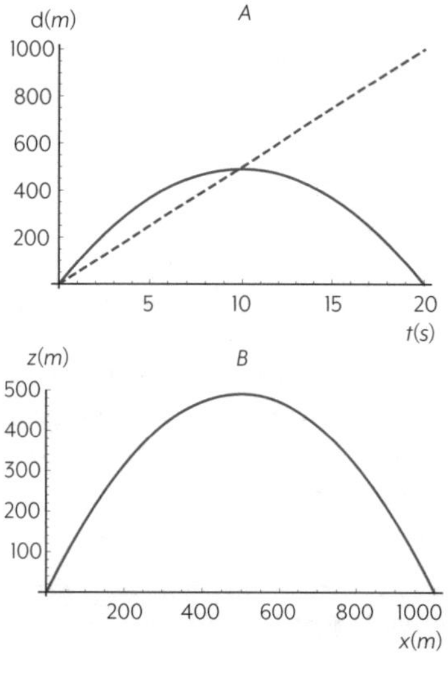

Figura 4.8

A: Esempio di legge oraria del moto di un proiettile nelle due direzioni orizzontale e verticale: la linea tratteggiata si riferisce alla coordinata orizzontale quella continua alla coordinata verticale; B: Traiettoria del moto del proiettile dell'esempio nel piano verticale (x,z).

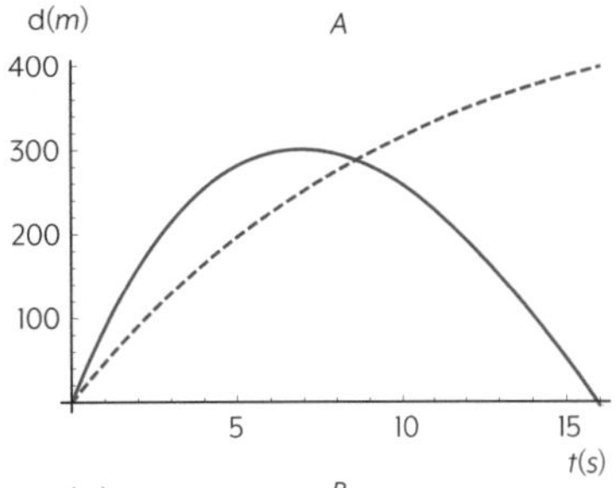

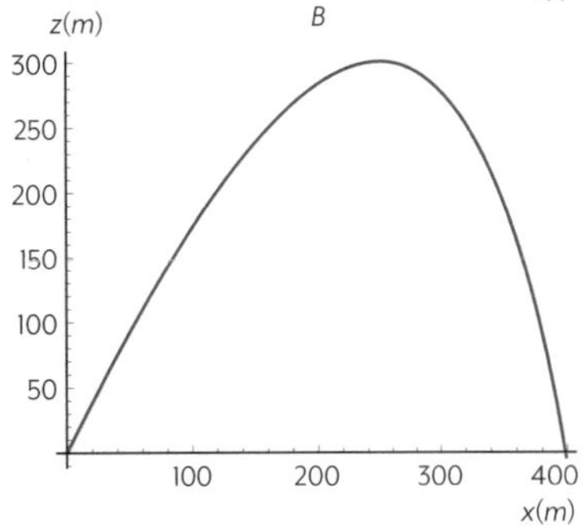

Figura 4.9

A: Legge oraria del moto del proiettile dell'esempio di figura 4.8 in presenza di attrito dell'aria nelle due direzioni orizzontale e verticale: la linea tratteggiata si riferisce alla coordinata orizzontale quella continua alla coordinata verticale; B: Traiettoria del moto del proiettile dell'esempio nel piano verticale (x,z).

Indichiamo con $\theta(t)$ l'angolo che il vettore velocità del proiettile forma nel piano (x,z) con l'asse x. Abbiamo dunque $v_x = |\vec{v}|\cos\theta$ e $v_z = |\vec{v}|\sin\theta$. Possiamo così scrivere:

$$D = 2\frac{|\vec{v}(0)|^2}{g}\cos\theta(0)\sin\theta(0) = \frac{|\vec{v}(0)|^2}{g}\sin 2\theta(0) \qquad (4.47)$$

e notare che la gittata raggiunge il valore massimo pari a $|\vec{v}(0)|^2 / g$ per un angolo di lancio $\theta(0) = \pi / 4$.

Si osservi che la traiettoria è anch'essa una parabola:

$$z = -\frac{1}{2}\frac{g}{v_x(0)^2}x^2 + \frac{v_z(0)}{v_x(0)}x \qquad (4.48)$$

Non va però confusa con la legge oraria (4.45) in cui la coordinata z è funzione del tempo.

Se adesso teniamo conto dell'attrito dell'aria, nel caso più semplice, possiamo ancora scrivere tre equazioni differenziali disaccoppiate:

$$\begin{aligned} m\ddot{x}(t) &= -h\dot{x}(t) \\ m\ddot{y}(t) &= -h\dot{y}(t) \\ m\ddot{z}(t) &= F - h\dot{z}(t) = -mg - h\dot{z}(t) \end{aligned} \qquad (4.49)$$

che risolte danno luogo alle equazioni orarie:

$$\begin{aligned} x(t) &= \frac{mv_x(0)}{h}\left(1 - e^{-\frac{h}{m}t}\right) + x(0) \\ y(t) &= \frac{mv_y(0)}{h}\left(1 - e^{-\frac{h}{m}t}\right) + y(0) \\ z(t) &= \frac{m}{h}\left[v_z(0) + \frac{mg}{h}\right]\left(1 - e^{-\frac{h}{m}t}\right) - \frac{mg}{h}t + z(0) \end{aligned} \qquad (4.50)$$

CASO 4.5.2 Oscillatore armonico bidimensionale

Consideriamo adesso una forza di tipo elastico in due dimensioni. Assumiamo di poter scegliere il sistema di riferimento in modo tale che il punto che applica la forza si trovi nell'origine. Avremo dunque a che fare con un campo di forze centrale di equazione:

$$\vec{F} = -k\vec{r} = -k\left(x\hat{u}_x + y\hat{u}_y\right) \qquad (4.51)$$

anche in questo caso le equazioni differenziali ricavate dal secondo principio della dinamica sono disaccoppiate:

$$\begin{aligned} m\ddot{x}(t) &= -kx(t) \\ m\ddot{y}(t) &= -ky(t) \end{aligned} \tag{4.52}$$

la cui soluzione è la legge oraria:

$$\begin{aligned} x(t) &= x_0 \cos(\omega t + \varphi_x) \\ y(t) &= y_0 \cos(\omega t + \varphi_y) \end{aligned} \tag{4.53}$$

con $\omega = \sqrt{k/m}$ e $x_0, y_0, \varphi_x, \varphi_y$ ricavabili dalle condizioni iniziali. È interessante riportare in grafico queste soluzioni. Si può infatti notare che, a parità di ampiezza $x_0 = y_0 = l$ e al variare della differenza di fase $\Delta = (\varphi_x - \varphi_y)$, il punto materiale percorre diverse traiettorie:

- $\Delta = 0$ un segmento parallelo alla bisettrice del primo e terzo quadrante;
- $\Delta = \pi/2$ una circonferenza percorsa in senso antiorario;
- $\Delta = \pi$ un segmento parallelo alla bisettrice del secondo e quarto quadrante;
- $\Delta = 3/2\pi$ una circonferenza percorsa in senso orario.

Per i valori intermedi di Δ le traiettorie sono delle ellissi come mostrato in **figura 4.10**.

Scriviamo esplicitamente le equazioni per la prima circonferenza:

$$\begin{aligned} x(t) &= l\cos(\omega t) \\ y(t) &= l\sin(\omega t) \end{aligned} \tag{4.54}$$

Notiamo che le equazioni precedenti definiscono una circonferenza in coordinate polari ($\theta = \omega t$) e il nostro punto materiale si muove su tale traiettoria con una velocità angolare costante pari a ω. Si tratta infatti delle equazioni del moto *circolare uniforme*, un moto accelerato per il quale non varia il modulo ma la direzione ed il verso del vettore velocità istantanea. Notiamo che in tale moto l'accelerazione normale $a_n = \dot{s}^2 / r = \omega^2 l = (k/m)l$ è infatti tale che $ma_n = kl$, mentre l'accelerazione tangenziale risulta essere identicamente nulla.

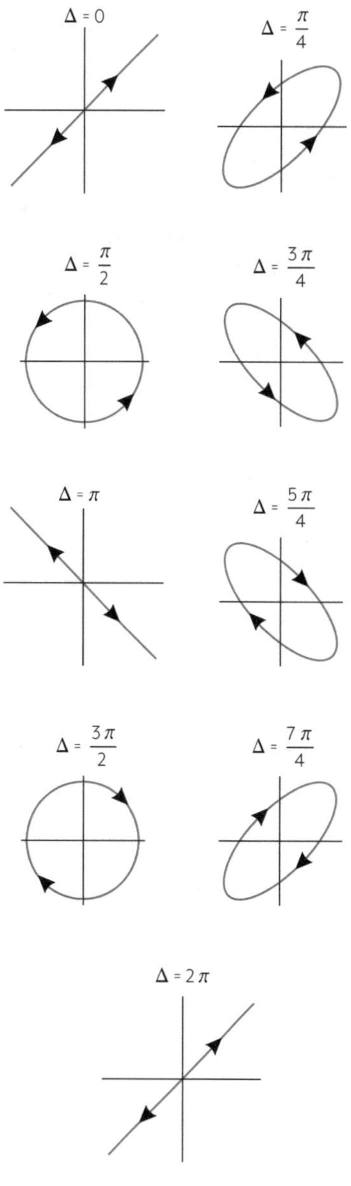

Figura 4.10

Traiettorie percorse dal punto materiale al variare della differenza di fase Δ.

CASO 4.5.3 Moti centrali

Come ultimo esempio di moto di un punto materiale risolviamo un vero problema fisico: il *problema dei due corpi* la cui soluzione fu il primo grande successo della Meccanica Newtoniana e che permette di calcolare le orbite dei pianeti.

Come vedremo nel prossimo capitolo l'interazione fra due corpi dotati di massa è descritta dall'equazione:

$$\vec{F}_{12} = -G\frac{m_1 m_2}{|\vec{r}_1 - \vec{r}_2|^3}\left(\vec{r}_1 - \vec{r}_2\right) = -\vec{F}_{21} \tag{4.55}$$

dove con $m_1, m_2, \vec{r}_1, \vec{r}_2$ si sono indicati rispettivamente la massa ed il vettore posizione del corpo 1 e del corpo 2. Il vettore $\vec{F}_{21}$ indica la forza che il corpo 2 applica sul corpo 1 (e che ha dunque punto di applicazione in $\vec{r}_1$) mentre con $\vec{F}_{12}$ si indica la forza che il corpo 1 applica sul corpo 2 (e che ha dunque punto di applicazione in $\vec{r}_2$). È evidentemente rispettato il terzo principio della dinamica.

Nota

I pianeti non sono chiaramente oggetti puntiformi. In prima approssimazione, possiamo comunque trascurare la loro dimensione, date le tipiche distanze relative.

Definiamo i vettori:

$$\vec{r}_C = \frac{m_1\vec{r}_1 + m_2\vec{r}_2}{m_1 + m_2} \tag{4.56}$$

$$\vec{r} = \vec{r}_1 - \vec{r}_2 \tag{4.57}$$

Con questa definizione, l'espressione per la forza diviene:

$$\vec{F}_{12} = -G\frac{m_1 m_2}{r^2}\hat{r} = -\vec{F}_{21} \tag{4.58}$$

Nel nuovo sistema di riferimento centrato in C (la posizione individuata dal vettore $\vec{r}_C$) i vettori posizione dei due punti materiali prendono la forma:

$$\vec{r}_1' = \frac{m_2}{m_1 + m_2}\vec{r} = \frac{m_2}{m_1 + m_2}\left(\vec{r}_1 - \vec{r}_2\right) \tag{4.59}$$

$$\vec{r}_2' = -\frac{m_1}{m_1 + m_2}\vec{r} = \frac{m_1}{m_1 + m_2}\left(\vec{r}_2 - \vec{r}_1\right) \tag{4.60}$$

ed applicando il II principio della dinamica ai due punti materiali troviamo la stessa identica equazione:

$$m_1\ddot{\vec{r}}_1' = -G\frac{m_1 m_2}{r^2}\hat{u}_r = \frac{m_1 m_2}{m_1 + m_2}\ddot{\vec{r}} \tag{4.61}$$

$$m_2\ddot{\vec{r}}_2' = G\frac{m_1 m_2}{r^2}\hat{u}_r = -\frac{m_1 m_2}{m_1+m_2}\ddot{\vec{r}} \tag{4.62}$$

Si vede dunque che il problema dei due corpi è completamente equivalente al problema di un singolo punto materiale P di massa $\mu = m_1 m_2 / (m_1 + m_2)$ (detta *massa ridotta*) che si muove per effetto di una forza $\vec{F} = -\kappa / r^2 \hat{u}_r$ di natura *centrale* ovvero che dipende esclusivamente dalla distanza del punto dall'origine C (che è il *centro di massa* del sistema).

Osserviamo che, data la direzione della forza, l'accelerazione dovrà essere diretta parallelamente al vettore $\vec{r} \equiv (P-C)$ e quindi il vettore $(P-C)\times\vec{v} = \vec{b}$ ha direzione costante. Ne segue che il moto dovrà svilupparsi nel piano perpendicolare a $\vec{b}$. Si tratta dunque di un *moto piano* e potremo quindi descriverlo con due sole coordinate. Utilizzando tuttavia le coordinate cartesiane non è possibile disaccoppiare le equazioni differenziali che descrivono il moto. Conviene dunque passare in coordinate polari r, θ. Applicando il II principio della dinamica si ottiene:

$$m\vec{a} = -\frac{\kappa}{r^2}\hat{u}_r \tag{4.63}$$

e, utilizzando l'equazione (3.35), si ottiene per le componenti:

$$a_r \equiv \ddot{r} - r\dot{\theta}^2 = -\frac{\kappa}{mr^2} \tag{4.64}$$

$$a_\theta \equiv \frac{1}{r}\frac{d(r^2\dot{\theta})}{dt} = 0 \tag{4.65}$$

Dalla seconda di queste due espressioni ricaviamo che il prodotto del quadrato del raggio per la velocità angolare deve essere costante cioè *il raggio vettore descrive aree uguali in tempi uguali* (II legge di Keplero). In formule:

$$r^2\dot{\theta} = c \tag{4.66}$$

Si noti che il valore di c è univocamente determinato dalle condizioni iniziali.

Osservando che:

$$\dot{r} = \frac{dr}{d\theta}\dot{\theta} = \frac{c}{r^2}\frac{dr}{d\theta} = -c\frac{d}{d\theta}\left(\frac{1}{r}\right) \tag{4.67}$$

$$\ddot{r} = \frac{d}{dt}\left[-c\frac{d}{d\theta}\left(\frac{1}{r}\right)\right] = -c\left[\frac{d^2}{d\theta^2}\left(\frac{1}{r}\right)\right]\dot{\theta} = -\frac{c^2}{r^2}\frac{d^2}{d\theta^2}\left(\frac{1}{r}\right) \tag{4.68}$$

Johannes Kepler

(Weil der Stadt 1571 - Ratisbona 1630), astronomo e matematico tedesco.

si ottiene la *formula di Binet* per i moti centrali:

$$a_r = -\frac{c^2}{r^2}\left[\frac{1}{r} + \frac{d^2}{d\theta^2}\left(\frac{1}{r}\right)\right] \tag{4.69}$$

Il problema si è così ricondotto ad una equazione puramente geometrica, ovvero a trovare le curve del piano che obbediscono alla equazione differenziale:

$$\frac{1}{r} + \frac{d^2}{d\theta^2}\left(\frac{1}{r}\right) = \frac{\kappa}{mc^2} \tag{4.70}$$

La soluzione di questa equazione rappresenta dunque la traiettoria del punto e si può scrivere come:

$$r = \frac{mc^2 / \kappa}{\epsilon \cos(\theta + \phi) + 1} \tag{4.71}$$

dove le quantità ϵ e ϕ devono essere determinate dalle condizioni iniziali ovvero dal valore di $1/r|_{\theta=0}$ e di $dr/d\theta|_{\theta=0}$. Si noti che ϵ e ϕ non saranno del tutto indipendenti.

Nota

Con l'eccezione di $c = 0$ che è il caso per il quale $\dot{\theta}(0) = 0$ ovvero il caso per il quale la traiettoria è rettilinea. Si osservi che l'equazione differenziale ottenuta è formalmente identica a quella per il moto armonico in presenza di una forza costante dove θ prende il posto del tempo, $1/r$ quello della posizione e κ/mc^2 quello della forza costante

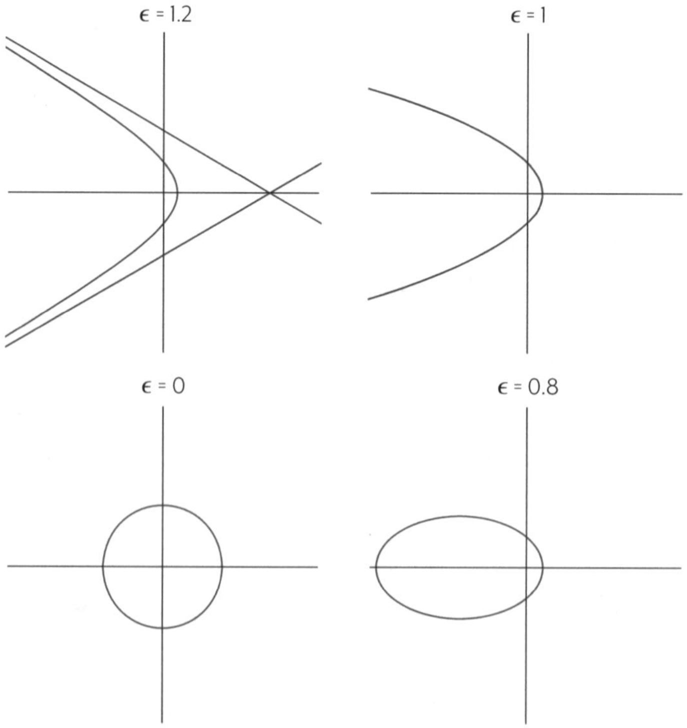

Figura 4.11

Traiettorie percorse da un punto materiale soggetto ad una forza centrale $\vec{F} = -\kappa / r^2 \hat{u}_r$ per diversi valori dell'eccentricità ϵ.

Eccentricità

Considerando la curva esclusivamente da un punto di vista geometrico la quantità ϵ, detta *eccentricità*, ha un preciso significato. Infatti, per $|\epsilon|<1$, la traiettoria è un'ellisse nella quale il punto C rappresenta uno dei due fuochi. Si noti che se la massa di uno dei due corpi è molto maggiore dell'altro la massa ridotta μ coincide sostanzialmente con la massa minore, di conseguenza la traiettoria del corpo di massa minore coincide con quella del punto P. È questo il caso di un pianeta che orbita intorno al sole *la cui traiettoria è un'ellisse della quale il sole costituisce un fuoco (I Legge di Keplero).* Nel caso particolare $\epsilon=0$ la traiettoria è una circonferenza di centro C che corrisponde al caso nel quale la velocità iniziale è perpendicolare alla congiungente $(P-C)$. Per il caso particolare $\epsilon=1$ la traiettoria è una parabola di fuoco C mentre per $|\epsilon|>1$ la traiettoria è un ramo di iperbole del quale C è uno dei fuochi (il caso fisico corrisponde alla configurazione nel quale il punto C è il fuoco interno).

Dal punto di vista fisico l'eccentricità è legata al valore dell'energia totale misurata nel sistema di riferimento del centro di massa.

Per completezza enunciamo la *III legge di Keplero:*

III legge di Keplero

I quadrati dei periodi di rivoluzione dei pianeti sono proporzionali ai cubi dei semiassi maggiori delle loro orbite.

La dimostrazione di questa legge è qui omessa.

ESERCIZI

ESERCIZIO 1 ☑

La macchina A ha velocità istantanea pari a 15 m/s e sta accelerando con accelerazione costante a = 10 m/s^2. La macchina A sta provando a superare una macchina B che si muove a velocità costante pari a 33 m/s. Quanta strada deve fare la macchina A prima di riuscire a raggiungere la macchina B?

Soluzione

Sia d la separazione fra le due macchine all'istante iniziale (t = 0), ovvero all'istante in cui la macchina A possiede una velocità $v_A(0)$ = 15 m/s. Scegliendo un sistema di riferimento che ha origine nella posizione occupata dalla macchina A al tempo $t = 0$, otteniamo le seguenti leggi orarie:

$$x_A(t) = v_A(0)t + \frac{1}{2}at^2$$
$$x_B(t) = d + v_B(0)t$$

La macchina A raggiunge la B quando $x_A = x_B$, ovvero quando:

$$v_A(0)\tau + \frac{1}{2}a\tau^2 = d + v_B(0)\tau$$

per un opportuno tempo τ (il tempo al quale il sorpasso ha luogo). Risolvendo la precedente equazione in τ si ottiene come unica soluzione ammissibile ($\tau > 0$):

$$\tau = \frac{(v_B(0) - v_A(0)) + \sqrt{(v_A(0) - v_B(0))^2 + 2da}}{a} = 3.6\ s$$

e dunque, la strada percorsa dalla macchina A prima di raggiungere la macchina B è pari a:

$$x_A(\tau) = v_A(0)\tau + \frac{1}{2}a\tau^2 = 121.6\ m$$

☑ ESERCIZIO 2

Un cacciatore vede una scimmia appesa ad un albero e prende la mira con il fucile. La scimmia per evitare di essere colpita si lascia cadere dall'albero nell'istante stesso in cui il cacciatore fa esplodere il colpo. Riuscirà ad avere salva la vita?

Soluzione

Per rispondere alla domanda lavoriamo nell'approsimazione in cui il proiettile e la scimmia siano punti materiali. Scegliamo un sistema di riferimento con origine coincidente con la posizione del cacciatore (ovvero con la posizione del proiettile, al momento esatto dello sparo). Sia θ l'alzo dello sparo e sia v_0 la velocità iniziale dello stesso. In questo sistema di riferimento le leggi orarie del proiettile si scrivono come:

$$x_p = v_0(\cos\theta)t$$
$$y_p = v_0(\sin\theta)t - \frac{1}{2}gt^2$$

dove g = 9.8 m/s^2 è l'accelerazione di un grave in caduta. D'altra parte le leggi orarie della scimmia si scrivono:

$$x_s = D$$
$$y_s = h - \frac{1}{2}gt^2$$

dove h è la quota alla quale si trova la scimmia al tempo $t = 0$ e D è la distanza fra cacciatore e scimmia lungo la direzione orizzontale (componente x). La scimmia viene colpita dal proiettile se le coordinate (x_p, y_p) e (x_s, y_s) coincidono ad uno stesso tempo che indichiamo nel seguito con τ. In formule abbiamo quindi:

$$D = x_s = x_p = v_0 (\cos\theta)\tau$$

da cui si deduce immediatamente $\tau = \frac{D}{v_0 \cos\theta}$. D'altra parte:

$$h - \frac{1}{2}g\tau^2 = y_s = y_p = v_0 (\sin\theta)\tau - \frac{1}{2}g\tau^2$$

I termini quadratici in τ si elidono mutuamente (entrambi i punti materiali sono soggetti alla stessa accelerazione) e si ottiene dunque:

$$h = v_0 (\sin\theta)\tau$$

Inserendo la stima di τ si ottiene infine:

$$h = D \tan\theta$$

La scimmia viene quindi colpita dal proiettile se vale la precedente condizione, che è d'altra parte soddisfatta se, come abbiamo assunto a priori, il cacciatore mira esattamente al bersaglio all'istante dello sparo. In ultima analisi la scimmia viene quindi inevitabilmente colpita, qualsiasi sia la velocità del proiettile (a patto che la velocità sia sufficiente a coprire un tratto orizzontale pari a D, prima che il proiettile impatti sul terreno).

Questo esercizio equivale alla famosa dimostrazione di Galileo del fatto che un proiettile sparato in orizzontale da un cannone ed uno che cade verticalmente dalla bocca dello stesso cannone toccano terra nello stesso istante. Dal Dialogo sopra i due massimi sistemi: "Quando in cima di una torre fusse una colubrina livellata, e con essa si tirassero tiri di punto bianco, cioè paralleli all'orizonte, per poca o molta carica che si desse al pezzo, sí che la palla andasse a cadere ora lontana mille braccia, o quattro mila, o

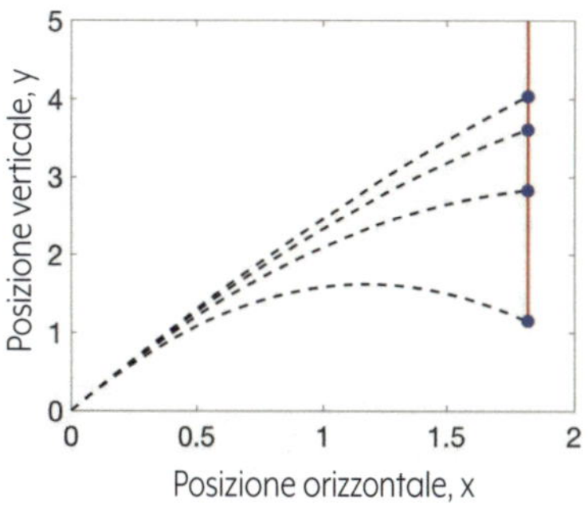

Le linee tratteggiate identificano le traiettorie del proiettile, per diversi valori della velocità iniziale. La traccia rossa si riferisce invece alla traiettoria della scimmia. I simboli (cerchi) individuano il punto nel quale il proiettile colpisce la scimmia.

sei mila, o dieci mila etc., tutti questi tiri si spedirebbero in tempi eguali tra di loro, e ciascheduno eguale al tempo che la palla consumerebbe a venire dalla bocca del pezzo sino in terra, lasciata, senz'altro impulso, cadere semplicemente giú a perpendicolo".

Capitolo

5

Natura delle Forze

Allo stato attuale delle nostre conoscenze riteniamo che in natura esistano 4 tipi di interazioni fondamentali, legate alle diverse proprietà della materia. Evidentemente in questo testo non è possibile riportare che una forma estremamente riassuntiva dei risultati della teoria. In particolare ci limiteremo a considerare le caratteristiche generali delle interazioni fondamentali nella seguente tabella:

Interazione	Proprietà	Costante di accoppiamento	Andamento asintotico
Forte	Colore	1	Costante
Elettromagnetica	Carica	1/137	r^{-2}
Debole	Sapore	10^{-6}	$e^{-r/r_0}\, r^{-1}$
Gravitazionale	Massa	10^{-39}	r^{-2}

La costante di accoppiamento ci fornisce un'idea del valore relativo delle diverse interazioni mentre il loro andamento asintotico ci permette di comprendere come tali interazioni dipendano dalla distanza fra i corpi fra i quali si manifestano. Per ragioni strettamente legate alla meccanica quantistica l'effetto delle interazioni *forte* e *debole* non si osserva per distanze maggiori del diametro di un nucleo atomico (10^{-15}). Su una scala macroscopica avremo quindi a che fare solo con interazioni elettromagnetiche e gravitazionali. Inoltre per quanto riguarda questo testo ci limiteremo a considerare esclusivamente gli aspetti classici trascurando sia le correzioni quantistiche che relativistiche. Riportiamo quindi l'espressione classica della Forza Gravitazionale e della Forza Elettrostatica*.

*Nota

Non sono qui riportati gli effetti dovuti alla presenza di un campo magnetico.

Interazione	Espressione matematica	Costanti dimensionali
Gravitazionale	$\vec{F}_G = -G\frac{Mm}{r^2}\hat{r}$	$G = 6.673(10)\cdot 10^{-11}\,\frac{[m]^3}{[Kg][s]^2}$
Elettrostatica	$\vec{F}_e = \frac{1}{4\pi\varepsilon_0}\frac{Qq}{r^2}\hat{r}$	$\varepsilon_0 = 8.854187817\ldots\cdot 10^{-12}\,\frac{[A]^2[s]^4}{[kg][m]^3}$

dove con M,m e Q,q si sono indicate, rispettivamente, le masse (in kg) e le cariche (in Coulomb = Ampere · secondi) dei corpi interagenti mentre con r si indica la distanza (in metri) fra i corpi considerati come punti materiali.

Essendo la massa uno scalare positivo l'interazione gravitazionale è sempre attrattiva. La carica, al contrario, è uno scalare che può assumere valori sia positivi che negativi; l'interazione elettrostatica può quindi essere sia attrattiva che repulsiva. Data la linearità delle due interazioni rispetto alla proprietà scalare (siano esse le masse o le cariche) vale il *principio di sovrapposizione*, ovvero

Principio di sovrapposizione

possiamo sempre scomporre un qualunque sistema esteso come un insieme di punti materiali e calcolare l'interazione totale come la somma (o l'integrale) dell'interazione di ciascuna coppia di punti.

A questo scopo è molto utile notare che la simmetria delle due interazioni è sferica. Grazie a questa osservazione è possibile dimostrare che una distribuzione sferica (di carica o di massa) è vista, dall'esterno della distribuzione, come se l'intera distribuzione fosse concentrata in un singolo punto materiale posto al centro della distribuzione stessa. Vediamo subito come questa considerazione possa essere utile per approssimare l'attrazione gravitazionale che un corpo materiale subisce in prossimità della superficie di un pianeta (per esempio la Terra).

5.1 FORZA PESO

Se facciamo l'ipotesi che la massa del pianeta Terra sia distribuita in modo sferico possiamo quindi considerare due masse puntiformi, una posta al centro della terra ed una posta in prossimità della superficie. Se cambiamo la distanza fra i due punti di un valore δ piccolo rispetto al raggio terrestre $R_{\oplus}$ la variazione relativa della forza F_G fra i due punti sarà $\Delta F_G / F_G = 2\delta / R_{\oplus}$. Dato che il raggio terrestre medio è circa $R_{\oplus} = 6373$ km, uno spostamento dalla superficie anche di alcuni km porta ad una variazione del modulo della forza gravitazionale dell'ordine di una parte per mille.

Possiamo quindi considerare il modulo della forza come costante. Se adesso ci spostiamo sulla superficie terrestre la forza rimarrà diretta perpendicolarmente a tale superficie con verso entrante. Per spostamenti di pochi km tale superficie può essere considerata piana. Possiamo cioè considerare costanti direzione e verso della forza. In pratica è lecito approssimare la forza che un punto materiale posto in prossimità della superficie della terra subisce per effetto della presenza del pianeta nel seguente modo:

$$\vec{F}_G = -G\frac{M_\oplus m}{r^2}\hat{r} \simeq -m\frac{GM_\oplus}{R_\oplus^2}\hat{r} \equiv m\vec{g} \tag{5.1}$$

dove $\vec{g}$ un vettore costante detto *accelerazione di gravità*. Sotto questa approssimazione la forza di gravitazione universale prende il nome di *Forza peso*. Utilizzando per la massa terrestre il valore $M_\oplus = 5.974 \cdot 10^{24}$ kg si ottiene per il modulo dell'accelerazione di gravità $|\vec{g}| = \frac{GM_\oplus}{R_\oplus^2} = 9.81$ m/s^2. La direzione del vettore $\vec{g}$ definisce la direzione verticale ed il suo verso va dall'alto al basso.

Forza peso

Da quanto appena illustrato si deduce che una variazione della distribuzione di massa terrestre dalla forma sferica sarà osservabile coma una variazione locale dell'accelerazione di gravità. Saranno inoltre osservabili deviazioni da questa approssimazione quando il punto materiale che subisce la forza si allontani dalla superficie terrestre o si muova su di essa per una distanza paragonabile al raggio del pianeta.

Se adesso riprendiamo in esame il caso del moto uniformemente accelerato (ovvero il moto provocato da un campo di forza costante) possiamo comprendere l'osservazione finale del paragrafo 4.4.2. Infatti l'accelerazione del moto di caduta di un grave è $a = F_G / m = mg / m = g$ indipendentemente dalla massa del corpo. Di conseguenza tutti i corpi cadono allo stesso modo indipendentemente dal valore della loro massa*.

*Nota

Naturalmente purché si tratti di corpi puntiformi altrimenti l'osservazione è valida, nei limiti dell'approssimazione della forza peso, esclusivamente per il loro centro di massa, quantità che definiremo nel seguito.

5.2 FORZE VINCOLARI

CASO 5.2.1

Consideriamo un modello estremamente semplificato della struttura di un solido, nel quale due cariche dell'ordine della carica elettronica e, si trovano poste ad una distanza r, il cui valore di equilibrio r_0 è dell'ordine di pochi nanometri. Se consideriamo una piccola deformazione della struttura cristallina $\xi = r / r_0 - 1$ possiamo approssimare il modulo della forza di interazione:

$$|\vec{F}_e| = \frac{1}{4\pi\varepsilon_0}\frac{e^2}{r^2} \simeq \frac{1}{4\pi\varepsilon_0}\frac{e^2}{r_0^2} - \frac{1}{2\pi\varepsilon_0}\frac{e^2}{r_0^2}\xi \tag{5.2}$$

Prendiamo in esame il primo termine dell'approssimazione. Si tratta di un valore costante uguale alla forza che, in condizione di equilibrio, ciascun atomo applica al proprio vicino. Nota la carica dell'elettrone, $e = -1.60217653(14) \cdot 10^{-19}$ C si ottiene per questa forza un valore dell'ordine del nanoNewton. Per deformare un cristallo dovremo quindi applicare una forza di questo ordine di grandezza a ciascun atomo. è evidente che non è pensabile applicare esternamente la forza su di un solo atomo, in modo più realistico potremo pensare di applicare la forza su di un'area del materiale. Dobbiamo quindi moltiplicare il valore ottenuto per la densità atomica superficiale del materiale pari all'incirca a r_0^{-2}. Otteniamo così la forza per unità di superficie (o *sforzo*) necessaria per deformare il materiale. L'ordine di grandezza è di $10^{10}\, N / m^2$ ovvero un valore piuttosto elevato. Per questo nell'approssimazione di ordine zero si può pensare che pur applicando una forza su di un materiale questo non si deformi*.

Nota*

Con un linguaggio un poco arcaico si tratta dell'approssimazione di impenetrabilità dei solidi.

Per il terzo principio della dinamica, quindi, un materiale solido potrà applicare una forza di modulo "qualunque" senza deformarsi. Tale forza, di modulo arbitrario, è però presente solo in reazione ad una forza applicata al materiale.

Reazione vincolare

Si parla dunque di *reazione vincolare* ovvero di una forza di modulo, direzione e verso, tali da impedire la deformazione del materiale. Se la forza è diretta esclusivamente in direzione perpendicolare alla superficie del materiale si parla di *vincolo liscio* o *vincolo ideale* e la forza da esso applicata è detta *forza normale*.

È molto importante notare che la reazione vincolare non è assegnata a priori ma deve essere calcolata a seconda del problema, assumendo che sia impedita la deformazione del vincolo. Possiamo quindi costruire la seguente tabella:

Tipo di vincolo	Reazione vincolare
Piano non attraversabile	$\vec{R} = F_N \hat{n}$ (con $F_N > 0$ ed $\hat{n}$ normale al piano)
Moto confinato in 2 dimensioni	$\vec{R} = F_N \hat{n}$ (con F_N qualunque)
Moto confinato in 1 dimensione	$\vec{R} = F_x \hat{u}_x + F_y \hat{u}_y$ ($\hat{u}_z$ coincidente con il vettore tangente)
Punto vincolato (cerniera)	$\vec{R} = F_x \hat{u}_x + F_y \hat{u}_y + F_z \hat{u}_z$

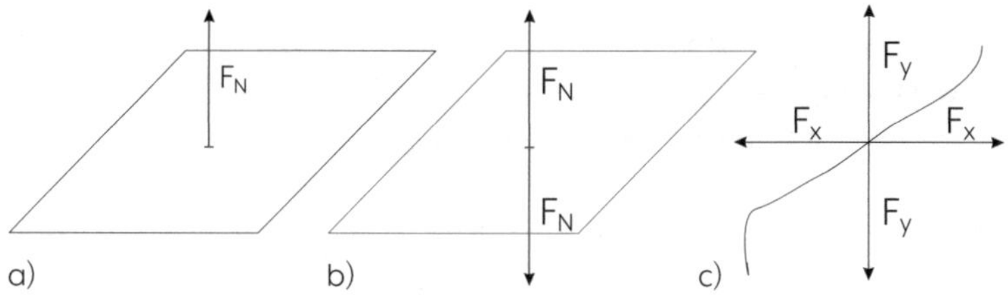

Figura 5.1

a) Un piano non attraversabile: la reazione normale è solo in verso uscente. b) Un moto confinato in un piano: la reazione vincolare è perpendicolare al piano e può cambiare verso. c) Un moto vincolato su una linea: la reazione vincolare ha due componenti che giacciono sul piano perpendicolare al versore tangente alla linea ed hanno opportuno verso.

Nel caso di corpi estesi sarà qualche volta necessario considerare vincoli non puntiformi. Tratteremo questa approssimazione nel capitolo 7.

CASO 5.2.2

Come esempio di moto in presenza di un vincolo consideriamo un punto materiale vincolato a muoversi lungo una circonferenza di raggio L in un piano verticale. Fisicamente questa condizione si ottiene vincolando il punto materiale ad un punto fisso per mezzo di un filo ideale. Un filo ideale infatti risulta inestensibile, applica quindi una reazione vincolare detta *tensione* esclusivamente in direzione tangente al filo e in reazione a sforzi di trazione. Il sistema fisico così ottenuto si chiama *pendolo semplice*.

Le forze agenti sul punto materiale sono quindi la forza peso diretta verticalmente e la tensione $\vec{T}$ diretta sempre radialmente. Dato che è nota la traiettoria del moto del punto, conviene trattare questo problema utilizzando le coordinate intrinseche. Detti $\hat{n}$ e $\hat{\tau}$ i versori normale (centripeto) e tangente alla traiettoria, la forza applicata al punto si scompone come:

$$\vec{F}_P = (T - mg\cos\theta)\hat{n} - mg\sin\theta\hat{\tau} \tag{5.3}$$

dove θ è l'angolo formato dal filo con la direzione verticale. Applicando il secondo principio della dinamica si ottiene:

$$m\vec{a} = m\left(\frac{\dot{s}^2}{L}\hat{n} + \ddot{s}\hat{\tau}\right) = (T - mg\cos\theta)\hat{n} - mg\sin\theta\hat{\tau} \tag{5.4}$$

e quindi il seguente sistema di due equazioni differenziali accoppiate:

$$\frac{\dot{s}^2}{L} = \frac{T}{m} - g\cos\theta \tag{5.5}$$

$$\ddot{s} = -g\sin\theta \tag{5.6}$$

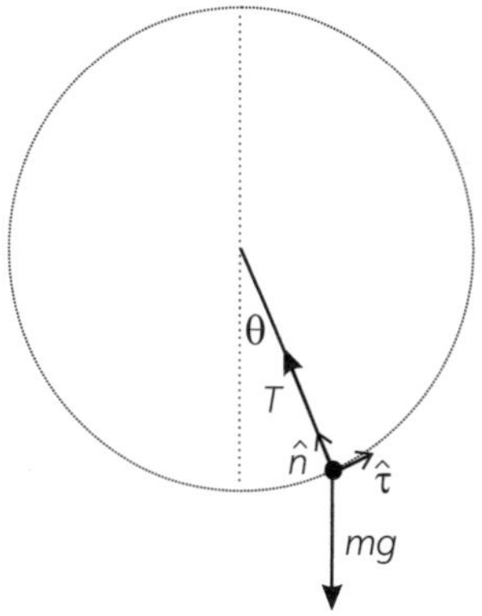

Figura 5.2

Schema di corpo libero del pendolo semplice.

Consideriamo la seconda di queste equazioni. Dato che il moto si svolge su di una circonferenza abbiamo $s = L\theta$ con L indipendente dal tempo. Si può così riscrivere:

$$\ddot{\theta} = -\frac{g}{L}\sin\theta \tag{5.7}$$

Questa è la cosiddetta *equazione del pendolo*. In generale la soluzione di questa equazione è piuttosto complessa. Si può però operare un'approssimazione che renda la trattazione analitica semplice qualora le condizioni iniziali siano tali che per tutto il moto $\theta \ll 1$, ovvero ci si limiti al caso delle *piccole oscillazioni*. In questo caso, infatti, si può approssimare $\sin\theta \simeq \theta$ ed ottenere l'equazione del moto armonico per la coordinata angolare θ:

$$\ddot{\theta} = -\frac{g}{L}\theta \tag{5.8}$$

Come studiato nel capitolo precedente la legge oraria del moto armonico risulta:

$$\theta(t) = \theta(0)\cos(\omega t) + \frac{\dot{\theta}(0)}{\omega}\sin(\omega t) \tag{5.9}$$

La soluzione di questo moto è dunque una funzione sinusoidale di periodo:

$$T = \frac{2\pi}{\omega} = 2\pi\sqrt{\frac{L}{g}} \tag{5.10}$$

è interessante notare che il periodo delle oscillazioni risulta determinato esclusivamente dall'accelerazione di gravità e dalla lunghezza del filo. È indipendente dall'ampiezza che è invece determinata dalle condizioni iniziali (*isocronia delle piccole oscillazioni*). La misura del periodo di oscillazione di un pendolo consente dunque di effettuare una misura dell'accelerazione di gravità g.

Torneremo sul moto del pendolo e sull'approssimazione di piccole oscillazioni nel prossimo capitolo studiando le applicazioni della conservazione dell'energia meccanica.

5.3 FORZA ELASTICA

Prendiamo ora in esame il secondo termine dell'approssimazione (5.2). Si tratta di un termine lineare nella deformazione ξ. Se vogliamo darne una stima quantitativa dobbiamo nuovamente ricorrere allo sforzo. Si può quindi scrivere una legge di proporzionalità lineare fra lo sforzo σ e la deformazione ξ, ovvero $\sigma = E\xi$ dove il coefficiente di proporzionalità ha le dimensione di una forza per unità di superficie e prende il nome di *modulo di elasticità*. Se ci limitiamo a considerare le deformazioni longitudinali il modulo di elasticità è in effetti il *modulo di Young*. Il nostro conto approssimativo fornisce un ordine di grandezza di 10^{10} N/m^2 ovvero di 10 GPa (1 Pascal = 1 Pa = 1 N/m^2), un valore abbastanza vicino a quello reale.

Possiamo calcolare il modulo della forza F esercitata da un materiale elastico di lunghezza a riposo L e sezione A_0 che si allunga di un tratto ΔL, come:

$$F = \sigma A_0 = \frac{EA_0}{L}\Delta L \tag{5.11}$$

Tale forza si applica in direzione parallela alla deformazione ed in verso tale da opporsi ad essa; identificando $x = \Delta L$ e $k = E A_0/L$ ritroviamo la forza $\vec{F} = -kx\hat{u}_x$. Questa espressione prende il nome di *legge di Hooke* e rappresenta la forza di richiamo applicata da una molla ideale. Come abbiamo già visto nel capitolo precedente un punto materiale soggetto ad una forza di questo tipo compie un moto armonico.

Thomas Young

(Milverton 1773- Londra 1829), medico, fisico e egittologo inglese.

Materiale	Modulo di Young (GPa)
Gomma	0.05
Osso	14
Alluminio	69
Bronzo	100
Rame	117
Acciaio	200
Grafene	1000

Robert Hooke

(Freshwater 1635 - Isola di Wight 1703), fisico, matematico e naturalista inglese.

5.4 ATTRITO VISCOSO

Forze di tipo elettromagnetico sono alla base dell'*attrito viscoso*. Un modello microscopico dell'attrito si può ottenere considerando le molecole all'interno di un fluido come sfere rigide sulle quali un oggetto in movimento all'interno del fluido va ad urtare. L'ipotesi di sfera rigida è giustificabile, dal nostro punto di vista, invocando la forte interazione fra elettroni e nucleo che rende in qualche modo "indeformabile" la nube elettronica*. Affronteremo gli urti più avanti nel testo; per adesso osserviamo che durante un urto con una sfera rigida di massa molto piccola (una molecola di azoto ha una massa dell'ordine di 10^{-26} kg) al corpo in movimento viene trasferita una quantità di moto di modulo δp che potrà eventualmente essere funzione della massa della molecola e della temperatura del fluido. La forza che il fluido esercita sul corpo potrà essere ricavata come il prodotto del numero di urti N_u per unità di tempo dN_u/dt per la quantità di moto trasferita in un urto.

*Nota

La vera giustificazione di questa approssimazione è da ricercarsi nell'ambito della meccanica quantistica. Infatti le tipiche energie scambiate durante gli urti con le molecole di un fluido a temperatura ambiente non sono sufficienti per avere transizioni fra gli orbitali molecolari.

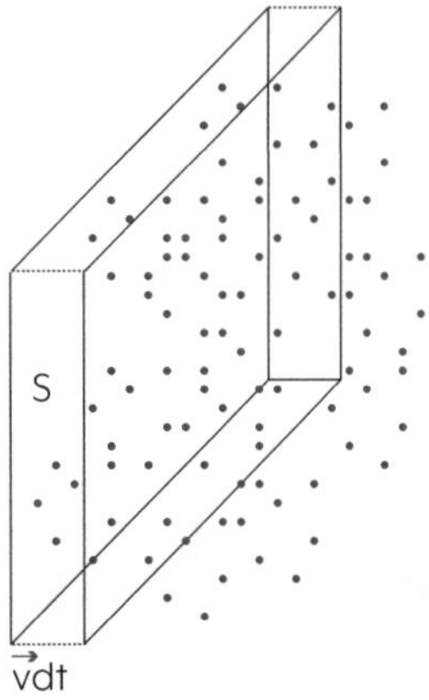

Figura 5.3

La superficie frontale S di un corpo si sposta di $\vec{v}dt$ andando ad urtare tutte le molecole che si trovano nel volume $s\,|\,\vec{v}\,|\,dt$.

Dato il grande numero di molecole possiamo limitarci a stimare i valori medi delle grandezze coinvolte.

Osserviamo che, se il corpo è fermo rispetto al fluido gli urti saranno isotropi e la forza media sarà quindi nulla. Se invece il corpo si muove rispetto al fluido con velocità $\vec{v}$, in un intervallo di tempo infinitesimo dt, il corpo urterà $nS\,|\,\vec{v}\,|\,dt$ molecole in più nella direzione di movimento rispetto a quante lo urtano quando è fermo. Si sono indicate con S la sezione frontale del corpo e con n il numero di molecole per unità di volume del fluido in condizioni fissate di temperatura e pressione. In media vi sarà quindi una forza in verso opposto alla velocità del corpo che si può scrivere come:

$$\vec{F}_{Av} = -nS\delta p\vec{v} \tag{5.12}$$

La forza ottenuta è quindi proporzionale alla velocità del corpo e diretta in verso tale da opporsi al moto. Si tratta quindi della forza che abbiamo studiato al paragrafo 4.4.4 identificando $h = nS\delta p$. La forza di attrito viscoso dipende dunque da specifiche caratteristiche del fluido, quali la densità di molecole e il momento trasferito in media durante l'urto con una molecola, oltre che da caratteristiche del corpo come la sezione frontale, ovvero la superficie del corpo perpendicolare alla velocità. Per una stima più precisa si dovranno prendere in considerazione anche i fattori di forma aerodinamica e le proprietà del moto del fluido, che incontreremo più avanti nel testo.

CASO 5.4.1

Vogliamo però riportare qui un interessante esempio di applicazione della formula appena trovata. Abbiamo visto nel paragrafo 4.4.4 che, nel caso unidimensionale, un corpo soggetto ad una forza costante di modulo f e ad una forza dipendente linearmente dalla velocità, $-h\vec{v}$, si muove asintoticamente di moto rettilineo uniforme con velocità f/h.

Dal punto di vista fisico è molto semplice arrivare a questa conclusione. La forza applicata risulta $\vec{F} = (f - h\dot{x})\hat{u}_x$. Quando il valore del modulo della velocità è $\dot{x} = f/h$, la forza applicata è dunque nulla: il corpo non può che permanere nel suo stato di moto, ovvero continuare a muoversi di moto rettilineo uniforme alla velocità $\vec{v} = f/h\hat{u}_x$.

Nel caso della caduta in aria di un grave di massa m, il modulo della velocità limite risulta dunque essere $|\vec{v}| = mg/h$. La velocità di caduta in aria raggiunge quindi il valore massimo $mg/(n\delta pS)$, direttamente proporzionale alla massa del corpo e inversamente proporzionale alla sua superficie frontale. Da questa espressione si ricava per l'aria* un valore di 0.98 m/S con m espressa in kg e S espressa in m^2. Ad esempio per un uomo di 75 kg che cade con una superficie rivolta verso il basso di circa 1 m^2 questa velocità è di circa 74 m/s ovvero circa 260 km/h. Se adesso pensiamo di aumentare la superficie frontale esposta dall'uomo fino a 15 m^2 la velocità di caduta scende al di sotto dei 5 m/s ovvero la velocità che si raggiunge saltando da un'altezza di circa 1.5 m. Abbiamo cioè inventato il *paracadute*.

*Nota

La densità dell'aria è di circa 10^{25} molecole/m^3 mentre il momento trasferito per molecola δp è circa 10^{-24} kg m/s.

In effetti, per poter utilizzare formule analitiche, abbiamo introdotto numerose approssimazioni. Nel capitolo 10 vedremo una più corretta trattazione della *portanza*, ovvero del fenomeno fisico che, fra le altre cose, consente il volo.

5.5 ATTRITO RADENTE

Interazioni di tipo elettromagnetico sono responsabili della forza macroscopicamente descritta come *attrito radente* che è causata dall'interazione fra molecole di diversi materiali solidi fra loro in contatto e che si oppone ancora una volta alla deformazione della struttura. Tuttavia, dato che una trattazione teorica, anche approssimata, risulterebbe troppo complessa, ricorriamo, per questo caso, esclusivamente ad osservazioni empiriche macroscopiche per determinare le caratteristiche della forza di attrito radente.

Se si tenta di far scorrere due solidi fra loro in contatto si osserva che, fintanto che la forza applicata parallelamente alla superficie di contatto non raggiunge un valore di soglia, i due solidi non si muovono l'uno rispetto all'altro. Tale valore di soglia dipende dalla natura delle superfici in contatto ed è proporzionale al modulo della forza di reazione normale F_N. Si può dunque concludere che fra i due solidi esiste una forza detta di *attrito statico* diretta parallelamente alla superficie e di modulo sempre inferiore al prodotto di un coefficiente scalare μ_S, detto *coefficiente di attrito statico*, per il modulo della forza di reazione normale. In altri termini:

Attrito statico e Coefficiente di attrito statico

$$\left|\vec{F}_{AS}\right| \leq \mu_S \left|\vec{F}_N\right| \tag{5.13}$$

Si noti che tanto il modulo quanto il verso della forza di attrito statico $\vec{F}_{AS}$ non sono a priori definiti ma devono essere tali da impedire il moto relativo delle due superfici. È evidente dunque che in assenza di forze applicate tangenzialmente alla superficie di contatto non vi è alcuna forza di attrito statico.

Se adesso la forza esternamente applicata ad uno dei due solidi in direzione tangenziale alla superficie di contatto supera il valore massimo per la forza di attrito statico, il solido in questione inizia a muoversi rispetto all'altro. L'accelerazione è tuttavia maggiore di quella che ci si aspetterebbe se la forza di attrito rimanesse uguale al valore di soglia. La forza di attrito è dunque ridotta ma continua ad essere diretta parallelamente alla superficie di contatto ed è proporzionale al modulo della forza di reazione normale. Questa forza prende il nome di *attrito dinamico* e si può scrivere come:

$$\vec{F}_{AD} = -\mu_D F_N \hat{\tau} \tag{5.14}$$

con la relazione $\mu_D < \mu_S$ fra il nuovo coefficiente di attrito dinamico e quello di attrito statico.

Osserviamo che, come è implicito nella descrizione, si tratta di una forza di reazione e quindi presente solo in reazione ad un moto di scorrimento. Il segno meno nell'equazione deve ricordare il fatto che la forza si oppone al moto relativo.

CASO 5.5.1

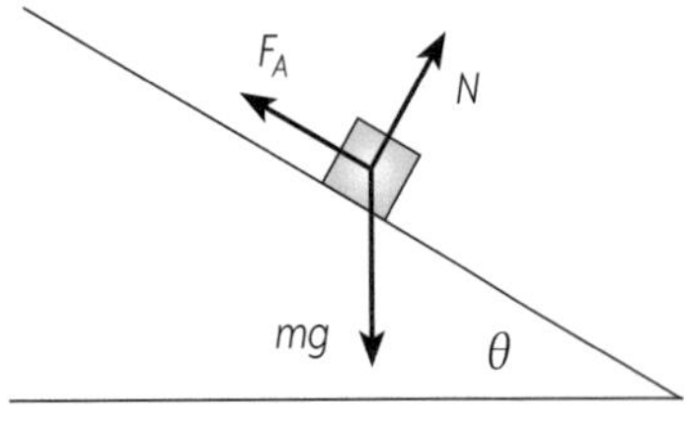

Figura 5.4

Diagramma di corpo libero di un blocchetto appoggiato su di un piano inclinato in presenza di attrito.

Consideriamo l'esempio in **figura 5.4**. Perché il blocchetto rimanga fermo sul tavolo la risultante delle forze applicate deve essere nulla. Pertanto:

$$N = mg\cos\theta \tag{5.15}$$

$$F_A = mg\sin\theta \tag{5.16}$$

Supponendo che il coefficiente di attrito statico fra blocchetto e piano valga μ_S : per angoli superiori a $\theta = \arctan(\mu_S)$ il blocchetto inizia a scivolare lungo il piano muovendosi di moto uniformemente accelerato con accelerazione

$$a = g(\sin\theta - \mu_D \cos\theta) \tag{5.17}$$

5.6 FORZE APPARENTI

Esiste infine una particolare classe di forze delle quali è possibile constatare l'effetto, ma che non risultano dall'interazione diretta con un corpo, ovvero forze che non rispettano il III principio della dinamica. La contraddizione però è solo apparente in quanto queste forze si manifestano nei sistemi di riferimento non inerziali e le accelerazioni da loro causate sono nulle quando si considerino sistemi di riferimento inerziali. Per questo tali forze prendono il nome di *forze apparenti* o *forze fittizie*. Si noti che, per quanto apparenti, i loro effetti sono ben reali come sa chi, viaggiando non assicurato al sedile, sia stato sorpreso da una brusca frenata e quindi accelerato verso la parte anteriore dell'auto.

Nel paragrafo 3.6.3 abbiamo visto come per un osservatore posto in un sistema di riferimento $\sum'$ in moto qualunque rispetto ad un sistema inerziale $\sum$, l'accelerazione osservata risulti diversa da quella osservata nel sistema inerziale per la presenza dell'accelerazione di trascinamento e di quella di Coriolis, in particolare:

$$\vec{a}' = \vec{a} - \vec{a}_t - \vec{a}_C \tag{5.18}$$

Forza di trascinamento e Forza di Coriolis

Per l'osservatore nel sistema non inerziale $\sum'$ l'accelerazione osservata $\vec{a}'$ è causata, oltre che dalle forze che provocano $\vec{a}$, e che sono le stesse che si osservano nel sistema inerziale, da due nuove forze, la *forza di trascinamento,* $\vec{F}_t = -m\vec{a}_t$, e la *forza di Coriolis,* $\vec{F}_C = -m\vec{a}_C$, che l'osservatore inerziale non rileva.

Ricordando le espressioni (3.40) e (3.41) abbiamo:

$$\vec{F}_t = -m\vec{a}_{O'} - m\left(\vec{\alpha} \times \vec{r}'\right) - m\left[\vec{\omega} \times \left(\vec{\omega} \times \vec{r}'\right)\right] \tag{5.19}$$

$$\vec{F}_C = -2m\left(\vec{\omega} \times \vec{v}'\right) \tag{5.20}$$

Se il punto materiale è in quiete nel sistema di riferimento mobile la forza di Coriolis non si osserva. Inoltre se il punto materiale si trova al centro del sistema di riferimento mobile l'accelerazione di trascinamento si riduce a $\vec{F}_t = -m\vec{a}_{O'}$.

Un esempio notevole di applicazione delle forze fittizie è il caso del moto in prossimità della superficie del pianeta Terra. Abbiamo visto nel paragrafo 5.1 come nell'approssimazione della forza peso il campo gravitazionale della Terra sia riconducibile ad un campo localmente costante diretto verticalmente dall'alto verso il basso e di modulo pari a mg. Se però teniamo conto della rotazione terrestre dobbiamo correggere questa approssimazione con il termine centrifugo della forza di trascinamento. Tale forza è sempre diretta perpendicolarmente all'asse di rotazione terrestre con verso uscente dal parallelo. Di conseguenza questa forza forma con la normale alla superficie un angolo θ pari alla longitudine. La forza peso $\vec{F}_P$ con questa correzione risulta dunque:

$$\vec{F}_P = m\left[-\omega^2 R_\oplus \cos(\theta)^2 + g\right]\hat{n} + m\omega^2 R_\oplus \sin(\theta)\cos(\theta)\hat{\tau} \quad (5.21)$$

dove con $\hat{n}$ e $\hat{\tau}$ abbiamo indicato i versori normale e tangenziale alla superficie terrestre. La componente normale della correzione all'accelerazione va dunque da un massimo di 0.034 m/s^2 all'equatore ad un minimo di zero ai poli. La correzione tangente invece è nulla ai poli ed all'equatore ed ha un massimo pari a 0.017 m/s^2 a 45° di longitudine nord o sud. Si noti però che, mentre la correzione normale modifica un valore di 9.81 m/s^2 e quindi risulta quasi sempre trascurabile, la correzione tangente è l'unica diretta lungo il meridiano verso l'equatore. In assenza di altre forze, come per esempio l'attrito dell'aria, non è mai trascurabile.

CASO 5.6.1

Jean Bernard Leon Foucault

(Parigi 1819 - Parigi 1868), fisico francese.

Qualora si consideri un corpo in movimento rispetto alla superficie terrestre, è necessario tenere conto anche della forza di Coriolis. Come esempio descriviamo il celeberrimo esperimento del *pendolo di Foucault* prendendo in considerazione le piccole oscillazioni di un pendolo posto, per semplicità al polo. Poniamo l'asse z verticale gli assi x ed y paralleli al terreno. Dato che l'asse di rotazione terrestre coincide con l'asse z la forza di Coriolis ha componenti esclusivamente nel piano xy e precisamente:

$$\vec{F}_C = 2m\omega\dot{y}\hat{u}_x - 2m\omega\dot{x}\hat{u}_y \quad (5.21)$$

Per le piccole oscillazioni possiamo confondere l'arco con la corda e scrivere la forza $\vec{F}_p$ a cui è complessivamente soggetto il pendolo come:

$$\vec{F}_p = -m\Omega^2\left(x\hat{u}_x + y\hat{u}_y\right) \quad (5.22)$$

dove si è indicata con $\Omega = \sqrt{g/L}$ la pulsazione del pendolo e si è assunto che il perno a cui è attaccato il pendolo sia libero di ruotare.

Applicando il secondo principio della dinamica e semplificando la massa, si ottiene il seguente sistema di due equazioni:

$$\ddot{x} = -\Omega^2 x + 2\omega\dot{y} \tag{5.23}$$

$$\ddot{y} = -\Omega^2 y - 2\omega\dot{x} \tag{5.24}$$

Sommando alla prima di queste due equazioni la seconda moltiplicata per l'unità immaginaria $\imath$ otteniamo:

$$\ddot{x} + \imath\ddot{y} = -\Omega^2(x + \imath y) + 2\omega(\dot{y} - \imath\dot{x}) \Rightarrow \ddot{\xi} = -\Omega^2\xi - 2\imath\omega\dot{\xi} \tag{5.25}$$

dove si è definito $\xi = x + \imath y$.

Si riconosce l'equazione di un moto smorzato con la sostanziale differenza che la costante di smorzamento è un numero complesso e quindi l'ampiezza delle oscillazioni non risulta attenuata. La soluzione di questa equazione è quindi:

$$\xi = \left[c_1 \cos(\tilde{\Omega}t) + c_2 \sin(\tilde{\Omega}t)\right] e^{-\imath\omega t} \tag{5.26}$$

dove si è definito $\tilde{\Omega} = \sqrt{\Omega^2 + \omega^2} \simeq \Omega$ e le costanti c_1 e c_2 sono determinate dalle condizioni iniziali.

Supponiamo, ad esempio, di far partire il pendolo dalla posizione di equilibrio con una velocità v_0 diretta lungo l'asse x. In coordinate xy otteniamo:

$$x = \frac{v_0}{\tilde{\Omega}} \sin(\Omega t)\cos(\omega t) \tag{5.27}$$

$$y = -\frac{v_0}{\tilde{\Omega}} \sin(\Omega t)\sin(\omega t) \tag{5.28}$$

Al moto di oscillazione del pendolo alla frequenza $\Omega / 2\pi$ si sovrappone quindi una rotazione del piano di oscillazione alla frequenza di rotazione terrestre. Se cambiamo latitudine la frequenza di rotazione del piano di oscillazione diminuisce e all'equatore il piano di oscillazione rimane fermo.

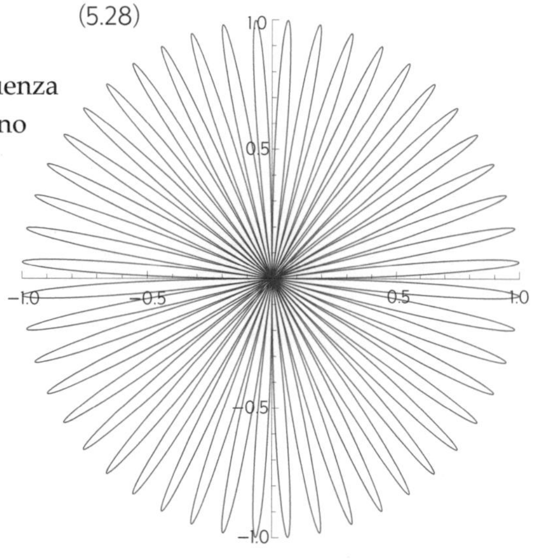

Figura 5.5.

Traiettoria percorsa nel piano xy dal peso di un ipotetico pendolo di Foucault posto al polo ed avente un periodo di oscillazione di 1 ora con ampiezza di oscillazione normalizzata a 1. Il lettore è invitato a calcolare l'inverosimile lunghezza di un tale pendolo.

Capitolo

6

Energia

I principi della dinamica permettono di ricavare le equazioni di moto dei punti materiali a partire dalla conoscenza delle forze che agiscono su tali punti; ci permettono quindi di prevedere *gli effetti* (***le accelerazioni***) una volta note *le cause* (***le forze***). Per determinare le leggi orarie è poi necessario conoscere *le condizioni iniziali* (***posizione e velocità***) in un determinato sistema di riferimento. Abbiamo cioè la possibilità di predire l'andamento temporale di tutte le quantità cinematiche che descrivono il moto di un punto materiale.

Si tratta di una procedura concettuale molto potente in grado di assicurare capacità predittive estremamente accurate. Per esempio, abbiamo visto come una forza costante causi un moto uniformemente accelerato e che, in tale moto, la velocità vada sempre aumentando nel tempo. Se oltre alla forza costante è presente anche una forza di attrito viscoso (dipendente linearmente dalla velocità relativa) la velocità tende asintoticamente ad un valore costante. Nel caso di una forza elastica (dipendente linearmente dallo spostamento relativo), al contrario, la velocità non è mai costante ma si mantiene comunque all'interno di un intervallo finito di valori. Per avere una visione più generale, ad esempio per determinare se, in uno specifico moto, esistono quantità indipendenti dal tempo, o per meglio dire, quantità conservate, dobbiamo quindi dotarci di nuovi strumenti. Questi nuovi strumenti si riveleranno cruciali anche nella comprensione di molti altri aspetti della Fisica ben al di là della dinamica del punto materiale.

Per prima cosa introduciamo due nuove grandezze fisiche scalari:

- l'*energia*, che si misura in Joule (J = [kg m^2 s^{-2}] = [N m])
- la *potenza*, ovvero l'energia per unità di tempo, che si misura in Watt (W = [kg m^2 s^{-3}] = [N m s^{-1}])

Potenza

Per riferire queste nuove grandezze a quelle utilizzate finora nello studio della dinamica definiamo *potenza* della forza $\vec{F}$ il cui punto di applicazione si muove alla velocità $\vec{v}$ come:

$$W \equiv \vec{F} \cdot \vec{v} \tag{6.1}$$

Si tratta quindi di una quantità definita in ogni istante del moto e descrivibile come funzione del tempo.

Lavoro

Integrando da un tempo t_A ad un tempo t_B la potenza W otteniamo il *lavoro* compiuto dalla forza $\vec{F}$ per spostare il proprio punto di applicazione dalla posizione A occupata nell'istante t_A alla posizione B occupata nell'istante t_B:

$$L_{A\gamma B} = \int_{t_A}^{t_B} W(t')dt' = \int_{t_A}^{t_B} \vec{F} \cdot \vec{v} dt' \tag{6.2}$$

La grandezza così definita ha le dimensioni di una *energia*. È infatti misurata in Joule.

Si noti che è stato necessario indicare la traiettoria γ percorsa dal punto di applicazione della forza. È infatti solo attraverso la definizione della traiettoria che possiamo associare una posizione ad un istante di tempo. Per questo motivo non è possibile in generale definire il lavoro come funzione della posizione.

Ricordando che la velocità è la derivata nel tempo della posizione, osserviamo che $d\vec{s} = \vec{v}dt$ è il differenziale della posizione. Possiamo così definire per ogni punto della traiettoria percorsa dal punto di applicazione della forza la quantità infinitesima di lavoro:

$$đL = \vec{F} \cdot \vec{v} dt = \vec{F} \cdot d\vec{s} \tag{6.3}$$

dove il simbolo $đ$ serve a ricordarci che non si tratta del differenziale di una funzione della posizione. Osserviamo infine che $d\vec{s}$ rappresenta lo spostamento infinitesimo del punto di applicazione della forza. Le reazioni dei vincoli ideali non compiono quindi lavoro, visto che lo spostamento permesso dal vincolo è sempre perpendicolare alla reazione vincolare.

Qualora si abbia a che fare con più forze aventi lo stesso punto di applicazione è evidente, dalla linearità delle definizioni (6.1) e (6.3), che vale la sovrapposizione degli effetti. È quindi possibile considerare la potenza totale come la somma delle potenze prodotte da tutte le forze; in altre parole la potenza totale è uguale alla potenza prodotta dalla forza risultante. Alternativamente è possibile considerare il lavoro complessivamente compiuto come somma dei lavori compiuti dalle singole forze; in altre parole il lavoro complessivamente compiuto è uguale al lavoro compiuto dalla risultante delle forze.

6.1 TEOREMA DELLE FORZE VIVE

Applichiamo alla definizione (6.1) di potenza di una forza* il II principio della dinamica:

$$W \equiv \vec{F} \cdot \vec{v} = m\vec{a} \cdot \vec{v} = m\frac{d\vec{v}}{dt} \cdot \vec{v} = \frac{d\left(\frac{1}{2}mv^2\right)}{dt} \equiv \frac{dT}{dt} \qquad (6.4)$$

dove si è sfruttata l'identità matematica

$$\frac{d\left(\frac{1}{2}v^2\right)}{dt} = \frac{d\vec{v}}{dt} \cdot \vec{v} \qquad (6.5)$$

e si è assunta costante nel tempo la massa.

La funzione:

$$T = \frac{1}{2}mv^2 = \frac{p^2}{2m} \qquad (6.6)$$

prende il nome di *energia cinetica.*

Come conseguenza del II principio della dinamica, abbiamo quindi dimostrato che:

la potenza di una forza è uguale alla derivata nel tempo dell'energia cinetica.

Teorema delle forze vive: forma locale

In modo del tutto analogo partendo dalla definizione della quantità infinitesima di lavoro (6.3), ed applicando il II principio della dinamica si perviene a:

$$đL = \vec{F} \cdot \vec{v}dt = m\vec{a} \cdot \vec{v}dt = m\frac{d\vec{v}}{dt} \cdot \vec{v}dt = \frac{d\left(\frac{1}{2}mv^2\right)}{dt}dt \qquad (6.7)$$

Integrando nel tempo otteniamo:

$$L_{A\gamma B} \equiv \int_{A\gamma B} \vec{F} \cdot d\vec{s} = \int_{t_A}^{t_B} \frac{d\left(\frac{1}{2}mv^2\right)}{dt}dt = T(t_B) - T(t_A) \qquad (6.8)$$

Come conseguenza del II principio della dinamica, abbiamo quindi dimostrato che:

il lavoro compiuto da una forza per spostare il proprio punto di applicazione da A a B è uguale alla variazione dell'energia cinetica fra le configurazioni B ed A.

Teorema delle forze vive: forma integrale

Le due equazioni (6.4) e (6.8) sono espressioni equivalenti del *teorema delle forze vive.* Per generalizzare il teorema ad un sistema

*Nota

È chiaro che, in caso di più forze agenti contemporaneamente, si deve considerare la risultante delle forze. Si veda quanto appena esposto alla fine del paragrafo precedente.

di punti materiali è sufficiente ricorrere al principio di sovrapposizione degli effetti usando quindi delle sommatorie $L_{tot} = \sum_i L_i$ e $T_{tot} = \sum_i T_i$.

CASO 6.1.2 Moto a potenza costante

Supponiamo di poter considerare un'auto come un punto materiale di massa m e supponiamo inoltre che tutta la potenza fornita dal motore sia sempre disponibile alle ruote indipendentemente dalla velocità del veicolo. Immaginiamo infine che l'auto si muova lungo una retta che identifichiamo con l'asse x.

Per trovare la legge oraria di moto dell'auto possiamo fare uso del teorema delle forze vive. Infatti detta w_0 la potenza dell'auto possiamo scrivere:

$$w_0 = \frac{dT}{dt} = \frac{d\left(\frac{1}{2}m\dot{x}^2\right)}{dt} = m\dot{x}\ddot{x} \tag{6.9}$$

La soluzione di questa equazione per un'auto che parte nell'origine e da ferma è

$$x(t) = \frac{2\sqrt{2\frac{w_0}{m}}}{3}\sqrt{t^3} \tag{6.10}$$

$$\dot{x}(t) = \sqrt{2\frac{w_0}{m}}\sqrt{t} \tag{6.11}$$

Si noti che è fisicamente impossibile avere un moto che inizia con potenza costante, infatti in tale caso l'accelerazione iniziale risulterebbe infinita. L'esempio appena discusso deve dunque servire solo per ottenere ordini di grandezza ragionevoli.

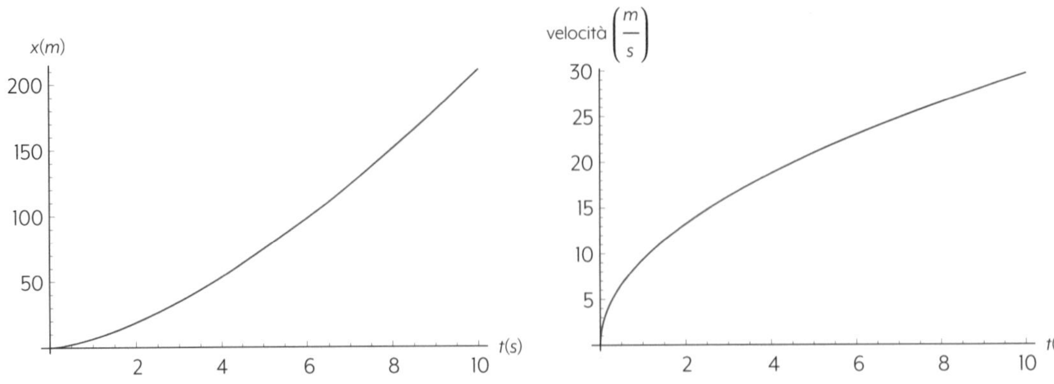

Figura 6.1

Spazio percorso (sinistra) e velocità (destra) di un'auto (FIAT 500) di massa pari a 1160 kg e potenza di 63 kW in funzione del tempo. Dal calcolo risultano 8.8 s per passare da 0 a 100 km/h da confrontarsi con il valore di 12.9 s dichiarato dalla casa.

6.2 FORZE CONSERVATIVE

Adesso restringiamo il nostro interesse a quei campi di forza che dipendono esclusivamente dalle coordinate; tali forze si dicono *posizionali*. Evidentemente un campo di forza posizionale è definito all'interno di un dominio spaziale dato da quelle configurazioni per le quali la forza ha un valore finito. Tutto quanto espresso nel seguito di questa sezione è valido all'interno del dominio di definizione del campo di forza considerato.

È possibile mostrare che, per una forza posizionale, il lavoro compiuto dal campo di forza quando il punto di applicazione si sposta da A a B lungo la traiettoria γ è uguale all'opposto del lavoro compiuto quando il punto di applicazione della forza si sposta da B ad A lungo la stessa traiettoria γ:

$$\int_{A\gamma B} \vec{F}\cdot d\vec{s} = -\int_{B\gamma A} \vec{F}\cdot d\vec{s} \tag{6.12}$$

Definiamo *forze conservative* una particolare classe di forze posizionali per le quali il lavoro compiuto per andare da una configurazione A ad una configurazione B dipende esclusivamente da A e B ed è indipendente dal cammino seguito:

$$\int_{A\gamma_1 B} \vec{F}\cdot d\vec{s} = \int_{A\gamma_2 B} \vec{F}\cdot d\vec{s} \tag{6.13}$$

Da questa definizione e dalla proprietà (6.12) delle forze posizionali segue che, se consideriamo due percorsi qualunque γ_1 e γ_2 che connettono gli stessi due estremi A e B, possiamo scrivere:

$$\int_{A\gamma_1 B} \vec{F}\cdot d\vec{s} = \int_{A\gamma_2 B} \vec{F}\cdot d\vec{s} = -\int_{B\gamma_2 A} \vec{F}\cdot d\vec{s} \Rightarrow \int_{A\gamma_1 B} \vec{F}\cdot d\vec{s} + \int_{B\gamma_2 A} \vec{F}\cdot d\vec{s} = 0 \tag{6.14}$$

Questa somma di integrazioni è equivalente all'integrale su di un percorso chiuso (detto *circuitazione*) che riporta il punto di applicazione della forza in A . Dato che possiamo scegliere a piacere sia gli estremi A e B che i percorsi γ_1 e γ_2 all'interno del dominio di definizione del campo di forza, possiamo affermare che:

condizione necessaria perché una forza sia conservativa è che la circuitazione di $\vec{F}$ sia nulla.

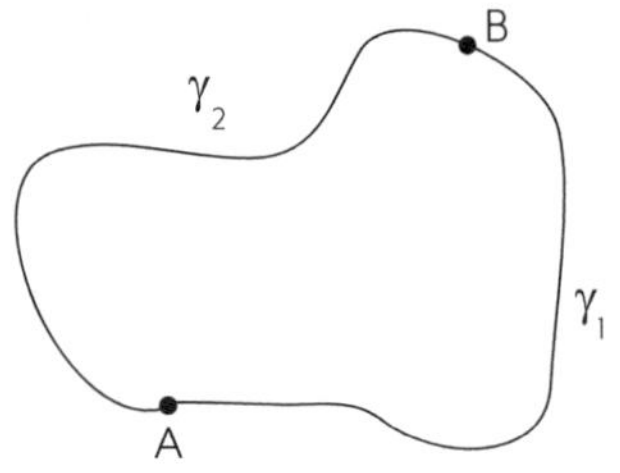

Figura 6.2

Grafico per la prima proprietà delle forze conservative.

Osserviamo però che il ragionamento appena illustrato può anche essere seguito a ritroso ovvero, se partiamo da un percorso chiuso qualunque ed individuiamo su si esso due punti A e B possiamo scrivere:

$$\int_{A\gamma_1 B} \vec{F}\cdot d\vec{s} + \int_{B\gamma_2 A} \vec{F}\cdot d\vec{s} = 0 \Rightarrow \int_{A\gamma_1 B} \vec{F}\cdot d\vec{s} = -\int_{B\gamma_2 A} \vec{F}\cdot d\vec{s} = \int_{A\gamma_2 B} \vec{F}\cdot d\vec{s} \quad (6.15)$$

dove nell'ultimo passaggio abbiamo di nuovo fatto uso della proprietà (6.12) delle forze posizionali. Abbiamo quindi provato che *condizione sufficiente perché una forza sia conservativa è che la circuitazione di $\vec{F}$ sia nulla*. In definitiva dunque si tratta di una condizione *necessaria e sufficiente*:

$$\text{I) } \vec{F} \text{ forza conservativa} \Leftrightarrow \oint \vec{F}\cdot d\vec{s} = 0 \quad (6.16)$$

Dove con il simbolo $\oint$ si indica un'integrale di linea su un percorso chiuso (*circuitazione*). Si tratta di una condizione espressa in forma integrale. Grazie al teorema del *rotore** si può scrivere questa stessa condizione in forma differenziale:

$$\text{II) } \vec{F} \text{ forza conservativa} \Leftrightarrow \nabla\times\vec{F} = 0 \quad (6.17)$$

Consideriamo adesso diverse configurazioni A, B tutte raggiungibili da una configurazione comune O; per definizione di forza conservativa, il lavoro per raggiungere tali configurazioni dipende esclusivamente dagli estremi di integrazione. è quindi possibile definire una funzione della posizione U tale che:

$$\int_O^A \vec{F}\cdot d\vec{s} = -U(A) \quad (6.18)$$

$$\int_O^B \vec{F}\cdot d\vec{s} = -U(B) \quad (6.19)$$

Consideriamo adesso il percorso AOB, il lavoro compiuto dalla forza lungo tale percorso è dato da:

$$\int_A^B \vec{F}\cdot d\vec{s} = \int_A^O \vec{F}\cdot d\vec{s} + \int_O^B \vec{F}\cdot d\vec{s} = -\int_A^O \vec{F}\cdot d\vec{s} + \int_O^B \vec{F}\cdot d\vec{s} = U(A) - U(B) \quad (6.20)$$

dove oltre alla definizione della funzione U si è usata la proprietà (6.12) delle forze posizionali. Abbiamo dunque dimostrato che:

condizione necessaria perché una forza sia conservativa è che esista una funzione della posizione U tale che il lavoro compiuto dalla forza per spostare il proprio punto di applicazione da A a B sia uguale all'opposto della variazione della funzione U.

*Nota

Un teorema di geometria differenziale garantisce che:

$$\oint_\gamma \vec{F}\cdot d\vec{s} = \int_\Sigma \nabla\times\vec{F}\cdot\hat{n}d\Sigma$$

dove Σ è la superficie che ha per contorno la linea chiusa γ. Il teorema è valido sotto opportune condizioni, che si assumono valide, per $\vec{F}$ ed il suo dominio di definizione.

Dal momento che la variazione di U fra A e B è funzione solo di A e B. Se tale variazione è uguale al lavoro svolto dalla forza $\vec{F}$ per spostare il proprio punto di applicazione da A a B, allora tale lavoro è indipendente dal percorso seguito, e dunque la forza $\vec{F}$ è conservativa. Anche la condizione appena esposta dunque è *necessaria e sufficiente*:

$$\text{III) } \vec{F} \text{ forza conservativa} \Leftrightarrow \exists U(\vec{r}) : \int_A^B \vec{F} \cdot d\vec{s} = U(A) - U(B) \quad (6.21)$$

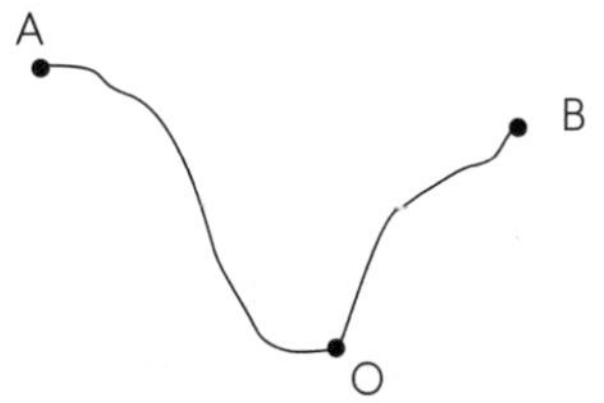

Figura 6.3
Dimostrazione della terza proprietà delle forze conservative.

Anche in questo caso, attraverso il teorema fondamentale del calcolo integrale si può dimostrare che questa condizione, espressa in forma integrale, può tradursi in una equivalente condizione differenziale:

$$\text{IV) } \vec{F} \text{ forza conservativa} \Leftrightarrow \exists U(\vec{r}) : \nabla U = -\vec{F} \quad (6.22)$$

6.3 ENERGIA POTENZIALE

La funzione della posizione $U(x,y,z)$ definita in (6.21) e (6.22) prende il nome di *Energia Potenziale*. È importante notare che tale funzione risulta definita a meno di una costante additiva. In (6.21), infatti, compare unicamente la differenza U(A) – U(B), quantità che non viene modificata aggiungendo una costante arbitraria ad U. Allo stesso modo, in (6.22), ∇U non cambia aggiungendo una costante ad U. Questa arbitrarietà permette di definire a nostro piacere la configurazione alla quale vogliamo assegnare il valore nullo dell'energia potenziale.

Notiamo infine che, per il principio di sovrapposizione degli effetti, l'energia potenziale risulta additiva. Se abbiamo più forze conservative la forza risultante è ancora conservativa e l'energia potenziale totale è la somma delle energie potenziali associate alle singole forze.

6.3.1 Stazionarietà dell'energia potenziale

Esplicitando la IV proprietà (6.22) delle forze conservative, è sempre possibile scrivere una forza $\vec{F}$ conservativa come:

$$\vec{F}(x,y,z) = -\nabla U(x,y,z) = -\left(\frac{\partial U}{\partial x}\hat{u}_x + \frac{\partial U}{\partial y}\hat{u}_y + \frac{\partial U}{\partial z}\hat{u}_z \right) \quad (6.23)$$

Se in un punto P si ha $\nabla U(P)=0$, allora, in quel punto, la forza è nulla. Un punto materiale posto in P, non varia dunque il proprio stato di moto. Il punto P si dice *punto di equilibrio*. La relazione:

Punto di equilibrio e Teorema della stazionarietà dell'energia potenziale

$$P \text{ punto di equilibrio} \Leftrightarrow \nabla U(P)=0 \tag{6.24}$$

rappresenta il *teorema della stazionarietà dell'energia potenziale*. Questo teorema ci dice che i punti di stazionarietà della funzione energia potenziale (massimi, minimi o flessi) sono punti di equilibrio per il sistema. È dunque possibile individuare i punti di equilibrio di un complesso problema meccanico, purché soggetto a forze conservative e vincoli ideali, attraverso un semplice studio di funzione.

Il carattere del punto stazionario ha poi importanti conseguenze dinamiche. Esaminiamo in dettaglio le condizioni di stazionarietà relativamente al semplice caso unidimensionale $U = U(x)$ distinguendo fra massimi e minimi del potenziale:

- Se ci troviamo in un *intorno di un punto di massimo*, ovvero nel caso in cui la derivata seconda della funzione $U(x)$ è negativa, la forza è concorde con lo spostamento dal massimo. Un punto materiale che si allontani dal punto di massimo dell'energia potenziale tende ad aumentare la propria velocità ed allontanarsi dal punto di equilibrio. Si tratta dunque di *equilibrio instabile*.
- Se ci troviamo in un *intorno di un punto di minimo*, ovvero nel caso in cui la derivata seconda della funzione $U(x)$ è positiva, la forza è discorde con lo spostamento dal minimo. Un punto materiale che si allontani dal punto di massimo dell'energia potenziale tende a diminuire la propria velocità e a mantenersi in un intorno del punto di equilibrio. Tali punti vengono quindi detti di *equilibrio stabile*.

CASO 6.3.1.1

Supponiamo di appendere ad una molla di lunghezza a riposo L un peso di massa m. Scegliamo l'asse x coincidente con la verticale ascendente e poniamo l'origine in corrispondenza con la posizione della molla a riposo. La forza alla quale il peso è soggetto risulta $\vec{F}=(-kx-mg)\hat{u}_x$. Questa forza è la risultante della somma della forza elastica e della forza peso.

Si tratta di due forze conservative, come si può facilmente dimostrare applicando la proprietà (6.22). Infatti vediamo subito che:

$$-kx\hat{u}_x = -\frac{d\left(1/2kx^2\right)}{dx}\hat{u}_x \tag{6.25}$$

quindi la forza elastica è conservativa e l'energia potenziale elastica si può scrivere:

$$U = \frac{1}{2}kx^2 \tag{6.26}$$

dove x rappresenta l'*allungamento della molla*.

Osserviamo poi che:

$$-mg\hat{u}_x = -\frac{d(mgx)}{dx}\hat{u}_x \tag{6.27}$$

quindi anche la forza peso è conservativa e l'energia potenziale della forza peso si può scrivere:

$$U = mgx \tag{6.28}$$

dove x adesso rappresenta la *quota misurata dal basso verso l'alto* alla quale si trova la massa m.

Nell'esempio considerato l'energia potenziale ha dunque la forma:

$$U = \frac{1}{2}kx^2 + mgx \tag{6.29}$$

La posizione di equilibrio si trova quindi come:

$$\frac{d\left(1/2kx^2 + mgx\right)}{dx} = kx + mg = 0 \rightarrow x = -\frac{mg}{k} \tag{6.30}$$

La posizione di equilibrio, poi, risulta stabile. La derivata seconda ha infatti segno positivo:

$$\frac{d^2\left(1/2kx^2 + mgx\right)}{dx^2} = k > 0 \tag{6.31}$$

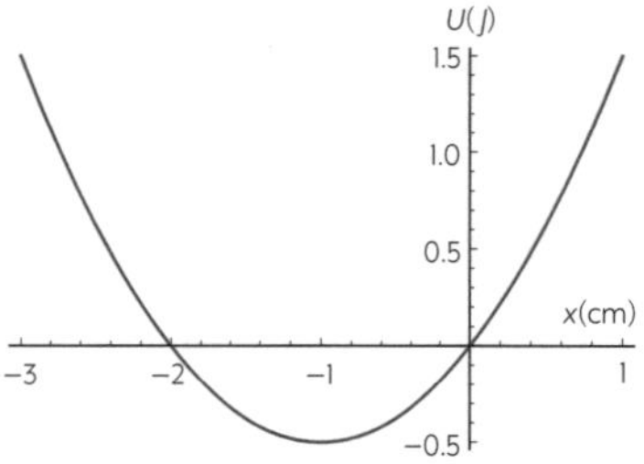

Figura 6.4

Energia potenziale di un peso di massa m = 10 kg attaccato ad una molla di costante elastica $k = 10^4$ N/m

6.4 CONSERVAZIONE DELL'ENERGIA MECCANICA

Supponiamo di lavorare con forze conservative e vincoli ideali e applichiamo la proprietà (6.21) al teorema delle forze vive. Dato che le reazioni vincolari non compiono lavoro, possiamo scrivere:

$$\begin{aligned}&\int_A^B \vec{F}\cdot d\vec{s} = T(B)-T(A)\\&\int_A^B \vec{F}\cdot d\vec{s} = U(A)-U(B)\end{aligned} \Rightarrow T(B)+U(B)=T(A)+U(A) \quad (6.32)$$

per una scelta arbitraria degli estremi A e B.

La quantità $T + U = E$, detta energia meccanica, si conserva.

Questo importante risultato si può anche esprimere dicendo che, in presenza di sole forze conservative e vincoli ideali, l'energia meccanica $E = T + U$ è indipendente dal tempo

$$\frac{dE(\vec{r},\vec{v})}{dt} = 0 \quad (6.33)$$

dove si è voluto sottolineare che l'energia meccanica è funzione esplicita tanto della posizione quanto della velocità. Il valore dell'energia meccanica è in effetti arbitrario, e dipende in particolare dalla scelta del sistema di riferimento. Non cambia però il fatto che tale energia sia o meno conservata.

In effetti in fisica *non sono definiti i valori assoluti dell'energia* ma solo le *differenze di energia*, che sono indipendenti dal sistema di riferimento.

CASO 6.4.1

Consideriamo un punto materiale che si muove lungo l'asse x soggetto alla sola forza peso. Abbiamo visto che tale forza è conservativa. Scegliendo l'asse x come verticale ascendente l'energia potenziale si scrive $U = mgx$ mentre l'energia cinetica si scrive $T = \frac{1}{2}m\dot{x}^2$. La conservazione dell'energia meccanica, (6.33), risulta essere:

$$\frac{d\left(\frac{1}{2}m\dot{x}^2 + mgx\right)}{dt} = m\ddot{x}\dot{x} + mg\dot{x} = 0 \rightarrow \ddot{x} = -g \quad (6.34)$$

ovvero la conservazione dell'energia nella forma (6.33) ci permette di ricavare l'equazione di moto.

Al contrario se ricordiamo la legge oraria della caduta di un grave possiamo scrivere l'andamento temporale dell'energia potenziale e dell'energia cinetica:

$$U = mgx = mg\left(-\frac{1}{2}gt^2 + \dot{x}(0)t + x(0)\right) = -\frac{1}{2}mg^2t^2 + mg\dot{x}(0)t + mgx(0)$$
$$T = \frac{1}{2}m\dot{x}^2 = \frac{1}{2}m\left(-gt + \dot{x}(0)\right)^2 = \frac{1}{2}mg^2t^2 - mg\dot{x}(0)t + \frac{1}{2}m\dot{x}(0)^2$$
$$T + U = \frac{1}{2}m\dot{x}(0)^2 + mgx(0) = E(0) \tag{6.35}$$

Pur variando nel tempo, tanto l'energia potenziale quanto l'energia cinetica, la loro somma si mantiene costante ed uguale, in ogni istante, al valore iniziale dell'energia meccanica.

CASO 6.4.2

Consideriamo adesso il caso del pendolo semplice. Dato che le forze agenti sul punto materiale sono la forza peso (che è conservativa) e la reazione vincolare del filo (che non compie lavoro), possiamo possiamo applicare la conservazione dell'energia meccanica.

Posto lo zero di energia potenziale in corrispondenza del punto più basso della traiettoria l'energia potenziale si scrive:

$$U = mgy = mgL(1 - \cos\theta) \tag{6.36}$$

Prima di studiare il moto del peso utilizzando la conservazione dell'energia meccanica notiamo che questa funzione è limitata. Dato che l'energia cinetica è definita positiva, il moto risulta di due diversi tipi:

- per $E < 2mgL$ il punto materiale oscilla fra due valori estremi, simmetrici rispetto a $\theta = 0$
- per $E > 2mgL$ il punto materiale ruota senza mai fermarsi

Ricaviamo adesso l'equazione di moto del pendolo applicando la conservazione dell'energia meccanica:

$$E = \frac{1}{2}mL^2\dot{\theta}^2 + mgL(1 - \cos\theta) \tag{6.37}$$

$$\frac{dE}{dt} = mL^2\ddot{\theta}\dot{\theta} + mgL\dot{\theta}\sin\theta = 0 \rightarrow \ddot{\theta} = -\frac{g}{L}\sin\theta \tag{6.38}$$

Come si vede abbiamo ottenuto nuovamente l'equazione di moto del pendolo semplice. Notiamo che per $E \ll 2mgL$ è

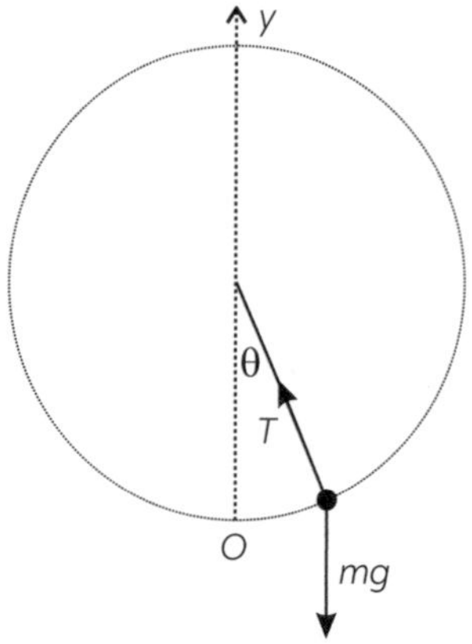

Figura 6.5
Pendolo semplice.

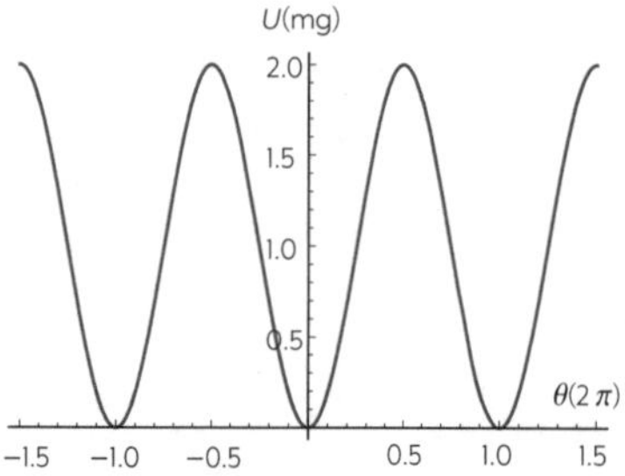

Figura 6.6
Energia potenziale del pendolo semplice.

possibile utilizzare l'approssimazione delle piccole oscillazioni scrivendo $\cos\theta \simeq 1-\theta^2/2$ ed ottenenere così l'equazione del moto armonico.

L'ultima osservazione fatta nell'esempio precedente può essere facilmente generalizzata. Osserviamo, infatti, che nell'intorno di un punto x_0 di minimo dell'energia potenziale è sempre possibile scrivere:

$$U(x) \simeq U(x_0) + \frac{1}{2}U''(x_0)(x-x_0)^2 \quad (6.39)$$

con $U''(x_0) > 0$ e quindi, in tale intorno, il moto è armonico con pulsazione $\omega = \sqrt{U''(x_0)/m}$.

CASO 6.4.3

Concludiamo con un esempio nel quale non si può usare la conservazione dell'energia meccanica, ma nel quale l'applicazione del teorema delle forze vive permette di arrivare a delle interessanti conclusioni fisiche.

Consideriamo dunque un moto in presenza di una forza dissipativa (non conservativa) per il quale l'energia meccanica non si conserva, ma per il quale è possibile stimare la potenza dissipata durante il moto. Abbiamo vièsto come nel caso della caduta di un grave in presenza di una forza di attrito viscoso $\vec{F}_v = -h\vec{v}$, si raggiunga una situazione nella quale la velocità di caduta si mantiene costante al valore $\frac{mg}{h}$. L'energia cinetica quindi non varia durante il moto se non negli istanti iniziali. Al contrario, passati i primi istanti, l'energia potenziale della forza peso diminuisce. Di conseguenza l'energia meccanica diminuisce. Se ne calcoliamo la derivata nel tempo nella fase del moto a velocità costante otteniamo

$$\frac{dE}{dt} = \frac{d\left[-\frac{(mg)^2}{h}t\right]}{dt} = -\frac{(mg)^2}{h} = -\vec{F}_v \cdot \vec{v} \quad (6.40)$$

ovvero la variazione temporale dell'energia meccanica è uguale all'opposto della potenza della forza di attrito. Infatti l'energia viene dissipata dall'attrito viscoso come ci aspettavamo dal teorema delle forze vive.

Capitolo

7

Corpi estesi

Fino ad ora ci siamo limitati a considerare un singolo punto materiale. Vogliamo adesso estendere la nostra trattazione a corpi di dimensione finita. Questa estensione segue naturalmente se consideriamo la massa come funzione della posizione $m \rightarrow m(\vec{r})$. Questa funzione può essere discreta nei *sistemi di punti materiali* o continua. In quest'ultimo caso è utile introdurre una nuova grandezza fisica detta *densità* $\rho(\vec{r}) : \int_\tau \rho(\vec{r})d\tau = m$, dove τ indica un elemento spaziale (lunghezza, superficie o volume) e m la massa che lo occupa. Si parlerà dunque di *densità lineare* [kg/m], *densità superficiale* [kg/m^2] e *densità di volume* [kg/m^3]. Nella maggior parte delle derivazioni considereremo i sistemi di punti materiali, estendendo poi le conclusioni a sistemi continui.

Densità

7.1 CENTRO DI MASSA

Per la descrizione del moto dei corpi estesi è utile definire il vettore posizione $\vec{r}_{cm}$ del centro di massa G come la media pesata sulla massa dei vettori posizione dei punti materiali.

Consideriamo un sistema di punti materiali P_i aventi masse m_i ed individuati dai vettori posizione $\vec{r}_i = (P_i - O)$ e definiamo:

$$\vec{r}_{cm} = \frac{\sum_i m_i \vec{r}_i}{\sum_i m_i} \tag{7.1}$$

$$(G - O) = \frac{\sum_i m_i (P_i - O)}{\sum_i m_i} \tag{7.2}$$

dove O è l'origine del sistema considerato. Questo vettore ha importanti proprietà.

I proprietà del centro di massa

La media pesata sulla massa della posizione relativa dei punti P_i rispetto al centro di massa è nulla.

Prendendo un sistema di riferimento centrato nel centro di massa risulta:

$$0 \equiv (G-G) = \frac{\sum_i m_i (P_i - G)}{M} \rightarrow \sum_i m_i (P_i - G) = 0 \qquad (7.3)$$

dove si è introdotta la massa totale $M = \sum_i m_i \neq 0$. Torneremo nel paragrafo 7.6 sul calcolo effettivo della posizione del centro di massa per corpi solidi.

Se deriviamo il vettore posizione del centro di massa rispetto al tempo otteniamo:

$$\frac{d\vec{r}_{cm}}{dt} = \vec{v}_{cm} = \frac{1}{M}\sum_i m_i \frac{d\vec{r}_i}{dt} = \frac{1}{M}\sum_i m_i \vec{v}_i = \frac{1}{M}\sum_i \vec{p}_i \rightarrow \vec{P} = M\vec{v}_{cm} \qquad (7.4)$$

dove si è introdotta la quantità di moto totale $\vec{P} = \sum_i \vec{p}_i$.

Quantità di moto totale

La quantità di moto totale del sistema è quindi *uguale alla quantità di moto posseduta da un punto materiale coincidente con il centro di massa e recante tutta la massa del sistema.*

Come corollario a questa proprietà osserviamo che nel sistema di riferimento del centro di massa dove $\vec{w}_i = \vec{v}_i - \vec{v}_{cm}$ avremo:

$$\sum_i m_i \vec{w}_i = 0 \qquad (7.5)$$

II proprietà del centro di massa

cioè *la quantità di moto totale di un sistema di punti materiali è nulla nel sistema di riferimento del centro di massa.*

7.2 I EQUAZIONE CARDINALE DELLA DINAMICA

Calcolando la derivata seconda del vettore posizione rispetto al tempo, otteniamo:

$$\frac{d^2\vec{r}_{cm}}{dt^2} = \vec{a}_{cm} = \frac{1}{M}\sum_i m_i \frac{d^2\vec{r}_i}{dt^2} = \frac{1}{M}\sum_i m_i \vec{a}_i \rightarrow M\vec{a}_{cm} = \sum_i m_i \vec{a}_i = \sum_i \vec{F}_i \qquad (7.6)$$

dove si è usato il secondo principio della dinamica $m_i\vec{a}_i = \vec{F}_i$ facendo comparire la risultante $\vec{F}_i$ delle forze agenti sull'*i*-esimo punto materiale. È sempre possibile scomporre l'insieme delle forze agenti su un punto del sistema di punti materiali in *forze esterne* $\vec{F}_i^{ext}$, cioè applicate al sistema da oggetti esterni al sistema stesso e *forze interne* $\vec{F}_i^{int}$, cioè applicate da altri punti del sistema stesso. Utilizzando il III principio della dinamica si dimostra immediatamente che $\sum_i \vec{F}_i^{int} = 0$ e, definendo la *risultante delle forze esterne* $\vec{R}_{ext} = \sum_i \vec{F}_i^{ext}$, si giunge alla *I equazione cardinale della dinamica*

$$M\vec{a}_{cm} = \frac{d\vec{P}}{dt} = \vec{R}_{ext} \tag{7.7}$$

Abbiamo così dimostrato che:

Il centro di massa di un corpo esteso si muove come un punto materiale che possieda l'intera massa del sistema e come se tutte le forze esterne fossero applicate in tale punto.

Come conseguenza della I equazione cardinale della dinamica osserviamo che per un sistema di punti materiali soggetto ad un campo di forze esterne avente risultante nulla vale la seguente proprietà (*Conservazione della quantità di moto*):

$$\vec{R}^{ext} = 0 \Leftrightarrow \vec{P} \text{ costante} \tag{7.8}$$

In altre parole il centro di massa di un sistema sul quale la risultante delle forze applicate dall'esterno è nulla o permane nello stato di quiete o si muove di moto rettilineo uniforme.

Nota

La *I equazione cardinale della dinamica* si dimostra partendo dai principi della dinamica e non deve essere confusa con il II principio della dinamica che è enunciato per un punto materiale.

Conservazione della quantità di moto

7.3 II EQUAZIONE CARDINALE DELLA DINAMICA

La descrizione del moto di un corpo esteso è ancora incompleta. Non siamo infatti ancora in grado di descrivere il moto relativo al centro di massa. Possiamo ottenere un quadro più completo utilizzando il concetto di momento angolare. Si definisce $\vec{k}_O$ momento angolare di un punto materiale rispetto ad un centro di riduzione O, il momento del vettore quantità di moto $\vec{k}_O \equiv (P-O)\times\vec{p}$. Questa definizione si generalizza naturalmente al momento angolare totale di un sistema di punti materiali $\vec{K}_O$:

Momento angolare

$$\vec{K}_O = \sum_i \vec{k}_{iO} = \sum_i (P_i - O)\times\vec{p}_i \tag{7.9}$$

Calcoliamo ora la derivata rispetto al tempo del momento angolare totale:

$$\begin{aligned}\frac{d\vec{K}_O}{dt} &= \sum_i(\vec{v}_i - \vec{v}_O)\times\vec{p}_i + \sum_i(P_i - O)\times\frac{d\vec{p}_i}{dt} = \\ &= -\vec{v}_O\times\vec{P} + \sum_i(P_i - O)\times\vec{F}_i\end{aligned} \tag{7.10}$$

dove si è eliminato il termine $\vec{v}_i\times\vec{p}_i$ perché $\vec{v}_i$ e $\vec{p}_i$ sono vettori paralleli e si è utilizzato il II principio della dinamica facendo comparire la risultante $\vec{F}_i$ delle forze agenti sull'*i*-esimo punto materiale. Ancora una volta si possono distinguere le forze esterne ed interne al sistema ed osservare che, per il III principio della dinamica, per ogni centro di riduzione O si ha $\sum_i (P_i - O) \times \vec{F}_i^{int} = 0$. Definendo $\vec{M}_O^{ext} = \sum_i (P_i - O) \times \vec{F}_i^{ext}$ il momento risultante delle forse esterne rispetto al centro di riduzione O, si giunge alla *II equazione cardinale della dinamica*:

$$\frac{d\vec{K}_O}{dt} = -\vec{v}_O \times \vec{P} + \vec{M}_O^{ext} \tag{7.11}$$

Osserviamo che se $\vec{v}_O \times \vec{P} = 0$ (ed in particolare questo è vero se il centro di riduzione è fisso o coincide con il centro di massa) questa equazione prende la forma semplificata:

$$\frac{d\vec{K}_O}{dt} = \vec{M}_O^{ext} \tag{7.12}$$

Conservazione del momento angolare

Come conseguenza di questa formulazione della seconda equazione cardinale della dinamica, per un sistema di punti materiali soggetto ad un campo di forze con $\vec{M}_O^{ext} = 0$ (con O punto fisso o coincidente con il centro di massa) vale la seguente proprietà (*Conservazione del momento angolare*):

$$\vec{M}_O^{ext} = 0 \Leftrightarrow \vec{K}_O \text{ costante} \tag{7.13}$$

Mettendo insieme le due proprietà di conservazione (7.8) e (7.13) osserviamo che in un *sistema isolato* $\left(\vec{R}^{ext} = 0, \vec{M}^{ext} = 0\right)$ si conservano la quantità di moto ed il momento angolare totali.

Le due equazioni cardinali non sono sufficienti per la descrizione del moto di un sistema generico di $N > 2$ punti materiali. Come avremo modo di discutere nel paragrafo 7.7 sono invece necessarie e sufficienti per lo studio del moto dei corpi solidi.

7.4 TEOREMI DI KÖNIG

Johann Samuel König

(Büdingen 1712 - Zuilenstein 1757), matematico tedesco.

Possiamo mettere in ulteriore evidenza il ruolo del centro di massa attraverso i teoremi di König. Abbiamo visto nel paragrafo (2.3) che cambiando il centro di riduzione del momento risultante $\vec{\tau}_O$ di un insieme di vettori $\vec{q}_i$ vale $\vec{\tau}_{O'} = \vec{\tau}_O + (O - O') \times \sum_i \vec{q}_i$. Applicando questa formula al momento angolare totale di un sistema di punti materiali otteniamo il *teorema di König per il momento angolare*:

Teorema di König per il momento angolare

$$\vec{K}_O = \vec{K}_G + (G - O) \times \vec{P} \tag{7.14}$$

dove con $\vec{K}_G = \sum_i (P_i - G) \times m_i \vec{w}_i$ abbiamo indicato il momento angolare totale calcolato nel sistema di riferimento del centro di massa.

Analogamente possiamo scrivere l'energia cinetica di un sistema di punti materiali:

$$\begin{aligned} T &= \sum_i \frac{1}{2} m_i v_i^2 = \sum_i \frac{1}{2} m_i \left(\vec{w}_i - \vec{v}_{cm}\right)^2 = \\ &= \sum_i \frac{1}{2} m_i w_i^2 + \sum_i \frac{1}{2} m_i v_{cm}^2 + \sum_i m_i \vec{w}_i \cdot \vec{v}_{cm} \end{aligned} \tag{7.15}$$

osservando che l'ultimo termine è nullo per le proprietà del centro di massa si arriva al *teorema di König per l'energia cinetica*:

Teorema di König per l'energia cinetica

$$T = T_{rel} + \frac{1}{2} M v_{cm}^2 \tag{7.16}$$

dove con $T_{rel} = \sum_i \frac{1}{2} m_i w_i^2$ abbiamo indicato l'energia cinetica totale calcolata nel sistema di riferimento del centro di massa.

Il teorema di König mette anche in evidenza il fatto che in un generico sistema isolato rimane costante esclusivamente il contributo $\frac{1}{2} M v_{cm}^2$, mentre T_{rel} può variare nel tempo a causa del lavoro compiuto dalle forze interne.

7.5 SISTEMI DI FORZE EQUIVALENTI E BARICENTRO

Abbiamo visto come il moto dei sistemi di punti materiali sia in parte determinato dalla risultante e dal momento risultante delle forze esterne che agiscono sul sistema in esame. Abbiamo inoltre osservato come la conoscenza di tali vettori permetta di caratterizzare in modo univoco la dinamica dei sistemi rigidi. Con riferimento agli effetti prodotti su tali sistemi:

Sistemi di forze equivalenti

Possiamo definire *equivalenti* due sistemi di forze applicate che hanno la stessa risultante e identico momento risultante.

Consideriamo in particolare il caso in cui il sistema sia soggetto ad un campo di *forze parallele*. Dimostriamo che tale sistema di forze è equivalente ad una sola forza, uguale alla risultante, applicata in un opportuno punto detto centro delle forze parallele.

Siano $\vec{f}_i = f_i \hat{u}$ le suddette forze, dove abbiamo indicato con $\hat{u}$ il versore ad esse comune. Siano $\vec{r}_i$ i vettori posizione che individuano i punti di applicazione delle forze $\vec{f}_i$. Tale sistema di forze è equivalente al semplice sistema costituito dalla sola forza:

$$\vec{F} = \sum_i \vec{f}_i \tag{7.17}$$

applicata nel punto individuato dal raggio vettore:

$$\vec{r}_F = \frac{\sum_i f_i \vec{r}_i}{\sum_i f_i} \tag{7.18}$$

Chiaramente, per definizione, i due sistemi in questione hanno la stessa risultante. Per dimostrarne l'equivalenza sarà sufficiente mostrare che essi hanno anche lo stesso momento risultante $\vec{M}_O$, calcolato ad esempio rispetto all'origine O del sistema di riferimento. In formule, il momento del sistema di forze $\vec{f}_i$ si scrive:

$$\vec{M}_O = \sum_i \left(\vec{r}_i \times f_i \hat{u}\right) = \left(\sum_i f_i \vec{r}_i\right) \times \hat{u} = \left(\sum_i f_i\right) \vec{r}_F \times \hat{u} = \vec{r}_F \times \vec{F} \tag{7.19}$$

ed è pertanto identico al momento della risultante $\vec{F}$, come volevasi dimostrare.
Si pensi, ad esempio, alle forze peso agenti sulle singole particelle che compongono un corpo esteso, di dimensioni limitate rispetto alla Terra, e posto nelle vicinanze della superficie terrestre. In tale caso si ha $\vec{f}_i = m_i \vec{g}$,dove m_i indica la massa della particella i-esima e $\vec{g} = -g\vec{k}$ l'accelerazione di gravità. Il campo delle singole forze peso è dunque equivalente alla forza peso risultante $\vec{F}_P = \left(\sum_i m_i\right)\vec{g}$ applicato nel punto G individuato dal vettore:

$$\vec{r}_G = \frac{\sum_i m_i \vec{r}_i}{M} \tag{7.20}$$

dove si è indicata con $M = \sum_i m_i$ la massa totale del sistema. La forza $\vec{F}_P$ si chiama forza peso totale. Il punto di applicazione G coincide con il centro di massa del sistema e viene comunemente chiamato *baricentro* o centro di gravità. Nel seguito per tutti i corpi solidi che andremo a studiare, l'azione della gravità potrà dunque essere esplicitato a mezzo della sola forza $\vec{F}_P = M\vec{g}$ applicata nel centro di massa G del solido stesso.

Baricentro

7.6 CALCOLO DI CENTRI DI MASSA NOTEVOLI

Centro di massa

Iniziamo questa sezione ricordando la definizione di centro di massa per un corpo continuo. Sia $\rho(\vec{r})$ la densità del corpo in questione, dove con $\vec{r}$ si è inteso indicare la posizione dell'elemento infinitesimo di volume dV, in un apposito sistema di riferimento. La posizione del centro di massa $\vec{r}_{cm}$ è per definizione:

$$\vec{r}_{cm} = \frac{\int \vec{r}\rho(\vec{r})dV}{\int \rho(\vec{r})dV} \tag{7.21}$$

Qualora il corpo in questione sia definito su una superficie, al posto della densità volumetrica σ si utilizza la densità di superficie ρ. Gli integrali sono dunque integrali di superficie. In formule:

$$\vec{r}_{cm} = \frac{\int \vec{r}\sigma(\vec{r})dS}{\int \sigma(\vec{r})dS} \tag{7.22}$$

Nel caso semplificato in cui il corpo sia definito su una linea, possiamo lavorare in un sistema di riferimento unidimensionale. Supponendo che il sistema in esame sia esclusivamente confinato sull'asse delle x, la coordinata x_{cm} del centro di massa si scrive come:

$$x_{cm} = \frac{\int x\lambda(x)dx}{\int \lambda(x)dx} \tag{7.23}$$

dove con λ si è indicata la densità lineare di massa. A partire da queste definizioni, calcoliamo nel seguito il centro di massa di alcuni corpi rigidi notevoli.

CASO 7.6.1

Iniziamo discutendo il caso di un'asta omogenea AB, di lunghezza L e massa M. Si tratta chiaramente di un sistema unidimensionale, per il quale vale la definizione (7.23). Immaginiamo di posizionare l'asse delle x nella direzione dell'asta, con origine in A. Il verso positivo è quello che va da A a B, come esemplificato in **figura 7.1**. Essendo l'asta omogenea, la densità λ è costante e pari a M/L. Applicando la formula (7.23) otteniamo dunque:

$$x_{cm} = \frac{\int_0^L xdx}{\int_0^L dx} = \frac{L^2/2}{L} = \frac{L}{2} \tag{7.24}$$

Figura 7.1

Il centro di massa di un'asta omogenea si trova nel punto medio dell'asta

Come era logico attendersi sulla base di semplici considerazioni di simmetria, il centro di massa dell'asta omogenea si trova nel punto medio del segmento di lunghezza L che definisce l'asta stessa. Vediamo ora come cambia questo stesso risultato se supponiamo che l'asta sia caratterizzata da una densità che aumenta linearmente con la distanza dall'estremo A. Per fissare le idee supponiamo che $\lambda(x) = cx$, con c costante positiva. Il termine a denominatore dell'espressione (7.23) equivale alla massa totale M della sbarra:

$$M = \int \lambda(x)dx = c\int_0^L xdx = \frac{cL^2}{2} \qquad (7.25)$$

da cui si ricava immediatamente la condizione di consistenza $c = 2\,M/L^2$. Passiamo ora a studiare il termine al numeratore della (7.23). Con semplici passaggi algebrici otteniamo:

$$\int x\lambda(x)dx = c\int_0^L x^2dx = \frac{cL^3}{3} \qquad (7.26)$$

Combinando le relazioni (7.25) e (7.26) così ottenute, si perviene alla conclusione:

$$x_{cm} = \frac{2}{3}L \qquad (7.27)$$

Il centro di massa dell'asta non omogenea è più vicino all'estremo B, essendo la massa distribuita in modo non uniforme sulla lunghezza L.

CASO 7.6.2

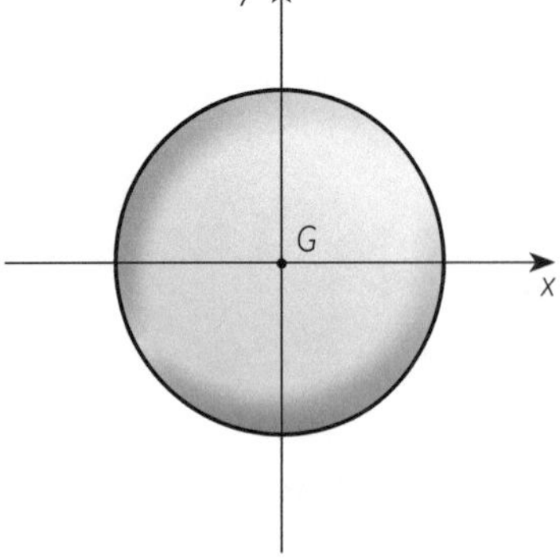

Figura 7.2
Il centro di massa di un disco omogeneo coincide con il centro del disco stesso.

Consideriamo ora il caso di un disco omogeneo di raggio R e massa M, come mostrato in **figura 7.2**. Per il calcolo del centro di massa, dovremo in questo caso utilizzare l'espressione (7.22), essendo il disco definito su una superficie. Lavoriamo in un sistema di riferimento cartesiano con origine nel centro del disco, come illustrato in figura. In componenti, l'equazione (7.22) si scrive come:

$$x_{cm} = \frac{\sigma}{M}\int xdS \qquad (7.28)$$

$$y_{cm} = \frac{\sigma}{M}\int ydS \qquad (7.29)$$

dove si è sfruttata l'ipotesi di uniformità $\sigma = costante$

Data la particolare simmetria del problema trattato conviene lavorare in coordinate polari, operando nei suddetti integrali la sostituzione:

$$\begin{aligned} x &= r\cos\theta \\ y &= r\sin\theta \end{aligned} \qquad (7.30)$$

dove $r \in [0, R]$ e $\theta \in [0, 2\pi]$. Si ottiene quindi:

$$x_{cm} = \frac{\sigma}{M}\int_0^{2\pi}\int_0^R r^2 \cos\theta\, dr d\theta \tag{7.31}$$

$$y_{cm} = \frac{\sigma}{M}\int_0^{2\pi}\int_0^R r^2 \sin\theta\, dr d\theta \tag{7.32}$$

dove si è utilizzata l'espressione $dS = rdrd\theta$ per l'elemento di superficie infinitesimo. Ricordando che gli integrali delle funzioni sin θ e cos θ su un periodo 2π sono identicamente pari a zero, possiamo concludere che il centro di massa del disco è localizzato nel punto di coordinate (0,0), ovvero l'origine del sistema di riferimento che qui abbiamo fatto coincidere con il centro del disco.

CASO 7.6.3

Calcoliamo ora il centro di massa di un settore circolare AOB omogeneo di raggio R e apertura pari ad 2α. Scegliamo un sistema di riferimento cartesiano come mostrato in **figura 7.3**, con origine in O, il centro del cerchio a cui appartiene il settore circolare. Sia poi l'asse delle y coincidente con l'asse di simmetria del settore. Con ovvie considerazioni di simmetria è lecito supporre che il centro di massa del settore circolare cadrà esattamente sull'asse delle y, ovvero $x_{cm} = 0$. Per individuare la coordinata y_{cm} del centro di massa, selezioniamo un generico punto P appartenente al settore circolare. Sia poi θ l'angolo formato dal vettore $(P - O)$ con la direzione dell'asse y. La coordinata y_P di P si scrive $y_P = \mathrm{r} \cos\theta$, dove con R si è indicato il modulo del vettore $(P - O)$ ovvero la distanza di P dall'origine del sistema di riferimento. Indicata con σ la densità superficiale di massa, costante per ipotesi, la massa del settore circolare risulta essere $M = \sigma R^2\alpha$. La coordinata y_{cm} è quindi data da:

$$y_{cm} = \frac{1}{M}\int_0^{R}\int_{-\alpha}^{\alpha} \sigma r^2 \cos\theta\, d\theta\, dr \tag{7.33}$$

dove abbiamo fatto nuovamente uso della definizione di superficie infinitesima in coordinate polari, $dS = rdrd\theta$. Svolgendo separatamente gli integrali su R e su θ e ricordando l'espressione per M sopra ricordata si perviene al risultato finale:

$$y_{cm} = \frac{2R}{3}\frac{\sin\alpha}{\alpha} \tag{7.34}$$

Si noti in particolare che nel caso di un semicerchio ($\alpha = \pi/2$), otteniamo $y_{cm} = 4R/(3\pi)$.

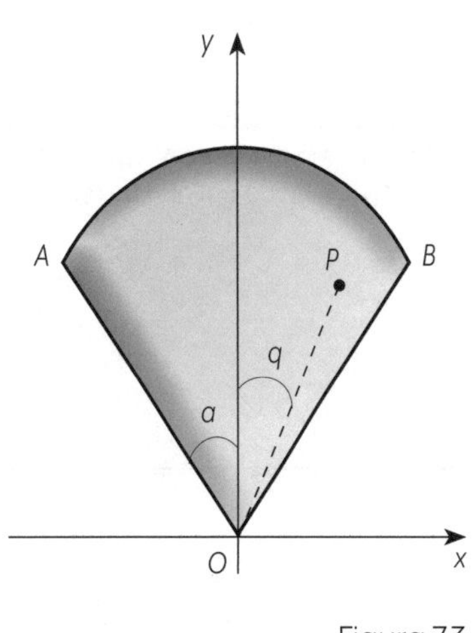

Figura 7.3

Settore circolare di raggio R e apertura pari a 2α.

Prima di procedere oltre enunciamo una importante proprietà che come vedremo ha il merito di semplificare notevolmente il calcolo dei centri di massa di corpi complessi. Si scomponga un sistema esteso nella somma di due sistemi di massa rispettivamente pari a m_1 e m_1 e centri di massa individuati dai vettore posizione $(G_1 - O)$ e $(G_2 - O)$. Allora il centro di massa del sistema di partenza, di massa $m = m_1 + m_1$, è individuato dal vettore $(G - O)$ definito come:

$$G - O = \frac{m_1 (G_1 - O) + m_2 (G_2 - O)}{m} \tag{7.35}$$

In ultima analisi la proprietà sopra enunciata discende dalla linearità dell'operatore integrale ed equivale a dire che:

Il centro di massa di un corpo esteso è pari alla media pesata dei centri di massa dei sottosistemi nei quali il corpo può essere scomposto. Le masse dei sottosistemi sono i fattori di peso.

CASO 7.6.4

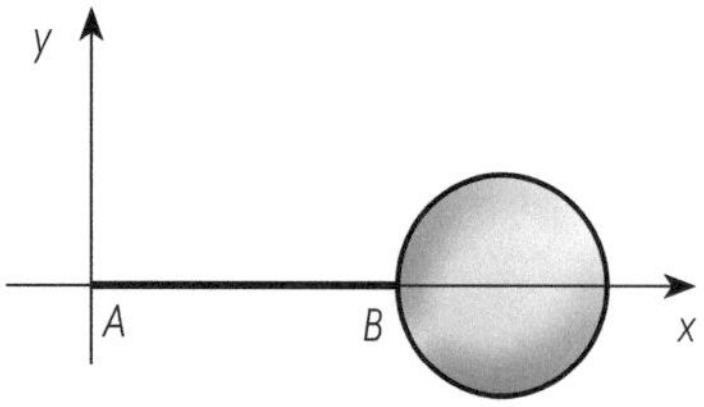

Figura 7.4.
Asta e disco saldati insieme nel punto di contatto B in modo da formare un unico corpo.

Applichiamo la proprietà (7.35) al calcolo del centro di massa del corpo mostrato in figura 7.4, e costituito da un'asta omogenea AB, di massa M e lunghezza L, e da un disco, anch'esso omogeneo, di raggio $R = L/3$ e massa $m = M/2$. Asta e disco sono saldati insieme nel punto B. Per calcolare il centro di massa del sistema così ottenuto posizioniamo l'asse delle x lungo la direzione dell'asta, con origine in A, si veda **figura 7.4**. Con ovvie considerazioni di simmetria possiamo concludere che il centro di massa del sistema deve trovarsi posizionato sull'asse delle x. Per calcolare la coordinata x_{cm} utilizziamo l'epressione (7.35) e otteniamo immediatamente:

$$x_{cm} = \frac{ML/2 + m(L+R)}{m+M} = \frac{7}{9}L \tag{7.36}$$

7.7 DEFINIZIONE DI CORPO RIGIDO

Nel seguito ci occuperemo di studiare nel dettaglio la cinematica e la dinamica dei *corpi rigidi*. Considereremo in particolare il caso in cui tali corpi siano costituiti da un insieme numerabile di elementi discreti, per poi generalizzare i risultati al caso di distribuzioni continue di massa.

Definiamo *corpo rigido* un sistema di punti materiali vincolati a mantenere inalterate le mutue distanze.

Un corpo rigido è caratterizzato da sei gradi di libertà, come è immediato evincere sulla base del semplice ragionamento illustrato a fianco.

Consideriamo infatti tre punti P_1, P_2 e P_3 vincolati a mantenere invariate le relative distanze d_{ij}, con $i, j = 1, 2, 3$. La posizione del primo dei tre punti, P_1, risulta essere univocamente fissata nello spazio assegnati tre gradi di libertà, le coordinate cartesiane (x_1, y_1, z_1). Una volta che la posizione di P_1 è stata fissata, il punto P_2 può muoversi sulla superficie di una sfera di raggio d_{12}, e centro in P_2, si veda **figura 7.5**. Due coordinate angolari θ_2 e ϕ_2 sono dunque necessarie per individuare la posizione di P_2.

Il punto P_3 non può trovarsi altro che su una circonferenza giacente in un piano perpendicolare alla congiungente fra i punti P_1 e P_2 e con centro su di essa, si veda **figura 7.6**. È quindi sufficiente un ulteriore parametro, la coordinata angolare α_3 per determinare in modo univoco la posizione del terzo punto P_3, vincolato a mantenere inalterate le distanze d_{13} e d_{23}.

Riassumendo, solo sei parametri sono necessari per determinare la posizione di tre punti soggetti al vincolo di rigidità. Immaginiamo ora di introdurre un quarto punto P_4 e supponiamo che le distanze d_{i4}, $i = 1, ..., 3$ siano assegnate e costanti. In questo caso la posizione di P_4 è fissata ed il punto non ha alcuna libertà di movimento. Iterando lo stesso ragionamento, si trova che il numero di gradi di libertà per un sistema di N punti materiali fra loro rigidamente connessi continua ad essere pari a sei.

Allo stesso risultato si perviene sottraendo al numero di gradi di libertà degli N punti supposti liberi, il numero delle condizioni $d_{ij} = costante$ di cui disponiamo. In formule

$$3N - \left[3 + 3\left(N - 3\right)\right] = 6 \tag{7.37}$$

Osserviamo dunque che:

Il moto di un corpo rigido è completamente determinato a partire da due equazioni vettoriali quali le equazioni cardinali della dinamica.

Il modello del corpo rigido rappresenta una chiara semplifica-

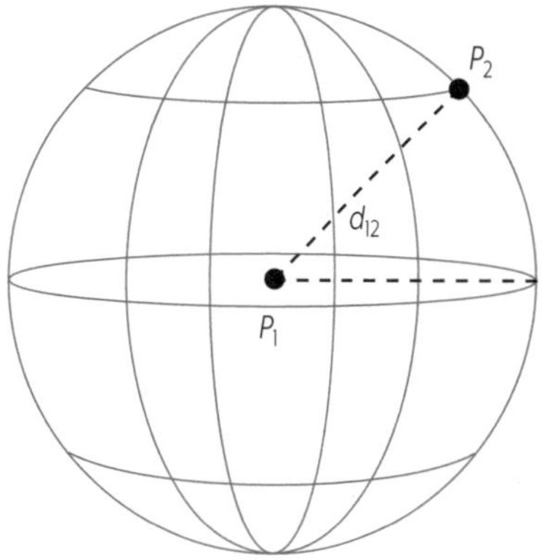

Figura 7.5

Il punto P_2 vincolato a mantenere inalterata la distanza dal punto P_1, supposto fisso, può muoversi liberamente su una sfera di raggio d_{12}.

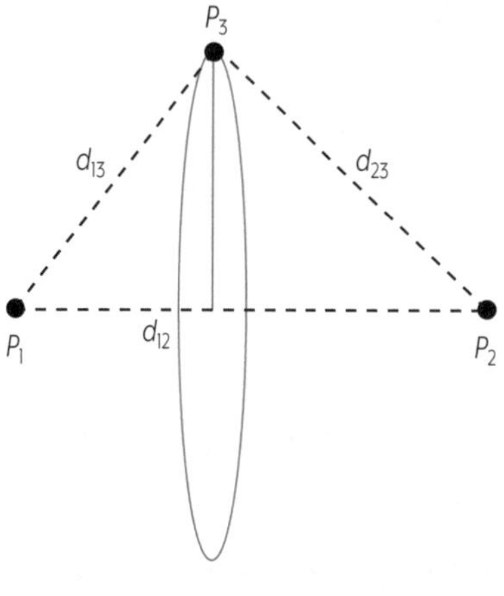

Figura 7.6

Il punto P_3 vincolato a mantenere inalterate le distanze d_{13} e d_{23} può muoversi su una circonferenza di raggio pari alla distanza di P_3 dalla retta che congiunge P_1 a P_2.

zione della realtà. Tutti i corpi sono di fatto soggetti a deformazioni, effetto delle sollecitazioni a cui sono sottoposti. Ciò nonostante esiste un ampio spettro di problemi che possono essere efficacemente schematizzati facendo ricorso all'approssimazione di corpo rigido. Basti pensare in prima istanza a tutti i solidi dei quali è certamente lecito trascurare al primo ordine le deformazioni.

7.8 CINEMATICA DEI CORPI RIGIDI

Consideriamo due generici punti i e j, ed immaginiamo che i sia l'origine di un ipotetico sistema di riferimento nel quale il punto j si trova in $\vec{r}_{ij} = r_{ij}\,\hat{r}_{ij}$. Possiamo quindi scrivere la velocità del punto j come:

$$\vec{v}_j = \frac{d\,|\vec{r}_{ij}|}{dt}\hat{r}_{ij} + \vec{\omega}\times\vec{r}_{ij} + \vec{v}_i \tag{7.38}$$

Nell'equazione che precede, $\vec{\omega}$ rappresenta il vettore velocità di rotazione del versore $\hat{r}_{ij}$. Supponiamo ora che i punti materiali i e j siano fra loro rigidamente connessi. Sotto tale ipotesi il modulo del vettore $\vec{r}_{ij}$ si mantiene costante nel tempo, ovvero $d\,|\vec{r}_{ij}|/dt = 0$. Si perviene dunque ad una versione estremamente semplificata della relazione (7.38), che possiamo tradurre nella seguente forma generale. La velocità $\vec{v}_i$ di un generico punto P_i appartenente ad un corpo rigido può essere scritta come:

Formula fondamentale per la cinematica dei corpi rigidi

$$\vec{v}_i = \vec{v}_O + \vec{\omega}\times(P-O) \tag{7.39}$$

dove $\vec{v}_O$ è la velocità di un punto O *solidale** con il corpo rigido e $\vec{\omega}$ rappresenta il vettore velocità angolare.

*Nota

Un punto O si dice solidale con un corpo rigido se la distanza da O ad un generico punto appartenente al corpo rigido rimane costante nel tempo.

L'equazione (7.39) si chiama *formula fondamentale per la cinematica dei corpi rigidi* e consente di determinare la velocità di un qualunque punto di un corpo rigido una volta che sono noti due vettori dipendenti dal tempo, rispettivamente $\vec{v}_O$ e $\vec{\omega}$. In altre parole dobbiamo conoscere 6 grandezze scalari (tre componenti per ogni vettore) per descrivere in modo consistente la cinematica di un corpo rigido. Questa osservazione costituisce una verifica indiretta del fatto che sono 6 i gradi di libertà necessari per caratterizzare la dinamica di un corpo rigido.

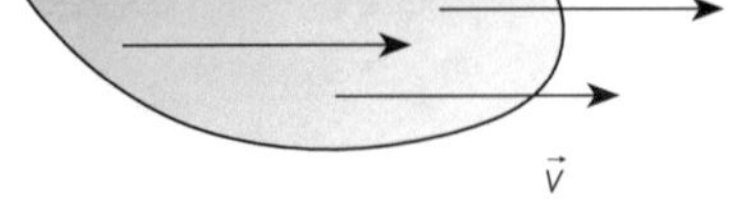

Figura 7.7

Il corpo rigido sta traslando. Tutti i punti hanno la stessa velocità, $\vec{v}_i = \vec{v}_O = \vec{v}_G\ \forall\, i$.

Più nel dettaglio, il termine $\vec{v}_O$ risulta essere associato ad un *moto di traslazione*. Immaginiamo infatti un caso semplificato in cui

$\vec{\omega} = 0$. L'equazione (7.39) implica immediatamente $\vec{v}_i = \vec{v}_O \ \forall\, i$. Tutti i punti hanno dunque la stessa velocità, ed il corpo rigido si muove traslando, come evidenziato in **figura 7.7**.

Supponiamo di contro $\vec{v}_O = 0$, ovvero $\vec{v}_P = \vec{\omega} \times (P - O)$ per ogni punto P del corpo rigido. Immaginiamo di far passare per O una retta parallela al vettore velocità angolare $\vec{\omega}$, come rappresentato in **figura 7.8**.

Tutti i punti A che giacciono su tale retta e appartengono al corpo rigido, sono in quiete. Abbiamo infatti:

$$\vec{v}_A = \vec{\omega} \times (A - O) = 0 \tag{7.40}$$

essendo $(A - O)$ e $\vec{\omega}$ paralleli per costruzione. La retta tracciata in **figura 7.8** si chiama *asse di rotazione*. Un generico punto P_i fuori di essa non può che muoversi su una circonferenza che ha il centro sull'asse e giace su un piano ad esso perpendicolare. È questa una ovvia conseguenza del vincolo di rigidità. Il moto in questione di dice *rotatorio*: il corpo rigido ruota attorno all'asse di rotazione ed i punti materiali P_i che lo costituiscono sono vincolati a muoversi su circonferenze di raggio r_i. Possiamo ricavare il modulo della velocità di un generico punto P_i con la formula:

$$v_i = \omega \,|P_i - O|\, \sin \alpha_i = \omega r_i \tag{7.41}$$

dove si è indicato con r_i la distanza del punto P_i dall'asse di rotazione.

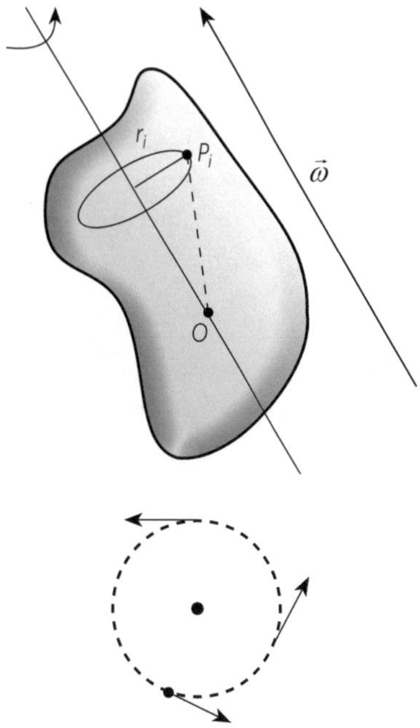

Figura 7.8

Il corpo rigido compie una pura rotazione. Ogni punto del corpo rigido si muove su una traiettoria circolare con centro sull'asse di rotazione e raggio dato dalla distanza del punto in questione dall'asse.

Se si suppone $\vec{\omega}$ costante, allora sono costanti anche i moduli delle velocità v_i, e dunque i generici punti P_i si muovono di moto circolare uniforme. D'altra parte in un moto circolare uniforme v_i/r_i è proprio la velocità angolare, che in virtù della (7.41) qui identifichiamo con il modulo del vettore $\vec{\omega}$, a giustificazione del nome precedentemente evocato.

Moto di rototraslazione

In generale, il corpo rigido può simultaneamente ruotare e traslare, come esemplificato dalla formula fondamentale della cinematica (7.39), e al di là dei casi limite sopra trattati. Si dice dunque che il corpo rigido compie un moto di *rototraslazione*.

7.9 DINAMICA DEI CORPI RIGIDI

In questa sezione intendiamo rivisitare la derivazione della seconda equazione cardinale, con riferimento al caso particolare di un corpo rigido che ruota rispetto ad un asse fisso. A tale scopo, procediamo con il calcolo del momento angolare $\vec{K}_G$. Senza perdere di generalità abbiamo assunto un centro di riduzione coincidente con il centro di massa G. La formula fondamentale dei moti rigidi ci consente di scrivere:

$$\vec{K}_G = \sum_i (P_i - G) \times m_i \vec{v}_i = \sum_i m_i (P_i - G) \times \left[\vec{v}_G + \vec{\omega} \times (P_i - G) \right] \quad (7.42)$$

Il primo dei due termini a destra dell'ultimo segno di uguaglianza si riscrive banalmente come:

$$\left[\sum_i m_i (P_i - G) \right] \times \vec{v}_G = 0 \quad (7.43)$$

dove si è fatto uso della proprietà 7.3. Questa osservazione si traduce in una immediata semplificazione dell'equazione (7.42):

$$\vec{K}_G = \sum_i m_i (P_i - G) \times \left[\vec{\omega} \times (P_i - G) \right] \quad (7.44)$$

Un risultato analogo si ottiene scegliendo come centro di riduzione un punto fisso O. Poniamo ora $\vec{\omega} = \omega \hat{u}$ dove il simbolo û identifica un versore parallelo all'asse di rotazione $\vec{\omega}$. Calcoliamo la proiezione di $\vec{K}_G$ lungo û ovvero in formule:

$$\begin{aligned} \vec{K}_G \cdot \hat{u} &= \left[\sum_i m_i (P_i - G) \times \left[\omega \hat{u} \times (P_i - G) \right] \right] \cdot \hat{u} = \\ &= \omega \sum_i m_i \hat{u} \cdot (P_i - G) \times \left[\hat{u} \times (P_i - G) \right] = \\ &= \omega \sum_i m_i \left[\hat{u} \times (P_i - G) \right] \cdot \left[\hat{u} \times (P_i - G) \right] = \\ &= \omega \sum_i m_i \, | \hat{u} \times (P_i - G) |^2 \end{aligned} \quad (7.45)$$

dove si è fatto uso della proprietà distributiva e commutativa del prodotto scalare, oltre che delle note proprietà del doppio prodotto misto. Dall'analisi di **figura 7.9** è facile capire che il modulo del vettore $|\hat{u} \times (P_i - G)|$, ovvero $|(P_i - G)| \sin \alpha_i = r_i$, rappresenta la distanza del punto i-esimo dall'asse passante per G e parallelo all'asse di rotazione.

Dato che le distanze r_i non variano nel tempo in conseguenza del vincolo di rigidità e le masse m_i sono anch'esse costanti, introduciamo la quantità:

$$I_G = \sum_i m_i r_i^2 \quad (7.46)$$

con cui possiamo riscrivere in forma compatta:

$$\vec{K}_G \cdot \hat{u} = I_G \omega \quad (7.47)$$

Se il centro di riduzione prescelto è un punto fisso O, anziché il centro di massa G, continua a valere lo stesso ragionamento che conduce all'omologa relazione finale:

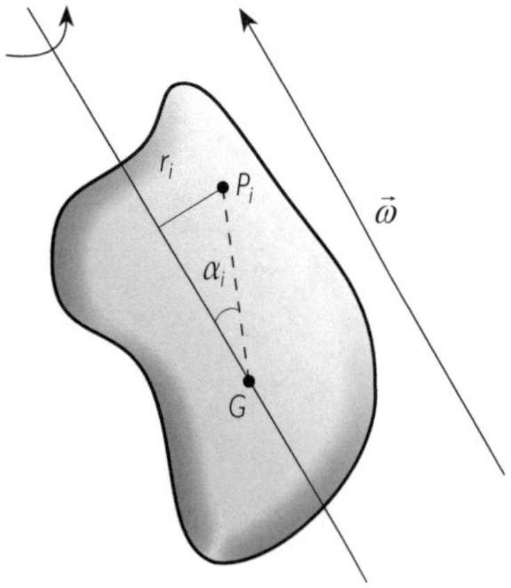

Figura 7.9

Calcolo del momento angolare assiale. $r_i = |P_i - G| \sin \alpha_i$ misura la distanza del generico punto P_i dall'asse parallelo ad $\vec{\omega}$ e passante per G.

$$\vec{K}_O \cdot \hat{u} = I_O \omega \tag{7.48}$$

dove questa volta le distanze r_i che entrano nella formula per I_O sono calcolate rispetto all'asse di rotazione al quale deve appartenere il punto fisso O.

La nuova grandezza appena introdotta prende il nome di *momento di inerzia assiale* (per brevità nel seguito momento di inerzia). Nel caso che il corpo rigido sia continuo, il momento d'inerzia diventa un integrale:

Momento di inerzia assiale

$$I = \int r^2 dm = \int_V r^2 \rho dV \tag{7.49}$$

dove nell'ultimo passaggio si è utilizzata la definizione di densità di volume $\rho = dm/dV$. Ricordiamo che r misura la distanza del volumetto infinitesimo dV, che ospita la massa dm, dall'asse prefissato.

La relazione (7.47), o equivalentemente la (7.46), permette di riscrivere in forma semplice la seconda equazione cardinale, *nel caso in cui l'asse di rotazione $\hat{u}$ rimanga fisso nel tempo*. Proiettiamo infatti scalarmente la seconda equazione cardinale nella direzione dell'asse fisso $\hat{u}$:

$$\left(\frac{d\vec{K}_G}{dt}\right) \cdot \hat{u} = \vec{M}_{ext} \cdot \hat{u} \tag{7.50}$$

Poichè $\hat{u}$ non dipende dal tempo per ipotesi, possiamo riscrivere il membro destro dell'equazione (7.50) nella forma:

$$\left(\frac{d\vec{K}_G}{dt}\right) \cdot \hat{u} = \frac{d}{dt}\left(\vec{K}_G \cdot \hat{u}\right) = \frac{d}{dt}\left(I_G \omega\right) \tag{7.51}$$

D'altra parte le distanze r_i che entrano nella definizione del momento di inerzia non cambiano nel tempo, come ovvia conseguenza del vincolo di rigidità. Anche le masse i-esime sono assunte costanti, da cui si evince immediatamente che:

$$\frac{d}{dt}\left(\vec{K}_G \cdot \hat{u}\right) = I_G \frac{d\omega}{dt} \tag{7.52}$$

Dunque, ritornando alla (7.50) abbiamo:

$$\vec{M}_{ext} \cdot \hat{u} = I_G \frac{d\omega}{dt} \tag{7.53}$$

È interessante sottolineare l'analogia della (7.53) con il secondo principio delle dinamica, $\vec{F} = m\vec{a}$. In entrambi i casi vale infatti una relazione di proporzionalità fra cause del movimento (rispettivamente, le forze o i momenti delle forze) e gli effetti da esse prodotti (accelerazioni lineari o angolari). Il coefficiente di proporzionalità caratterizza l'inerzia del corpo in esame, e dà conto della resistenza a tradurre in movimento la sollecitazione imposta esternamente. Il momento di inerzia può essere pensato come l'equivalente della massa per le rotazioni. Notiamo però come l'equazione (7.53) sia un'equazione scalare mentre il II principio della dinamica è un'equazione vettoriale. Nel seguito, discutiamo ulteriormente il concetto di momento d'inerzia con riferimento ad alcuni casi di interesse specifico. Torneremo poi ad approfondire l'analisi della seconda equazione cardinale, considerando il caso generale in cui il corpo rigido non sia necessariamente vincolato a ruotare rispetto ad un asse fisso.

7.10 IL MOMENTO D'INERZIA

Come visto in precedenza per un corpo rigido continuo possiamo definire il momento di inerzia i:

$$I = \int r^2 dm \tag{7.54}$$

dove l'integrale si estende sul volume occupato dal corpo e r misura la distanza dell'elemento dm dall'asse rispetto al quale il calcolo è effettuato. Iniziamo questo paragrafo considerando alcuni semplici esempi di calcolo del momento d'inerzia per corpi rigidi omogenei.

CASO 7.10.1

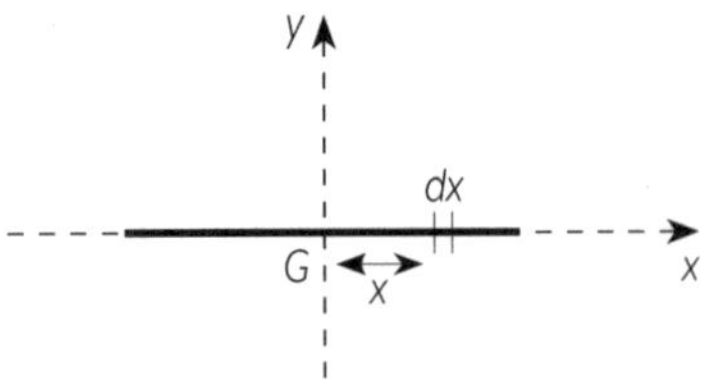

Figura 7.10

Momento d'inerzia di un'asta sottile e omogenea, calcolato rispetto ad un asse baricentrico perpendicolare al profilo dell'asta stessa.

Consideriamo un'asta AB sottile e omogenea, schematizzabile come un segmento materiale. Sia M la massa dell'asta e L la sua lunghezza. Immaginiamo di voler calcolare il momento di inerzia rispetto ad un'asse passante per il centro di massa dell'asta e perpendicolare all'asta stessa (si veda **figura 7.10**).

A tale scopo, operiamo in un sistema di riferimento che abbia l'asse delle ascisse orientato come l'asta stessa e origine nel baricentro. Supponiamo poi di dividere idealmente l'asta in parti di lunghezza infinitesima dx, posizionate a distanza x dall'asse selezionato. Ciascuna delle porzioni infinitesime di asta dx è di fatto assimilabile ad un punto materiale di massa $dm = \lambda dx$, dove $\lambda = M/L$ rappresenta la densità lineare di massa. Il momento d'inerzia I_G al quale siamo interessati si ottiene sommando nel continuo i contributi dmx^2, ovvero λdxx^2, a partire dall'estremo sinistro dell'asta (individuato dalla coordinata $x = -L/2$) fino a quello opposto ($x = L/2$). In formule:

$$I_G = \frac{M}{L}\int_{-L/2}^{L/2} x^2 dx = \frac{M}{L}\frac{x^3}{3}\Big|_{-L/2}^{L/2} = \frac{1}{12}ML^2 \qquad (7.55)$$

CASO 7.10.2

Un calcolo del tutto analogo ci permette di ottenere una stima del momento d'inerzia rispetto ad un asse, parallelo al precedente ma passante questa volta per un estremo A dell'asta, si veda **figura 7.11**.

In questo caso è conveniente porre l'origine del sistema di riferimento in A, integrando dunque da 0 fino all'estremo opposto B, a distanza L da A. In formule:

$$I_A \equiv I_B = \frac{M}{L}\int_0^L x^2 dx = \frac{M}{L}\frac{x^3}{3}\Big|_0^L = \frac{1}{3}ML^2 \qquad (7.56)$$

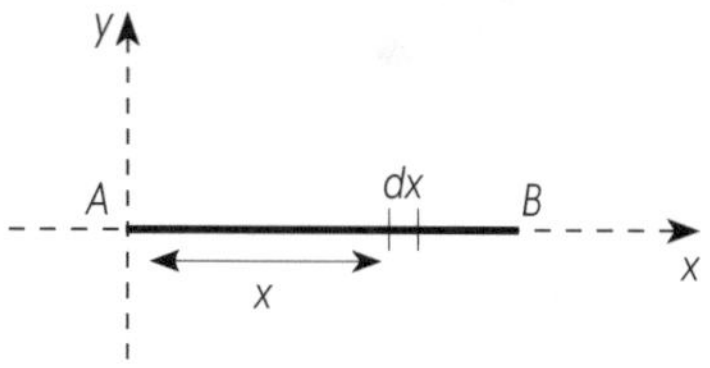

Figura 7.11

Momento d'inerzia di un'asta sottile e omogenea, calcolato rispetto ad un asse passante per un'estremo dell'asta e perpendicolare al profilo della stessa.

È immediato osservare che $I_A = I_G + M(L/2)^2$. In altre parole, il momento d'inerzia di un'asta I_A (risp. I_B), calcolato rispetto ad un asse perpendicolare all'asta stessa e passante per un suo estremo A (risp. B), è più grande del momento di inerzia baricentrico I_G calcolato rispetto ad un asse parallelo al precedente, e passante per il centro di massa G dell'asta. La quantità positiva che dobbiamo sommare a I_G per ottenere I_A (o equivalentemente I_B) è pari alla massa dell'asta M moltiplicata per il quadrato della distanza fra i due assi considerati. Questa interessante osservazione ammette una giustificazione formale che va sotto il nome di Teorema di Huygens-Steiner e che possiamo enunciare come segue:

7.10.1 Teorema di Huygens-Steiner

Il momento di inerzia i di un corpo rigido rispetto ad una retta è uguale al momento d'inerzia I_G relativo ad un'altra retta, parallela alla prima e passante per il centro di massa, aumentato di un fattore pari al prodotto della massa totale M del corpo rigido per il quadrato della distanza d fra le due rette:

$$I = I_G + Md^2 \qquad (7.57)$$

Christiaan Huygens

(l'Aia 1629 - L'Aia 1695)
matematico, astronomo
e fisico olandese.

Jakob Steiner

(Berna 1796 - Berna 1863)
matematico svizzero.

Per dimostrare il risultato è utile riferirsi ad un corpo rigido discreto sostituendo la sommatoria agli integrali. Assumiamo una terna cartesiana ortogonale, con l'asse delle z parallelo alla retta rispetto alla quale intendiamo calcolare il momento di inerzia. L'origine del sistema di riferimento è posta nel centro di massa G. Sia poi A il punto di intersezione di tale retta con il piano (x, y). Il generico punto P_i, con $i = 1, \ldots, N$ appartenente al corpo rigido è univocamente individuato dalle coordinate cartesiane (x_i, y_i, z_i). Sia m_i la massa di tale punto. Avremo chiaramente:

$$I_G = \sum_{i=1}^{N} m_i \left(x_i^2 + y_i^2 \right) \tag{7.58}$$

In completa analogia, il momento di enerzia I_A al quale siamo interessati risulta per definizione:

$$I_A = \sum_{i=1}^{N} m_i \left[\left(x_i - x_A \right)^2 + \left(y_i - y_A \right)^2 \right] \tag{7.59}$$

dove $(x_A, y_A, 0)$ rappresentano le coordinate del punto A. Sviluppando i calcoli l'espressione (7.59) diventa:

$$\begin{aligned} I_A &= \sum_{i=1}^{N} m_i \left(x_i^2 + x_A^2 - 2x_A x_i + y_i^2 + y_A^2 - 2y_A y_i \right) = \\ &= \sum_{i=1}^{N} m_i \left(x_i^2 + y_i^2 \right) + \sum_{i=1}^{N} m_i \left(x_A^2 + y_A^2 \right) - 2x_A \sum_{i=1}^{N} m_i x_i - 2y_A \sum_{i=1}^{N} m_i y_i \end{aligned} \tag{7.60}$$

Le ultime due sommatorie nella precedente espressione per I_A sono identicamente uguali a zero, come consegue dalla definizione di centro di massa. Nel nostro specifico caso infatti $\vec{r}_G = \left(x_G, y_G, z_G \right) = (0,0,0)$. D'altra parte $x_G = \left(\sum_i x_i \right) / M$ e $y_G = \left(\sum_i y_i \right) / M$, da cui ovviamente:

$$\begin{aligned} &\sum_{i=1}^{N} m_i x_i = 0 \\ &\sum_{i=1}^{N} m_i y_i = 0 \end{aligned} \tag{7.61}$$

Il primo termine nella (7.60) è invece il momento di inerzia I_G (si veda eq. (7.58)), mentre il secondo contributo si può scrivere in modo più compatto come $M\, d^2$, dove $d = \sqrt{x_A^2 + y_A^2}$ misura la distanza fra la retta passante per A e l'asse delle z. In altre parole, e per costruzione, d rappresenta la distanza che separa l'asse passante per A, da un'altro asse parallelo al precedente e passante per il centro di massa. Questa osservazione conclude la dimostrazione del teorema di Huygens-Steiner così come sopra enunciato. La dimostrazione si generalizza con considerazioni banali al caso di corpi rigidi continui.

Una volta calcolato il momento di inerzia baricentrico per un determinato corpo rigido siamo dunque in grado di calcolare i momenti di inerzia relativi a tutte le rette parallele a quella considerata.

CASO 7.10.3

Consideriamo a titolo di esempio un rettangolo di materiale omogeneo di massa M e lati rispettivamente pari a L e l. Scegliamo una terna cartesiama ortogonale con l'origine nel centro di massa G e assi x e y paralleli ai lati del rettangolo. Vogliamo calcolare i tre momenti di inerzia baricentrici riferiti rispettivamente ai tre assi x, y e z. Con ovvio significato dei simboli indichiamo tali momenti di inerzia come I_x, I_y e I_z. Per calcolare I_x conviene suddividere il rettangolo in tante piccole strisce verticali (parallele all'asse delle y) e di larghezza infinitesima pari a dx, si veda **figura 7.12**.

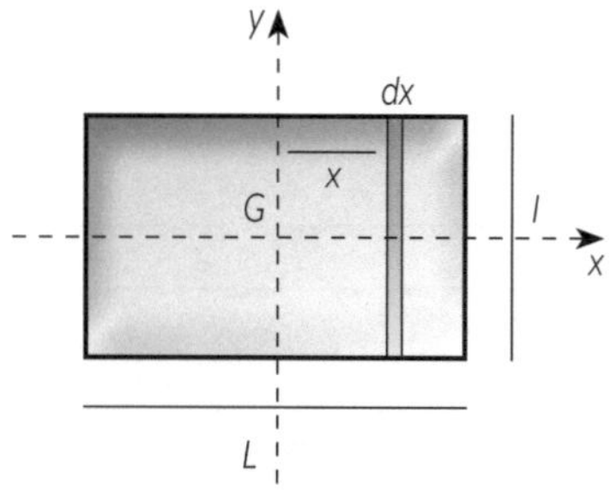

Figura 7.12

Schema per il calcolo del momento di inerzia di un rettangolo di materiale omogeneo.

Ognuna di queste strisce infinitesime, schematizzabile come un segmento materiale di massa pari a dm e lunghezza l, ha momento di inerzia $dI_x = dml^2/12$ come ovvia conseguenza dell' equazione (7.55). Sommando tutti i contributi si ottiene dunque:

$$I_x = \int dI_x = \frac{1}{12} l^2 \int dm = \frac{1}{12} Ml^2 \tag{7.62}$$

Con passaggi del tutto equivalenti si arriva a stimare I_y:

$$I_y = \frac{1}{12} ML^2 \tag{7.63}$$

Più complesso è invece il calcolo di I_z, ovvero del momento di inerzia relativo all'asse baricentrico perpendicolare al piano che contiene il rettangolo. A tale scopo continuiamo a considerare la suddivisione in strisce infinitesime sopra ricordata. Ogni striscia è individuata dalla coordinata x. La massa dm può essere stimata invocando l'ipotesi di omogeneità e risulta essere:

$$dm = \frac{M}{S} dS = \frac{M}{lL}(ldx) = \frac{M}{L} dx \tag{7.64}$$

dove $S = l\,L$ è la superficie del rettagolo e dS sta ad indicare l'area della striscia infinitesima. Il momento di inerzia dI_z di una generica striscia, calcolato rispetto all'asse z si scrive:

$$dI_z = \frac{1}{12} dml^2 + dmx^2 \tag{7.65}$$

dove abbiamo fatto esplicito uso del teorema di Huygens-Steiner. Sommando tutti i contributi si arriva a:

$$\begin{aligned} I_z &= \int dI_z = \frac{1}{12} l^2 \int dm + \int dmx^2 = \frac{1}{12} Ml^2 + \int_{-L/2}^{L/2} \frac{M}{L} x^2 dx = \\ &= \frac{1}{12} Ml^2 + \frac{M}{L} \frac{x^3}{3} \Big|_{-L/2}^{L/2} = \frac{1}{12} M\left(l^2 + L^2\right) \end{aligned} \tag{7.66}$$

CASO 7.10.4

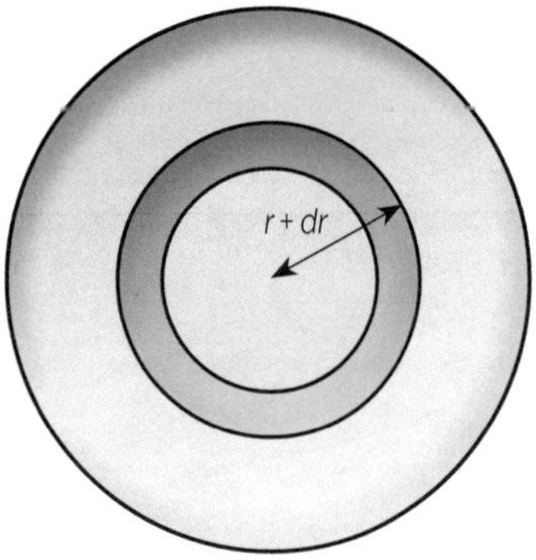

Figura 7.13

Schema per il calcolo del momento di inerzia di un disco omogeneo.

Come ulteriore semplice esempio consideriamo il caso di un disco omogeneo di raggio R e massa M e supponiamo di voler calcolare il momento di inerzia I_G rispetto ad un asse passante per il centro di massa e perpendicolare al piano che contiene il disco stesso. Per procedere nell'analisi conviene suddividere il disco in corone circolari infinitesime e concentriche (**figura 7.13**).

Sia r il raggio interno di una generica corona circolare e $r + dr$ il corrispondente raggio esterno. L'area di tale corona è pari a $2\pi r dr$ e la massa ad essa associata è data da:

$$dm = \frac{M}{\pi R^2}(2\pi r dr) = 2\frac{M}{R^2} r dr \tag{7.67}$$

in virtù della già citata ipotesi di omogeneità. Tutti i punti della suddetta corona circolare distano dall'asse rispetto al quale effettuiamo il calcolo del momento d'inerzia una stessa quantità r e dunque il momento d'inerzia ad essa associato pari è a $dI_G = dmr^2$. Il momento d'inerzia totale si ottiene infine sommando tutti i contributi, ovvero calcolando l'integrale:

$$I_G = \int dI_G = \int dmr^2 = 2\frac{M}{R^2}\int_0^R r^3 dr = 2\frac{M}{R^2}\frac{r^4}{4}\Big|_0^R = \frac{1}{2} MR^2 \tag{7.68}$$

7.11 ALCUNI SEMPLICI ESEMPI DI DINAMICA DI UN CORPO RIGIDO

In questo paragrafo discutiamo brevemente alcuni esempi di dinamica di corpo rigido, allo scopo di illustrare le implicazioni pratiche dei risultati formali ricavati in precedenza.

Vincoli non puntiformi — CASO 7.11.1 a

Prima di discutere qualunque esempio particolare, osserviamo che, nel caso di un corpo esteso, una reazione vincolare può essere applicata anche su di un tratto continuo.

Consideriamo, ad esempio, un blocchetto omogeneo di massa M appoggiato con il lato AB su di un piano inclinato di un angolo θ rispetto all'orizzontale. Supponiamo anche che fra blocchetto e piano sia presente una forza di attrito radente, tale da mantenere fermo il blocchetto. La reazione vincolare normale al piano aumenta linearmente dallo spigolo A allo spigolo B. In prima approssimazione possiamo considerare questa situazione equivalente ad una forza $\vec{N}$ applicata al centro del lato AB in direzione normale al piano, più una coppia $\vec{C}$ diretta perpendicolarmente al piano del disegno. A questo sistema di forze vanno naturalmente sommate la forza peso applicata al baricentro del blocchetto e diretta verticalmente, più una forza di attrito radente $\vec{F}_A$ in direzione parallela al piano. Per mantenere il blocchetto fermo dobbiamo infatti avere:

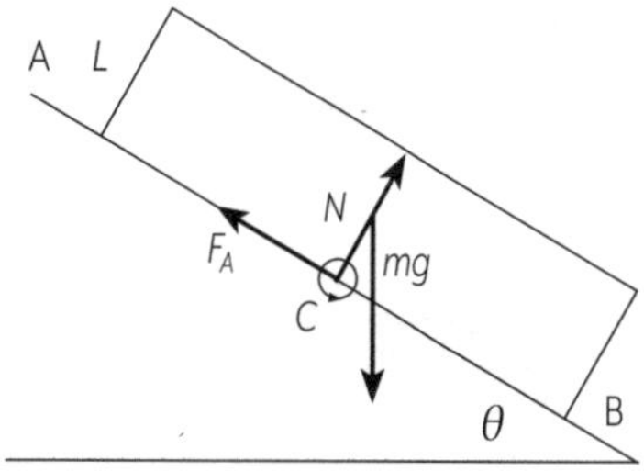

Figura 7.14
Blocchetto esteso appoggiato su di un piano inclinato.

$$N = Mg\cos\theta \tag{7.69}$$

$$F_A = Mg\sin\theta \tag{7.70}$$

$$C = F_A\frac{L}{2} = Mg\frac{L}{2}\sin\theta \tag{7.71}$$

Schematizzare una reazione vincolare applicata su di un tratto continuo come l'insieme di una forza applicata al centro del tratto continuo più una coppia in direzione perpendicolare, costituisce evidentemente una prima approssimazione, che può però essere considerata valida in molti casi di interesse.

CASO 7.11.1 b — Vincoli non puntiformi

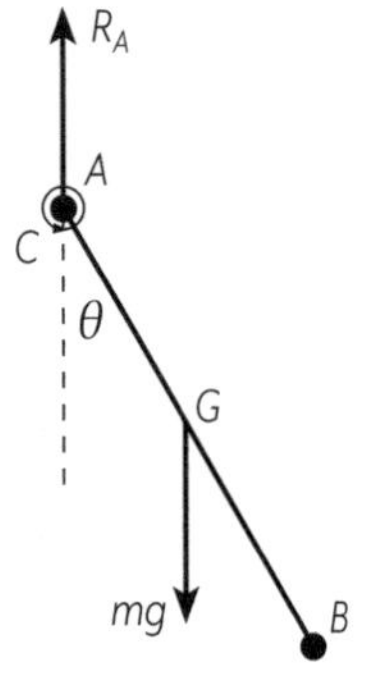

Figura 7.15
Sbarra saldata in un piano verticale.

Supponiamo, per esempio, che una sbarra AB omogenea, di massa M e lunghezza L si trovi in un piano verticale. Consideriamo anche che l'estremo A dell'asta sia saldato ad una parete in modo che l'asta non possa né traslare né ruotare. Perché l'asta sia dunque ferma occorre che siano nulle tanto la risultante delle forze esterne, quanto il momento risultante delle forze esterne. Il vincolo in A deve quindi applicare all'asta la forza $\vec{R}_A$ e la coppia $\vec{C}$ tali che:

$$R_A = Mg \tag{7.72}$$

$$C = Mg\frac{L}{2}\sin\theta \tag{7.73}$$

CASO 7.11.2 — Il pendolo fisico o pendolo composto

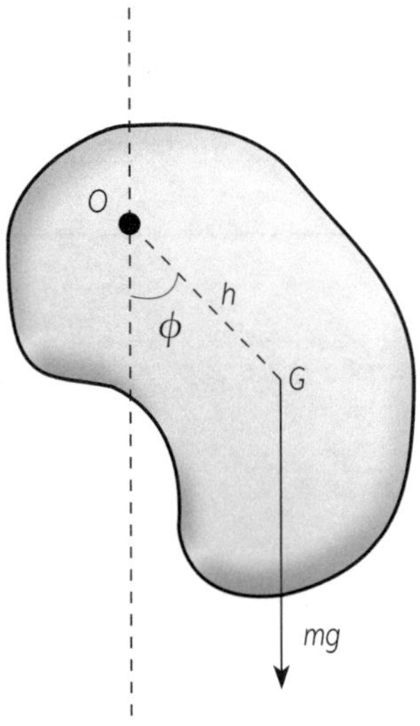

Figura 7.16
Il pendolo fisico o composto.

Consideriamo un corpo rigido di massa M vincolato a ruotare intorno ad un asse fisso orizzontale non baricentrico. Supponiamo che il vincolo che fissa l'asse di rotazione sia ideale: le forze vincolari hanno dunque momento assiale nullo, a patto di scegliere il centro di riduzione sull'asse. Il problema così formulato è schematizzato in **figura 7.16**, dove rappresentiamo una sezione baricentrica del corpo in questione.

Il punto O rappresenta l'immagine dell'asse di rotazione, diretto perpendicolarmente al piano della figura; G indica invece il centro di massa del sistema; h quantifica la distanza fra G e O. Sia poi ϕ l'angolo formato dal segmento OG con la direzione verticale, con il senso di rotazione positivo scelto uscente in modo tale che ϕ cresca quando la velocità angolare è equiversa al versore associato all'asse di rotazione. La forza peso $P = Mg$ è applicata in G. Dato che la reazione vincolare del perno è applicata in O la componente lungo l'asse di rotazione della seconda equazione cardinale (7.53) con centro di riduzione in O si scrive

$$I_O\ddot{\phi} = -Mgh\sin\phi \tag{7.74}$$

dove I_O è il momento di inerzia del corpo calcolato rispetto all'asse di rotazione. Chiaramente I_O può essere messo in relazione al momento d'inerzia baricentrico I_G.

Come ovvia applicazione del teorema di Huygens Steiner, otteniamo infatti $I_O = I_G + M\,h^2$. Introducendo la lunghezza equivalente $L = I_O/(M\,h)$ possiamo riscrivere la (7.74) nella nota forma:

$$\ddot{\phi} = -\frac{g}{L}\sin\phi \tag{7.75}$$

l'equazione differenziale che descrive il moto di un pendolo semplice di lunghezza pari a L. Nel regime di piccole oscillazioni ($\sin\phi \simeq \phi$) il pendolo fisico (ovvero il suo equivalente semplice) compie un moto armonico attorno alla posizione di equilibrio con periodo T dato da:

$$T = 2\pi\sqrt{\frac{I_O}{Mgh}} \tag{7.76}$$

È interessante osservare che la (7.76) può essere utilizzata per ricavare una stima dell'accelerazione di gravità g a partire dalla misura sperimentale del periodo di oscillazione di un pendolo composto, di cui si sia preventivamente valutato il momento di inerzia I_O.

Notiamo infine come la dipendenza del periodo di oscillazione del pendolo fisico dalla massa del corpo sia solo apparente. Infatti, per ogni punto O, si può sempre trovare una distanza ρ detta *raggio di inerzia*, tale che $I_O = M\rho^2$.

Sbarra omogenea vincolata a ruotare su un piano orizzontale — CASO 7.11.3

Come seconda applicazione consideriamo il caso di una sbarra AB omogenea, di massa M e lunghezza L, incernierata nell'estremo A e vincolata a ruotare su un piano orizzontale sotto l'azione di una forza F costante. Supponiamo che la forza F, costante in modulo, sia applicata nell'estremo opposto dell'asta e che risulti sempre perpendicolare alla direzione dell'asta stessa. Vogliamo calcolare il tempo T che l'asta impiega a compiere una rotazione completa, ovvero il tempo necessario a tornare, per la prima volta, nella configurazione iniziale. Si assuma l'asta inizialmente in quiete. Il problema è schematizzato in **figura 7.17**, dove sono anche rappresentate le forze in gioco.

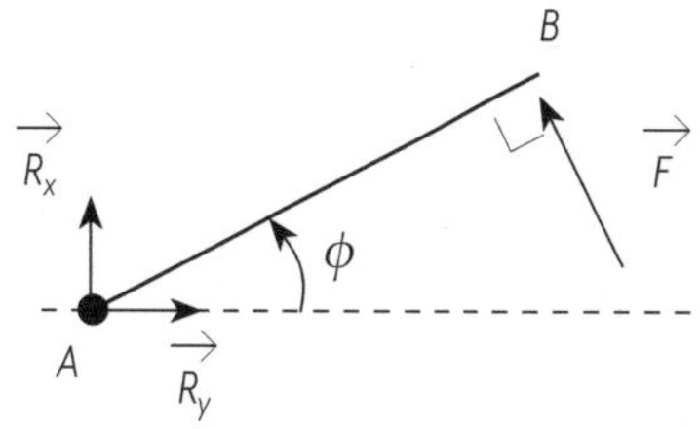

Figura 7.17

Diagramma di corpo libero di un'asta che poggia su un piano orizzontale, soggetta all'azione di una forza F perpendicolare al profilo dell'asta stessa. L'asta è incernierata in A.

In A agiscono le forze vincolari che per convenienza abbiamo scomposto lungo le direzioni orizzontale e verticale.

Ricordiamo che la forza peso agisce lungo la direzione ortogonale al piano sul quale l'asta è adagiata e risulta essere compensata dalla reazione normale al piano stesso, supposto privo di attrito. Scriviamo la seconda equazione cardinale con centro di riduzione in A. L'unica forza a contribuire con un momento assiale non nullo è quindi F:

$$I_A \ddot{\phi} = FL \tag{7.77}$$

dove ϕ individua l'angolo formato dalla sbarra con la direzione orizzontale, che immaginiamo crescere nel verso antiorario. L'accelerazione angolare $\ddot{\phi}$ è pertanto costante e pari a:

$$\ddot{\phi} = \frac{3F}{ML} \tag{7.78}$$

Integrando due volte otteniamo il semplice risultato:

$$\phi(t) = \frac{3}{2}\frac{F}{ML}t^2 \tag{7.79}$$

dove abbiamo fatto esplicito uso delle condizioni iniziali $(\phi(t=0)=0 \text{ e } \dot{\phi}(t=0)=0)$. Per calcolare il tempo T richiesto basterà imporre la condizione $\phi(t = T) = 2\pi$ nell'equazione (7.79) da cui si ottiene immediatamente:

$$T = \sqrt{\frac{4}{3}\pi\frac{ML}{F}} \tag{7.80}$$

CASO 7.11.4 La carrucola

Consideriamo una carrucola assimilabile ad un disco omogeneo di massa M e raggio R, vincolata a ruotare rispetto ad un asse passate per il centro di massa e ortogonale al piano verticale che contiene il disco stesso. Attorno al disco è avvolto un filo privo di massa alla cui estremità è vincolato un punto materiale di massa m. Il filo non slitta sul disco e il mozzo che garantisce il rotolamento del disco è supposto ideale. Siamo qui interessati a calcolare l'accelerazione di caduta del punto materiale. Il diagramma di corpo libero è rappresentato in **figura 7.18**.

Il punto materiale cade soggetto alla forza peso $P = mg$ a cui si oppone la tensione T esercitata dal filo. Scegliamo un sistema di riferimento che abbia asse verticale (y) rivolto verso il basso.

La seconda equazione della dinamica applicata al corpo in questione risulta in:

$$mg - T = m\,a \tag{7.81}$$

Il moto di rotazione della carrucola può essere caratterizzato a mezzo della seconda equazione cardinale. Scegliendo il centro di massa del disco come centro di riduzione otteniamo:

$$I_G\ddot{\phi} = T\,R \tag{7.82}$$

dove ϕ individua la rotazione del disco. L'angolo ϕ cresce nella direzione entrante (verso orario, si veda figura) e per questo motivo il momento della forza T è positivo. Per risolvere il sistema è necessario ricavare una relazione cinematica che metta in relazione il moto del disco con quello del punto materiale. Dal momento che il filo non slitta sul disco, ad una traslazione y (positiva) del punto materiale lungo l'asse verticale, corrisponde una rotazione ϕ del disco che verifica la ovvia relazione:

$$y = R\phi \tag{7.83}$$

essendo il filo inestendibile. Derivando due volte la relazione (7.83) si arriva:

$$a \equiv \ddot{y} = R\ddot{\phi} \tag{7.84}$$

Combinando la precedente espressione cinematica con le due relazioni dinamiche (7.81) e (7.82) ottiene un sistema algebrico nelle tre incognite, T, a e $\ddot{\phi}$. Con semplici passaggi si perviene dunque alla soluzione cercata:

$$a = g\frac{2m}{M+2m} \tag{7.85}$$

dove abbiamo fatto uso esplicito della relazione $I_G = M\,R^2/2$. Si noti come nel limite per la massa della carrucola $M \to 0$ il punto materiale si comporti di fatto come un grave in caduta libera, $a \to g$.

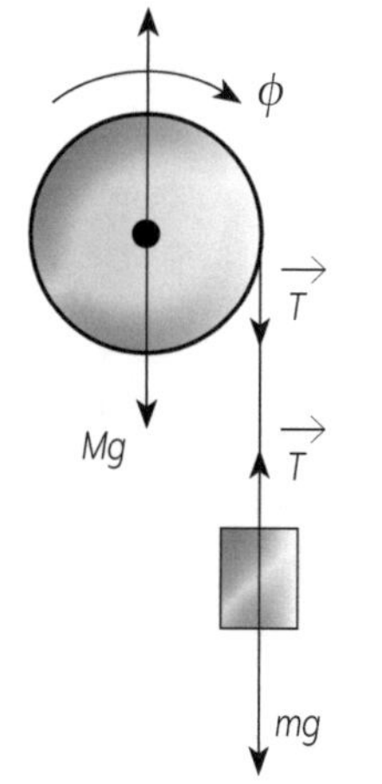

Figura 7.18

Diagramma di corpo libero di una carrucola vincolata a ruotare rispetto ad un asse fisso baricentrico. Attorno alla carrucola è avvolto un filo alla cui estremità è vincolato un punto materiale di massa m. Il sistema giace nel piano verticale.

7.12 IL ROTOLAMENTO PURO

Discutiamo ora un caso particolare di dinamica di corpo rigido, che ha rilevante valenza applicativa. Intendiamo studiare il moto di una ruota, che come sappiamo combina la traslazione alla rotazione. Ci occuperemo in particolare di analizzare il caso ideale di *puro rotolamento*, assumendo che il corpo in questione non strisci sulla superficie, supposta orizzontale, su cui poggia. Il centro di massa della ruota segue una traiettoria rettilinea, che corre parallela al profilo del piano. Più complessa è invece la traiettoria eseguita da un qualsiasi altro punto appartenente alla ruota, come esemplificato in **figura 7.19**.

Moto di puro rotolamento

Nel moto di puro rotolamento il punto di contatto fra corpo e piano è istantaneamente fermo.

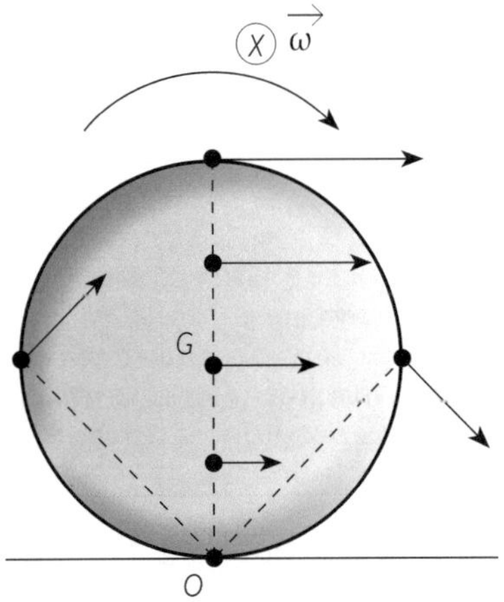

Figura 7.19

Rotolamento puro di un disco su un piano orizzontale. I vettori rappresentano il campo di velocità. Il punto di contatto O è istantaneamente fermo.

Per questo motivo esiste una precisa relazione cinematica fra il vettore velocità del centro della ruota e il vettore velocità angolare del corpo, conseguenza diretta della formula fondamentale per la cinematica di un corpo rigido. La velocità del centro di massa G può essere messa in relazione diretta con la velocità del punto O:

$$\vec{v}_G = \vec{v}_O + \vec{\omega} \times (G - O) \tag{7.86}$$

Imponendo $\vec{v}_O = 0$ e passando ai moduli si ottiene:

$$v_G = r\omega \tag{7.87}$$

dove r rappresenta il raggio della ruota, ovvero il modulo del vettore $(G - O)$. Si noti che la relazione (7.87) non è sufficiente per avere rotolamento puro. Infatti è necessario anche avere una precisa relazione fra le direzioni e i versi dei vettori $\vec{v}_G$ e $\vec{\omega}$. Innanzitutto, in conseguenza della formula fondamentale dei moti rigidi, le direzioni dei due vettori devono essere perpendicolari. Facciamo poi riferimento alla **Figura 7.19**, perché risulti $\vec{v}_O = 0$ se $\vec{v}_G$ è verso destra, il vettore $\vec{\omega}$ dovrà essere entrante (come nella Figura). Al contrario se $\vec{v}_G$ è verso sinistra, il vettore $\vec{\omega}$ dovrà essere uscente.

Differenziando la relazione (7.87) si può ottenere una equazione che lega il modulo dell'accelerazione lineare a_G del centro di massa al modulo dell'accelerazione angolare $\alpha = \dot{\omega}$. In formule:

Condizione di rotolamento

$$a_G = r\alpha \tag{7.88}$$

Se la ruota rotola a velocità costante, non manifesta alcuna tendenza a strisciare nel punto di contatto O e pertanto, non è applicata alcuna forza fra ruota e piano di rotolamento. Quando invece è presente una forza che induce una variazione di v_G, o in altre parole quando $a_G \neq 0$, allora, per mantenere il puro rotolamento, deve agire sulla ruota una forza di attrito che si oppone allo slittamento. Allo stesso modo, tale forza di attrito che si oppne allo slittamento, è necessaria quando è presente una coppia che produce una accelerazione angolare α diversa da zero. Si tratta chiaramente di una forza di attrito statico, essendo il punto di contatto fermo per definizione. Come avremo modo di discutere con riferimento ad un esempio concreto:

La forza d'attrito statico deve assumere un valore sufficiente affinchè si possano instaurare le condizioni di rotolamento puro.

È pertanto cruciale operare un'accurata selezione dei materiali di cui ruota e piano sono costituiti, al fine di garantire la forza di attrito sufficiente al realizzarsi della condizione di rotolamento (7.88).

Notiamo infine che dato che il punto di contatto è istantaneamente fermo, non vi è potenza dissipata in attrito quindi il moto di rotolamento è conservativo.

CASO 7.12.1

Per chiarire meglio il concetto di rotolamento puro consideriamo il classico esempio di una sfera di massa M e raggio R che ruota senza strisciare su un piano inclinato.

In **figura 7.20** si riproduce una sezione baricentrica del sistema fisico considerato. In particolare, $\vec{F}_\mu$ è una forza di attrito statico, tangente al vincolo; $\vec{N}$ è la componente normale della reazione vincolare; $\vec{P}$ sta invece ad indicare la forza peso.

Scegliamo un sistema di riferimento con l'asse x diretto lungo il piano inclinato e y ad esso ortogonale. La componente lungo l'asse x della prima equazione cardinale risulta:

$$M\ddot{x}_G = -F_\mu + Mg\sin\theta \qquad (7.89)$$

dove θ è l'angolo formato dal piano inclinato con la direzione orizzontale e dove $\ddot{x}_G$ indica la componente dell'accelerazione del centro di massa lungo x. La componente lungo y risulta nella semplice relazione:

$$N = Mg\cos\theta \qquad (7.90)$$

dal momento che il centro di massa non si muove nella direzione ortogonale al profilo del piano inclinato $(\ddot{y}_G = 0)$. Possiamo poi applicare la seconda equazione cardinale con centro di riduzione in G:

$$I_G\ddot{\phi} = F_\mu r \qquad (7.91)$$

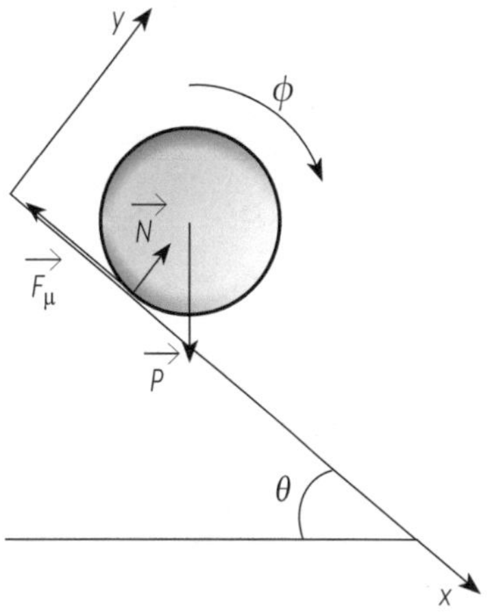

Figura 7.20

Rotolamento puro di una sfera su un piano inclinato.

dove ϕ quantifica la rotazione della sfera ed il momento di inerzia della sfera risulta $I_G = 2Mr^2/5$. Dal momento che il corpo rigido ruota senza strisciare possiamo porre

$$\ddot{x}_G = r\ddot{\phi} \tag{7.92}$$

Otteniamo dunque un sistema di equazioni che possiamo risolvere per stimare le incognite F_μ e $\ddot{x}$ (o equivalentemente $\ddot{\phi}$). Si ha in particolare

$$\ddot{x}_G = \frac{g \sin\theta}{1+\frac{I_G}{r^2}} = \frac{5}{7} g \sin\theta \tag{7.93}$$

ed inoltre

$$F_\mu = \frac{2}{7} g \sin\theta \tag{7.94}$$

Ricordiamo che F_μ è una forza di attrito statico e come tale deve verificare la relazione

$$F_\mu \le \mu_s N \tag{7.95}$$

dove μ_s è il coefficiente di attrito statico. Affinchè sia possibile instaurare le condizioni di rotolamento puro dovremmo dunque avere

$$\mu_s \ge \frac{F_\mu}{N} = \frac{2}{7} \tan\theta \tag{7.96}$$

dove nell'ultimo passaggio abbiamo fatto uso delle relazioni (7.90) e (7.94).

Come già anticipato, e qui dimostrato in termini rigorosi:

è importante poter disporre di un coefficiente di attrito minimo perché si possano realizzare le condizioni di puro rotolamento.

L'accelerazione (7.93) è costante e risulta inferiore all'accelerazione che avrebbe un punto materiale su un piano inclinato liscio. Come chiariremo nel seguito:

al moto di rotazione è associata una energia cinetica, di conseguenza, la potenza prodotta dalla forza peso (unica forza a compiere lavoro) non va tutta ad aumentare l'energia cinetica di traslazione.

Concludiamo questo paragrafo completando lo studio per un esempio specifico, sul quale ritorneremo a elaborare nel seguito.

CASO 7.12.2

Immaginiamo infatti che il centro di massa della sfera passi dalla quota iniziale y_0 a quella finale $y_1 = y_0 - h$. Allora il centro di massa della sfera si sposta di un tratto pari a $h/\sin\theta$, lungo la direzione x. Se immaginiamo che la sfera parta da ferma, impiegherà un tempo

$$\tau = \sqrt{\frac{2h}{\ddot{x}_G \sin\theta}} = \sqrt{\frac{14}{5}\frac{h}{g}\frac{1}{\sin^2\theta}} \tag{7.97}$$

per coprire il dislivello pari ad h, transitando dal punto finale con velocità del centro di massa pari a

$$v_G = \ddot{x}_G \tau = \sqrt{\frac{10}{7}gh} \tag{7.98}$$

Intendiamo tornare nel seguito su questa stessa stima che deriveremo con considerazioni di tipo energetico.

7.13 IL TEOREMA DI KÖNIG PER L'ENERGIA CINETICA DI UN CORPO RIGIDO

Le proprietà peculiari dei corpi rigidi si traducono in una formula estremamente compatta per l'energia cinetica degli stessi. Come vedremo in tale formula compare esplicitamente il momento d'inerzia assiale. Consideriamo un sistema di N punti materiali. L'energia cinetica totale del sistema si scrive come:

Energia cinetica totale

$$T = \sum_i \frac{1}{2} m_i v_i^2 \tag{7.99}$$

dove $v_i = \sqrt{\vec{v}_i \cdot \vec{v}_i}$ rappresenta il modulo della velocità del punto i-esimo. La formula fondamentale per la cinematica di un corpo rigido ci permette di riscrivere la precedente relazione nella forma:

$$T = \sum_i \frac{1}{2} m_i \left(\vec{v}_G + \vec{\omega}\times(P_i - G)\right)\cdot\left(\vec{v}_G + \vec{\omega}\times(P_i - G)\right) \tag{7.100}$$

dove $\vec{v}_G$ sta ad indicare la velocità del centro di massa. Svolgendo il prodotto scalare otteniamo:

$$T = \sum_i \frac{1}{2} m_i v_G^2 + \sum_i \frac{1}{2} m_i \left(\omega \left|P_i - G\right| \sin\alpha_i\right)^2 + \sum_i m_i \vec{v}_G \cdot \left(\vec{\omega}\times(P_i - G)\right) \tag{7.101}$$

dove α_i si riferisce all'angolo formato dalla direzione del vettore $(P_i - G)$ con l'asse di rotazione $\vec{\omega}$. L'ultima sommatoria in (7.101) è chiaramente nulla, per definizione di centro di massa. Raggruppando infatti tutti i termini che dipendono dall'indice discreto i abbiamo $\sum_i m_i(P_i - G) \equiv M(G-G) = 0$.

L'energia cinetica di un corpo rigido è quindi data dalla somma di due contributi:

$$T = \frac{1}{2}Mv_G^2 + \sum_i \frac{1}{2}m_i\left(\omega\left|P_i - G\right|\sin\alpha_i\right)^2 \tag{7.102}$$

Il primo termine è relativo all'energia cinetica del centro di massa, con $M = \sum_i m_i$ che rappresenta la massa dell'intero sistema. Il secondo termine misura invece l'energia cinetica del corpo rigido relativa al centro di massa. Abbiamo di fatto derivato nuovamente il teorema di di König per l'energia cinetica, risultato già discusso con riferimento al caso generale di un sistema di punti materiali. Possiamo manipolare ulteriormente la seconda sommatoria in (7.102) notando che $|P_i - G|\sin\alpha_i$ misura la distanza r_i del punto i-esimo da un'asse parallelo all'asse di rotazione e passante per il centro di massa. Possiamo dunque riscrivere

$$\sum_i \frac{1}{2}m_i\left(\omega\left|P_i - G\right|\sin\alpha_i\right)^2 = \frac{1}{2}\left(\sum_i m_i r_i^2\right)\omega^2 = \frac{1}{2}I_G\omega^2 \tag{7.103}$$

dove, nell'ultimo passaggio, si è fatto uso della definizione di momento di inerzia. Riassumendo l'energia di un corpo rigido può essere scritta come

Energia di un corpo rigido

$$T = \frac{1}{2}Mv_G^2 + \frac{1}{2}I_G\omega^2 \tag{7.104}$$

L'energia cinetica di un corpo rigido consta di due contributi: il primo associato al moto di traslazione del centro di massa, il secondo che dà conto del moto di rotazione attorno al centro di massa stesso. Si noti che, diversamente dal caso generale, nel quale il lavoro delle forze interne poteva variare il secondo termine della somma (7.16) l'energia cinetica relativa al centro di massa, il vincolo di rigidità è, infatti, ideale quindi le forze interne non compiono lavoro.

Particolarmente istruttivo è invece il caso limite in cui il corpo rigido possiede un punto fisso O, ovvero un punto per cui $v_O = 0$. Grazie alla formula fondamentale per la cinematica dei corpi rigidi, possiamo quindi scrivere la velocità $\vec{v}_i$ di un generico punto P_i appartenente al corpo rigido nella forma:

$$\vec{v}_i = \vec{\omega} \times (P_i - O) \tag{7.105}$$

Sostituendo nell'espressione per l'energia cinetica totale (7.99) e procedendo in completa analogia con quanto fatto in precedenza si arriva al risultato finale:

$$T = \frac{1}{2} I_O \omega^2 \tag{7.106}$$

dove I_O rappresenta il momento di inerzia calcolato rispetto all'asse di rotazione. In questo caso l'energia cinetica del corpo rigido è interamente rotazionale.

CASO 7.13.1

Per convincerci della consistenza delle due formule (7.104) e (7.106) consideriamo il caso della sbarra AB vincolata a ruotare nel piano orizzontale, con l'estremo A tenuto fisso da un opportuno vincolo (si veda CASO 7.11.3). Chiaramente in questo caso il modulo della velocità del centro di massa si scrive come $v_G = (L/2)\omega$ che, sostituita nell'espressione generale per l'energia cinetica (7.104), porta a:

$$T = \frac{1}{2} M \left(\frac{L}{2} \right)^2 \omega^2 + \frac{1}{2} I_G \omega^2 \tag{7.107}$$

ovvero:

$$T = \frac{1}{2} \left(I_G + M \frac{L^2}{4} \right) \omega^2 \tag{7.108}$$

In virtù del teorema di Huygens-Steiner possiamo porre $I_A = I_G + M\,(L^2/4)$ e dunque:

$$T = \frac{1}{2} I_A \omega^2 \tag{7.109}$$

cioè la formula (7.106) applicata al caso in questione.

7.13.1 Conservazione dell'energia meccanica e rotolamento puro

In questa sezione intendiamo rivisitare lo studio del moto di puro rotolamento della sfera sul piano inclinato già trattato al paragrafo 7.12. A tale scopo faremo uso di considerazioni di tipo energetico, sfruttando in particolare l'espressione generale per l'energia cinetica di un corpo rigido così come ottenuta in precedenza.

Come appena osservato, le forze interne ad un sistema rigido non compiono lavoro. Il punto O di contatto della sfera con il piano è infatti istantaneamente fermo, dal momento che, per definizione di rotolamento puro, $\vec{v}_O = 0$. $\vec{F}_\mu$ è dunque una forza di attrito statico e, come tale, non compie lavoro. Analoghe considerazioni valgono per la forza $\vec{N}$ che dunque non contribuisce al bilanciamento energetico. Nel caso in studio, quindi, le uniche forze che compiono lavoro sono conservative.

Come nell'esempio discusso nel paragrafo 7.12, immaginiamo che il centro di massa della sfera sia inizialmente ad una quota y_0. All'istante finale avrà invece raggiunto una quota pari a $y_1 = y_0 - h$. In sostanza, il centro di massa della sfera cade verticalmente per un tratto pari a h. L'energia potenziale Mgh viene dunque integralmente trasformata in energia cinetica, condizione che si traduce formalmente nella relazione matematica:

$$\frac{1}{2}Mv_G^2 + \frac{1}{2}I_G\omega^2 = Mgh \tag{7.110}$$

dove v_G e ω si riferiscono all'istante finale, quando cioè il centro di massa ha raggiunto al quota y_1. Nello scrivere l'equazione (7.110) abbiamo assunto, coerentemente con quanto fatto al paragrafo 7.12, che il corpo rigido fosse fermo all'istante iniziale. Dal momento che il corpo rotola senza strisciare $\omega = v_G/r$, r essendo il raggio della sfera. Sostituendo tale condizione nella precedente equazione (7.110), ricordando che per una sfera $I_G = 2\ Mr^2/5$ e risolvendo per v_G otteniamo:

$$v_G = \sqrt{\frac{10}{7}gh} \tag{7.111}$$

ovvero una stima della velocità finale in perfetto accordo con quella fornita dalla (7.99) e ricavata a partire dalle equazioni cardinali.

L'accelerazione del centro di massa di un corpo in rotolamento su di un piano inclinato è, dunque, minore di quella di un punto materiale avente la stessa massa, in quanto parte dell'energia potenziale della forza peso viene utilizzata per mettere in rotazione il corpo.

7.13.2 Attrito volvente

Per il moto di rotolamento puro è cruciale che il contatto fra il corpo che rotola ed il piano avvenga in un unico punto. Se il contatto avviene lungo un tratto esteso, come, per esempio quando si ha una ruota sgonfia, abbiamo visto nel CASO 7.11.1 come il vincolo applichi, oltre alla forza, anche una coppia. Consideriamo la situazione riportata in **figura 7.21**: se la ruota è in movimento, la reazione normale del piano applicata nel punto A sarà maggiore di quella applicata nel punto B. La coppia risultante sarà quindi di segno opposto alla velocità angolare.

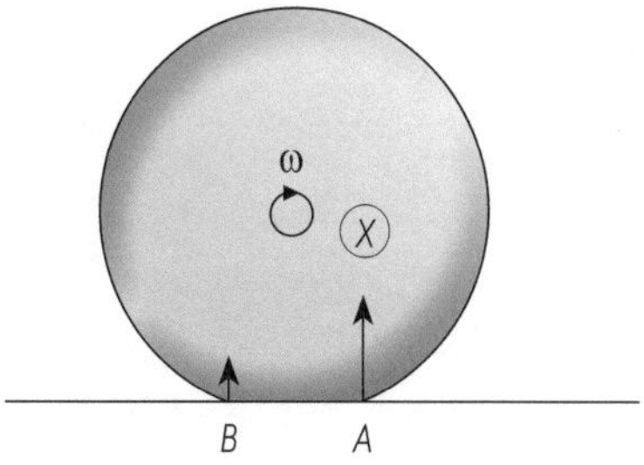

Figura 7.21

Origine fisica della coppia di attrito volvente.

In modo del tutto analogo è facile rendersi conto che, quando ad una ruota sgonfia ferma si applica dall'esterno un momento, si manifesta una coppia dovuta alle diverse reazioni normali applicate nei diversi punti di contatto. Tale coppia è invece assente se ad una ruota sgonfia in quiete non si applica alcun momento esterno.

Si tratta dunque di una coppia di reazione che, in condizioni statiche, mantiene fermo il sistema, in condizioni dinamiche, si oppone al moto del sistema stesso dissipando energia. Queste caratteristiche sono tipiche dell'attrito e la coppia in questione è detta *attrito volvente*.

7.14 IL TENSORE DI INERZIA

Concludiamo questo capitolo discutendo in estrema sintesi l'espressione generale del momento angolare di un corpo rigido. Nel paragrafo 7.9 abbiamo considerato il caso semplice in cui il corpo rigido è vincolato a ruotare rispetto ad un asse fisso. Abbiamo conseguentemente caratterizzato la componente assiale del momento angolare che risulta essere esplicitamente coinvolta nella formulazione della seconda equazione cardinale. In generale è possibile dimostrare che, per ogni corpo rigido, esistono almeno tre rette, passanti per il centro di riduzione O, fra loro ortogonali, tali che se $\vec{\omega}$ è parallelo ad una di esse il momento angolare $\vec{K}_O$ risulta semplicemente uguale a:

$$\vec{K}_O = I_O \vec{\omega} \tag{7.112}$$

dove I_O è una matrice 3×3 con i soli termini diagonali diversi da zero. Tali termini sono proprio i momenti di inerzia del corpo rigido rispetto ai tre assi ortogonali sopracitati, e comunemente detti *assi principali di inerzia*.

Assi principali di inerzia

Nel caso generale in cui l'asse di rotazione non sia coincidente con uno degli assi principali di inerzia si perviene all'espressione generale

$$\begin{pmatrix} K_{Ox} \\ K_{Oy} \\ K_{Oz} \end{pmatrix} = \begin{pmatrix} \sum_i m_i(y_i^2+z_i^2) & -\sum_i m_i x_i y_i & -\sum_i m_i x_i z_i \\ -\sum_i m_i x_i y_i & \sum_i m_i(x_i^2+z_i^2) & -\sum_i m_i y_i z_i \\ -\sum_i m_i x_i z_i & -\sum_i m_i y_i z_i & \sum_i m_i\left(x_i^2+y_i^2\right) \end{pmatrix} \begin{pmatrix} \omega_x \\ \omega_y \\ \omega_z \end{pmatrix} \quad (7.113)$$

o, equivalentemente, in forma più compatta:

$$\vec{K}_O = \tilde{I}_O \vec{\omega} \quad (7.114)$$

dove si è introdotto il *tensore di inerzia* $\tilde{I}_O$ che dipende solo dalle caratteristiche geometriche del corpo rigido.

Momenti assiali di inerzia e momenti deviatori

I termini diagonali del tensore prendono il nome di *momenti assiali di inerzia* mentre i termini fuori diagonale sono detti *momenti deviatori*.

Date le proprietà di simmetria, il tensore d'inerzia ha sempre tre autovalori positivi. I tre autovettori di tale tensore individuano appunto gli *assi principali di inerzia*. Consistemente con quanto già evidenziato, il momento angolare e la velocità angolare sono paralleli, solo se l'asse di rotazione coincide con un asse principale di inerzia, quando cioè $\tilde{I}_O$ è diagonale.

Capitolo

8

Urti

Parliamo di urto quando due o più corpi inizialmente separati vengono a contatto, variando in modo sensibile le rispettive velocità. Durante l'impatto si registrano brusche variazioni di velocità, ed i corpi interessati risultano pertanto soggetti ad accelerazioni significative. In altre parole, gli urti sono caratterizzati dalla presenza di forze molto intense, che agiscono per intervalli di tempo relativamente brevi, come avremo modo di argomentare nel seguito. Gli urti possono essere di vari tipi, *elastici, anelastici* o *completamente anelastici*. Nel prossimo paragrafo rivisiteremo tale classificazione facendo riferimento a semplici esempi.

8.1 GRAVE IN CADUTA CHE IMPATTA SU UN PIANO ORIZZONTALE

Immaginiamo di avere un punto materiale, inizialmente in quiete, sospeso ad un'altezza pari ad h_0. Il corpo viene lasciato cadere soggetto alla sola forza di gravità ed impatta il pavimento, supposto orizzontale. Il punto materiale, ad esempio una sfera, risale verticalmente fino ad arrivare ad una quota finale pari ad h_1, per poi invertire nuovamente il senso di marcia. Dopo l'urto che ne consegue, il secondo della serie, la sfera risale fino ad una quota h_2. Il ragionamento può essere iterato n volte. Si ottiene dunque una successione decrescente di quote $h_0 > h_1 > h_2 > ... > h_n$, come illustrato in modo schematico in **figura 8.1**.

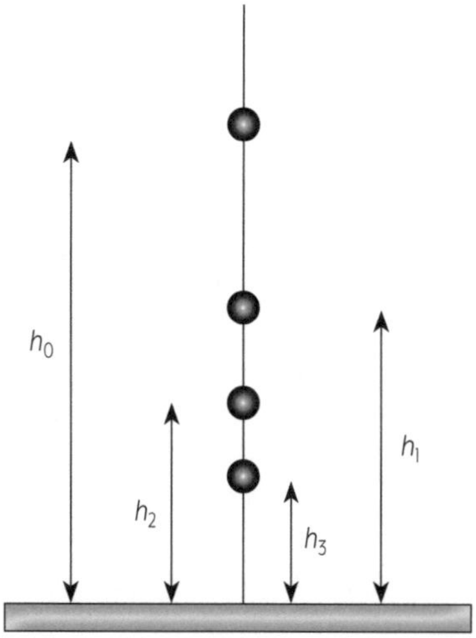

Figura 8.1

La sfera cade soggetta alla forza di gravità a partire da una quota h_0. Dopo i successivi rimbalzi (urti contro il pavimento) risale a quote diverse, h_i con $i = 1, ..., n$. L'indice i si riferisce alla sequenza dei successivi impatti.

Sperimentalmente è possibile mostrare che le altezze h_0, h_1, h_2... seguono una progressione geometrica. In particolare si può dimostrare per via sperimentale che fra la velocità subito prima dell'urto, $\vec{v}_i$, e quella subito dopo, $\vec{v}_f$, vale una semplice relazione di proporzionalità:

$$\vec{v}_f = -e\vec{v}_i \quad (8.1)$$

Coefficiente di restituzione

dove il segno meno sta ad indicare il fatto che $\vec{v}_i$ e $\vec{v}_f$ hanno verso opposto. Il coefficiente (positivo) e prende il nome di *coefficiente di restituzione*. Ovviamente la relazione (8.1) costituisce una semplificazione ideale che tuttavia risulta essere adeguata purché la velocità $\vec{v}_i$ non superi una soglia limite, dipendente dai materiali utilizzati.

Ripetendo l'esperimento per sfera e pavimenti diversi, si trova che (8.1) è sempre soddisfatta, fatta salva la precauzione di cui sopra, ma con diversi valori del coefficiente di restituzione che risulta essere positivo e strettamente minore di uno:

$$0 \le e < 1. \quad (8.2)$$

Urto completamente anelastico ed elastico

Quando $e = 0$ l'urto si dice *completamente anelastico*: dopo il primo impatto con il pavimento la sfera si ferma istantaneamente, dissipando così tutta la sua energia cinetica. Di contro, quando $e = 1$, la sfera mantiene inalterato il modulo delle velocità e l'urto si dice *elastico*.

8.2 LA VARIAZIONE DELLE GRANDEZZE DINAMICHE NEGLI URTI

Come osservato in precedenza, durante l'urto, le forze che si esercitano fra i corpi coinvolti sono di intensità elevata ed agiscono per un breve intervallo di tempo. Avendo rinunciato a descrivere cosa succede nell'istante dell'urto possiamo integrare le equazioni cardinali fra un istante immediatamente precedente all'urto, t_i, ed uno immediatamente successivo, t_f. Definiamo impulso $\vec{J}$ di una forza $\vec{f}$ nell'intervallo di tempo (t_i, t_f):

$$\vec{J} = \int_{t_i}^{t_f} \vec{f} dt \quad (8.3)$$

Con questa definizione possiamo integrare la prima equazione cardinale della dinamica (7.7) ed ottenere:

$$\int_{t_i}^{t_f} M\vec{a}_{cm} dt = \int_{t_i}^{t_f} \frac{d\vec{P}}{dt} dt = \vec{P}_f - \vec{P}_i = \vec{J}^{ext} \quad (8.4)$$

dove con $\vec{P}_{i,f}$ si intendono, rispettivamente, la quantità di moto totale del sistema prima dell'urto e dopo l'urto, mentre con $\vec{J}^{ext}$ si intende l'impulso risultante delle forze esterne.

Analogamente possiamo procedere con la seconda equazione cardinale. Per semplicità consideriamo l'equazione nella sua forma semplificata (7.12) che si ottiene quando il centro di riduzione fisso o si muove con velocità parallela a quella del centro di massa. In questo caso

$$\int_{t_i}^{t_f} \frac{d\vec{K}_O}{dt}\, dt = \vec{K}_f - \vec{K}_i = \sum_i \left(P_i - O\right) \times \vec{J}_i^{ext} \tag{8.5}$$

Di nuovo $\vec{K}_{i,f}$ rappresentano, rispettivamente, il momento angolare totale prima e dopo l'urto. A secondo membro in questa equazione troviamo la somma dei momenti degli impulsi delle forze, in accordo con la nostra approssimazione che gli oggetti non cambino le loro posizioni durante l'urto.

Per chiarire meglio, consideriamo il caso di un urto fra particelle libere. Nella regione di interazione, possiamo dunque ragionevolmente trascurare l'azione di eventuali forze esterne ed il sistema può essere pensato come isolato. Lavorando in un sistema di riferimento inerziale, valgono la conservazione della *quantità di moto* e del *momento angolare*. Tali grandezze hanno, subito dopo l'urto, lo stesso valore che avevano immediatamente prima dello stesso. Si tratta dunque di proprietà generali che potremo invocare nello studio della cinematica degli urti, a prescindere dai dettagli che sottendono alla mutua interazione fra i corpi implicati. Diverso, e generalmente più complicato, è il caso di urti fra corpi soggetti a forze vincolari impulsive.

Ricordando il secondo principio della dinamica nella forma:

$$\vec{f} = \frac{d\vec{p}}{dt} \tag{8.6}$$

si ottiene:

$$\vec{J} = \int_{t_i}^{t_f} \vec{f} dt = \int_{t_i}^{t_f} d\vec{p} = \vec{p}(t_f) - \vec{p}(t_i) \equiv \Delta\vec{p} \tag{8.7}$$

Questa relazione va sotto il nome di *Teorema dell'impulso*:

Teorema dell'impulso

l'impulso di una forza $\vec{f}$ che agisce su un punto materiale in un intervallo di tempo Δt è uguale alla variazione della quantità di moto in Δt.

Torniamo ora a discutere il problema degli urti. Immaginiamo un caso semplificato in cui due soli punti materiali, rispettivamente 1 e 2, siano coinvolti in un evento di urto. Sia $\vec{f}_{21}$ la forza esercitata dal corpo 2 sul corpo 1, ed indichiamo con $\vec{f}_1^{(e)}$ la risultante delle forze esterne applicate a 1. I simboli $\vec{f}_{12}$ e $\vec{f}_2^{(e)}$ si riferiscono alle omologhe quantità associate al punto materiale 2. In virtù del teorema dell'impulso possiamo scrivere:

$$\vec{J}_1 = \Delta\vec{p}_1 = \Delta\vec{p}_1^{(i)} + \Delta\vec{p}_1^{(e)} = \int_{t_i}^{t_f} \vec{f}_{21}dt + \int_{t_i}^{t_f} \vec{f}_1^{(e)}dt \tag{8.8}$$

$$\vec{J}_2 = \Delta\vec{p}_2 = \Delta\vec{p}_2^{(i)} + \Delta\vec{p}_2^{(e)} = \int_{t_i}^{t_f} \vec{f}_{12}dt + \int_{t_i}^{t_f} \vec{f}_2^{(e)}dt \tag{8.9}$$

dove gli apici (*i*) e (*e*) stanno ad indicare rispettivamente i contributi associati alle forze interne e a quelle esterne. L'urto ha luogo nell'intervallo di tempo $\Delta t = t_f - t_i$. Come risulta dalla relazione (8.9), la variazione complessiva delle singole quantità di moto dipende anche dall'azione delle forze esterne. Possiamo tuttavia trascurare tali effetti, nell'ipotesi in cui le forze esterne *non* siano impulsive, come avviene generalmente su scala macroscopica ed in assenza di vincoli. Inoltre, per il terzo principio della dinamica:

$$\vec{f}_{12} = -\vec{f}_{21} \tag{8.10}$$

e dunque:

$$\Delta\vec{p}_1 \simeq -\Delta\vec{p}_2. \tag{8.11}$$

In altre parole, la quantità di moto totale *P* del sistema formato dalle due particelle è una grandezza conservata, ovvero:

$$\vec{P}(t_i) \simeq \vec{P}(t_f) \tag{8.12}$$

È bene precisare tuttavia che se uno dei corpi è vincolato, le reazioni vincolari assumono spesso carattere impulsivo. In questo caso non è dunque lecito imporre la conservazione della quantità di moto ma bisogna ricorrere alla relazione (8.4).

Analoghe considerazioni valgono per la conservazione del momento angolare totale. Le variazioni del momento angolare di ciascuna particella, prodotte durante l'urto, sono fra loro uguali ed opposte, se i momenti dovuti alle forze esterne sono non impulsivi. In tale situazione avremo dunque:

$$\vec{K}(t_i) \simeq \vec{K}(t_f) \tag{8.13}$$

Il momento angolare può conservarsi anche in presenza di reazioni vincolari impulsive, cioè quando la conservazione della quantità di moto non si conserva. A tal fine è necessario che le reazioni impulsive abbiano momento costantemente nullo durante l'urto.

Nei fenomeni di urto le forze esterne compiono solitamente un lavoro trascurabile dato che gli urti interessano brevi intervalli temporali, durante i quali il punto di applicazione di una forza esterna non varia. Chiaramente, ciò non significa che l'energia cinetica totale dei corpi interagenti debba essere conservata. Quest'ultima ulteriore condizione si realizza soltanto in presenza di urti elastici, come abbiamo avuto modo di argomentare in precedenza. Nel seguito discutiamo la cinematica degli urti con riferimento al semplice caso di sistemi unidimensionali.

8.3 URTI UNIDIMENSIONALI ELASTICI

Una situazione particolarmente interessante si realizza nel caso di urti unidimensionali fra proiettile e bersaglio, di massa rispettivamente pari a m_1 e m_2. Immaginiamo che l'urto in questione sia *elastico*, si veda **figura 8.2**.

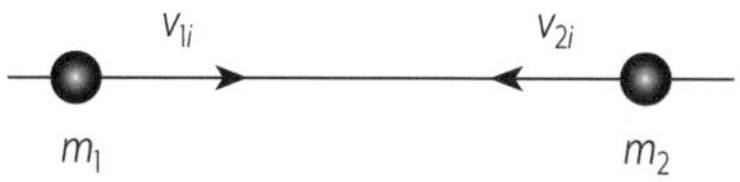

Figura 8.2
Urto elastico fra due punti materiali di massa m_1 e m_2.

Vale dunque la conservazione dell'energia cinetica, prima e dopo la collisione. Supponiamo inoltre che l'urto sia *centrale* ovvero che i corpi in esame, assunti puntiformi, si muovano lungo una retta fissa, prima e dopo l'urto. Il sistema è dunque a tutti gli effetti unidimensionale. Possiamo dunque scrivere la conservazione delle quantità di moto in forma scalare, riferendoci al versore della retta sulla quale i punti materiali sono confinati. In formule abbiamo dunque:

$$\begin{aligned} &\frac{1}{2}m_1 v_{1i}^2 + \frac{1}{2}m_2 v_{2i}^2 = \frac{1}{2}m_1 v_{1f}^2 + \frac{1}{2}m_2 v_{2i}^2 \\ &m_1\ v_{1i} + m_2\ v_{2i} = m_1\ v_{1f} + m_2\ v_{2f} \end{aligned} \tag{8.14}$$

dove v_{1i} e v_{1f} si riferiscono rispettivamente alla velocità del punto materiale 1 prima e dopo l'urto. Analoghe considerazioni valgono per il punto materiale 2. Abbiamo dunque un sistema di due equazioni in due incognite, le velocità v_{1f} e v_{2f}, subito dopo l'impatto. Con semplici passaggi algebrici si perviene al risultato finale:

$$\begin{aligned} v_{1f} &= \frac{(m_1 - m_2)v_{1i} + 2m_2 v_{2i}}{m_1 + m_2} \\ v_{2f} &= \frac{(m_2 - m_1)v_{2i} + 2m_1 v_{1i}}{m_1 + m_2} \end{aligned} \tag{8.15}$$

Le velocità scalari v_{1f} e v_{2f}, così come le omologhe grandezze stimate al tempo iniziale, sono dotate di segno. Velocità positive stanno ad indicare il movimento nella direzione positiva dell'asse orientato sul quale le particelle sono confinate, viceversa per quantità di segno opposto.

Le precedenti relazioni (8.18) assumono una forma particolarmente semplificata nel caso in cui le masse dei corpi siano uguali. Sotto l'ipotesi $m_1 = m_2$ si ottengono infatti le seguenti espressioni compatte:

$$\begin{aligned} v_{1f} &= v_{2i} \\ v_{2f} &= v_{1i} \end{aligned} \qquad (8.16)$$

I due punti materiali si scambiano dunque le rispettive velocità, come conseguenza di un urto centrato unidimensionale elastico.

Supponiamo come caso particolare che una delle due particelle sia ferma all'istante iniziale. Dopo l'urto, acquista una velocità pari a quella della particella che la investe, che, invece, si ferma istantaneamente. In altre parole, la velocità della particella che si muove prima dell'urto si trasferisce integralmente alla particella inizialmente ferma.

Consideriamo ora il caso generale in cui $m_1 \neq m_2$ e supponiamo che il corpo 2 sia inizialmente fermo, ovvero $v_{2i} = 0$. In questo caso si ottengono le semplici equazioni:

$$\begin{aligned} v_{1f} &= \frac{(m_1 - m_2)}{m_1 + m_2} v_{1i} \\ v_{2f} &= \frac{2m_1}{m_1 + m_2} v_{1i} \end{aligned} \qquad (8.17)$$

Riscriviamo la prima delle precedenti equazioni nella forma:

$$v_{1f} = \frac{\dfrac{m_1}{m_2} - 1}{\dfrac{m_1}{m_2} + 1} v_{1i} \qquad (8.18)$$

Se $m_2 >> m_1$, il rapporto $\dfrac{m_1}{m_2}$ risulta trascurabile e si ottiene dunque $v_{1f} \simeq -v_{1i}$. Dopo l'impatto sul bersaglio fisso, il punto materiale inverte il senso di marcia, muovendosi con una velocità che, in prima approssimazione, è in modulo pari a quella che aveva al momento dell'urto. Operando nello stesso limite è immediato mostrare che $v_{2f} \simeq 0$, ovvero il bersaglio non subisce alcuna perturbazione significativa.

8.4 PENDOLO BALISTICO: ESEMPIO DI URTO ANELASTICO

Un altro esempio particolarmente istruttivo è costituito dal pendolo balistico, un semplice dispositivo utilizzato per misurare la velocità di un proiettile. Il pendolo in questione è formato da un corpo A di massa M, (nel seguito assimilato ad un punto materiale), vincolato ad un supporto a mezzo di un filo inestendibile e di massa trascurabile. Il pendolo può oscillare in un piano verticale ed è inizialmente a riposo, in condizioni di equilibrio statico. Immaginiamo che un proiettile P di massa m venga sparato in direzione orizzontale verso il corpo A e supponiamo che dopo l'impatto, rimanga conficcato in A. Si forma dunque un unico corpo, che chiameremo B, la cui massa totale risulta essere $(m + M)$. Il corpo B si muove su una circonferenza di raggio L, la lunghezza del filo, fino a raggiungere una quota massima h rispetto alla configurazione iniziale, si veda **figura 8.3**. Come mostreremo nel seguito dalla stima di h è possibile risalire alla determinazione del modulo della velocità v_P posseduta dal proiettile al momento dell'urto.

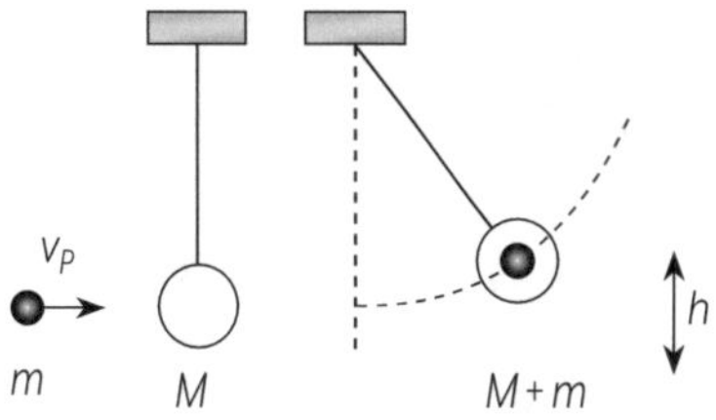

Figura 8.3

Rappresentazione schematica del pendolo balistico.

L'urto fra i due corpi, il proiettile ed il corpo A, è supposto completamente anelastico. Inoltre, durante l'urto, i momenti della forza peso e della reazione vincolare della corda sono nulli, se selezioniamo come centro di riduzione l'estremo del filo vincolato al supporto. Vale dunque la conservazione del momento angolare totale del sistema formato dal corpo A e dal proiettile P. In formule possiamo scrivere:

$$\vec{r} \times m\vec{v}_P = \vec{r} \times (M+m)\vec{v}_B \tag{8.19}$$

da cui, passando ai moduli, si evince che:

$$v_B = \frac{m}{m+M} v_P \tag{8.20}$$

Dopo l'urto l'unica forza che compie lavoro sul sistema B, risultato dalla fusione di P con A, è la forza peso. Vale dunque la conservazione dell'energia meccanica che possiamo imporre in forma esplicita considerando l'istante immediatamente successivo all'urto e quello corrispondente alla massima quota:

$$\frac{1}{2}(M+m)v_B^2 = (M+m)gh \tag{8.21}$$

Introducendo la (8.20) nella (8.21) e risolvendo per v_P si arriva infine a:

$$v_P = \left(1 + \frac{M}{m}\right)\sqrt{2gh} \tag{8.22}$$

8.5 URTI FRA PUNTI MATERIALI E CORPI RIGIDI

Un caso particolarmente interessante di urto si realizza quando un punto materiale collide con un corpo rigido. Nel seguito proponiamo due esempi che fanno riferimento a questa categoria di fenomeni.

CASO 8.5.1 Urto anelastico fra punto materiale ed asta vincolata

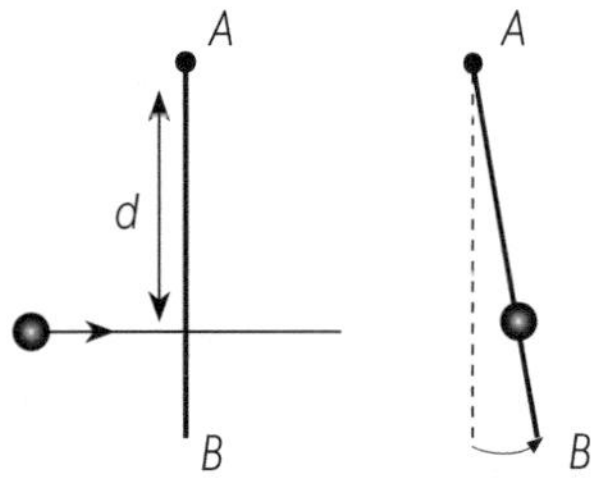

Figura 8.4

Un punto materiale collide con un'asta, inizialmente ferma e vincolata a ruotare in un piano verticale. A seguito dell'impatto, supposto completamente anelastico, il punto materiale resta conficcato nell'asta ed il corpo rigido, formato dall'asta e dal punto materiale, inizia a muoversi con velocità angolare pari a ω.

Consideriamo un'asta AB di lunghezza pari a L e massa M vincolata a ruotare in un piano verticale, attorno ad un asse di rotazione orizzontale passante per l'estremo A supposto fisso. L'asta è inizialmente a riposo nella posizione verticale. Un punto materiale di massa m e velocità $\vec{v}$, diretta orizzontalmente, impatta sull'asta in un punto P, ad una distanza d dall'estremo A (si veda **figura 8.4**).

L'urto è completamente anelastico ed il punto resta dunque conficcato nell'asta. Siamo interessati a stimare in funzione di $v = |\vec{v}|$ la velocità angolare ω del sistema formato dall'asta e dal punto materiale dopo l'urto, oltre che l'impulso della reazione vincolare durante l'urto.

In questo caso la quantità di moto non è conservata, dal momento che sul sistema agisce una forza vincolare impulsiva. È però possibile imporre la conservazione del momento angolare rispetto al punto fisso A, poiché è nullo il momento delle forze vincolari calcolate rispetto a tale centro di riduzione. In formule:

$$dmv = I_A \omega \tag{8.23}$$

dove I_A rappresenta il momento d'inerzia dell'asta e del punto materiale che, dopo l'urto, si sono fusi a formare un unico corpo rigido. Come ovvia applicazione del teorema di Huygens-Steiner possiamo scrivere:

$$I_A = \frac{1}{3}ML^2 + md^2 \tag{8.24}$$

che, combinata con la precedente relazione (8.23), conduce immediatamente alla seguente espressione per la velocità angolare ω:

$$\omega = \frac{3mvd}{ML^2 + 3md^2}. \tag{8.25}$$

Per stimare l'impulso della reazione vincolare possiamo valutare la variazione totale della quantità di moto così come registrata prima e dopo l'impatto. Abbiamo cioè:

$$\vec{J} = \Delta\vec{P} = \vec{P}_f - \vec{P}_i \tag{8.26}$$

dove i pedici i ed f si riferiscono alle configurazioni immediatamente precedenti e successive all'urto. Chiaramente $\vec{P}_i = m\vec{v}$ mentre $\vec{P}_f$ è data dalla somma della quantità di moto del punto e dell'asta, subito dopo l'urto. Sia $\hat{u}_v = \vec{v} / v$ il versore della velocità prima dell'urto. Possiamo dunque scrivere:

$$\vec{P}_f = m\omega d\hat{u}_v + M\omega\frac{L}{2}\hat{u}_v \tag{8.27}$$

dove ωd è la velocità del punto e $\omega\frac{L}{2}$ quella del centro di massa dell'asta dopo l'urto. L'impulso della forza vincolare risulta quindi:

$$\vec{J} = \left[M\omega\frac{L}{2} + m\left(\omega d - v\right)\right]\hat{u}_v. \tag{8.28}$$

Urto elastico fra punto materiale ed asta vincolata — CASO 8.5.2

Consideriamo ora un'asta omogenea AB di lunghezza L e massa M. L'asta è vincolata a ruotare in un piano verticale attorno ad un asse fisso orizzontale, passante per il centro di massa. Inizialmente l'asta è in quiete in posizione orizzontale. Un punto materiale di massa m, tenuto inizialmente a riposo ad una quota $h = L/2$ al di sopra dell'asta, viene lasciato cadere sotto l'azione della gravità ed impatta l'asta nel punto B, come illustrato in figura 8.5. Assumendo che l'urto sia elastico e che la velocità del punto materiale dopo l'urto sia sempre diretta perpendicolarmente all'asta, vogliamo di seguito determinare la velocità angolare ω dell'asta dopo la collisione.

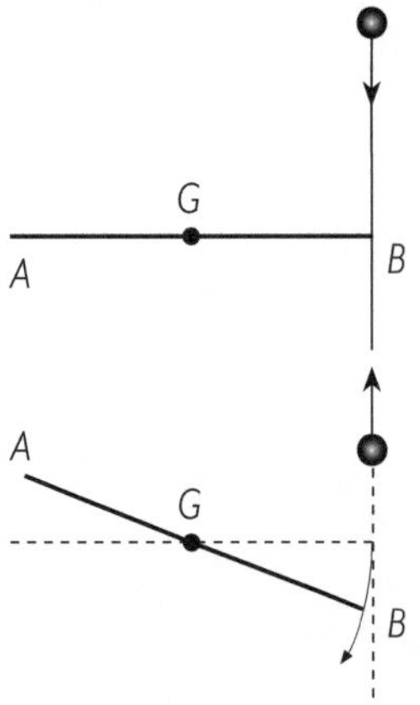

Figura 8.5

Un punto materiale si muove in un piano verticale soggetto alla gravità e collide con un'asta ferma ed inizialmente disposta orizzontalmente. Il punto materiale parte da fermo da una quota h al di sopra dell'asta. L'urto è elastico: l'asta inizia a muoversi ed il punto materiale rimbalza indietro con velocità pari a v_f.

Dal momento che l'urto è elastico possiamo imporre la conservazione dell'energia cinetica. Siano v_i e v_f i moduli della velocità del punto materiale rispettivamente prima e dopo la collisione. Con ovvio significato dei simboli abbiamo:

$$\frac{1}{2}mv_i^2 = \frac{1}{2}I_G\omega^2 + \frac{1}{2}mv_f^2 \tag{8.29}$$

dove $I_G = M\,L^2/12$ rappresenta il momento di inerzia calcolato rispetto ad un asse baricentrico parallelo all'asse di rotazione. Vale inoltre la conservazione del momento angolare calcolato rispetto a G:

$$mv_i\frac{L}{2} = I_G\omega - mv_f\frac{L}{2} \tag{8.30}$$

Risolvendo il sistema formato dalle equazioni (8.29) e (8.30) si ottiene:

$$\omega = \frac{12m}{M+3m}\frac{v_i}{L} \tag{8.31}$$

La velocità v_i si calcola semplicemente ricordando che il grave m cade per un tratto pari ad h prima di colpire l'asta, dopo esser partito da fermo. In formule $v_i = \sqrt{2gh} = \sqrt{gL}$ e dunque:

$$\omega = \frac{12m}{M+3m}\sqrt{\frac{g}{L}} \tag{8.32}$$

Capitolo

9

Onde

Le onde sonore, le onde che si propagano sulle corde e quelle che invece sono presenti nell'acqua sono esempi di *onde meccaniche*. Come avremo modo di illustrare nel seguito, le onde meccaniche si propagano in un mezzo e possono essere descritte con le leggi di Newton. Due sono gli aspetti fondamentali che devono essere tenuti in conto.

Onde meccaniche

Da un lato il moto dell'onda attraverso il mezzo, dall'altro il moto oscillatorio delle particelle che ne costituiscono il supporto. Consideriamo a titolo di esempio il moto di una corda con una estremità vincolata ad un supporto fisso. Immaginiamo di perturbare l'estremità libera della corda in modo che su di essa si propaghi un'onda. L'onda avanzerà nella direzione della corda stessa, mentre ogni particella che costituisce la corda oscillerà attorno ad una posizione di riferimento.

Onda trasversale e longitudinale

Chiameremo *onda trasversale* un'onda nella quale le particelle oscillano perpendicolarmente alla direzione di propagazione dell'onda. Si dice invece *longitudinale* un'onda nella quale le particelle oscillano parallelamente alla direzione di propagazione. Nel seguito discutiamo il caso particolare delle *onde progressive*, onde per le quali si ha propagazione di energia senza trasporto di materia associato. È questo il caso delle onde che si muovono da un capo all'altro della corda.

9.1 LUNGHEZZA D'ONDA E FREQUENZA

Per descrivere la propagazione dell'onda lungo la corda è necessario introdurre una relazione funzionale del tipo $y = h(x,t)$, dove y rappresenta lo spostamento trasversale dell'elemento di corda ubicato nella posizione longitudinale x e t sta invece ad indicare il tempo. Un caso di particolare interesse è quello delle *onde armoniche*, che possiamo rappresentare a mezzo di una semplice funzione sinusoidale:

Onde armoniche

$$y = A \sin (kx - \omega t). \tag{9.1}$$

L'ampiezza A rappresenta il massimo spostamento di un qualsiasi elemento della corda rispetto alla posizione di equilibrio $y = 0$. L'ampiezza dell'onda è una quantità definita positiva. Lo scalare k rappresenta il numero d'onda, mentre ω è la frequenza. Per illustrare il significato fisico delle varie grandezze introdotte, riferiamoci alla **figura 9.1** dove sono riportate alcune istantanee di un'onda sinusoidale in moto rispetto alla direzione x. Per cogliere l'avanzamento progressivo dell'onda è utile riferirsi alla freccia verticale che identifica la posizione di uno dei picchi. La freccia si sposta verso destra insieme alla forma dell'onda, mentre la corda non fa altro che oscillare materialmente nella direzione y. Per evidenziare questo effetto peculiare, possiamo fissare la nostra attenzione sull'elemento di corda situato nell'origine, ovvero a $x = 0$. Il punto oscilla regolarmente fra il *ventre* dell'onda $y(x = 0,t) = -A$ e la *cresta* $y(x = 0,t + T) = A$, transitando per tempi intermedi per la posizione $y = 0$. Il tempo $T = 2\pi/\omega$ rappresenta il periodo di oscillazione. In sostanza il movimento oscillatorio, sul posto, di ogni elemento di corda risulta in un effetto di sincronizzazione globale, da cui si origina la propagazione del segnale così come esemplificato in **figura 9.1**.

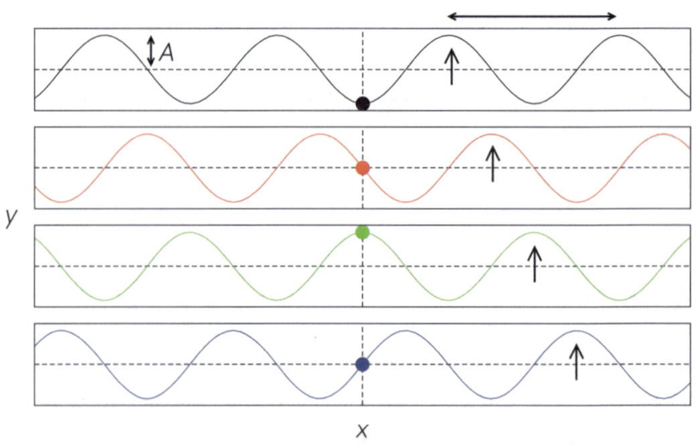

Figura 9.1

Istantanee a tempi diversi dell'onda che si propaga su una corda lungo la direzione dell'asse delle x. Si rappresentano in particolare l'ampiezza A e la lunghezza d'onda λ. L'avanzamento dell'onda è messo in evidenza dalla freccia verticale che si sposta progressivamente verso destra. La corda si muove materialmente nella direzione verticale. Per apprezzare tale movimento si segua l'evoluzione dinamica dell'elemento di corda posto nell'origine e contrassegnato con un cerchio pieno.

9.2 VELOCITÀ DI UN'ONDA IN MOVIMENTO

In **figura 9.2** sono mostrate due immagini di una stessa onda rappresentata in due istanti distinti, separati da un intervallo Δt.

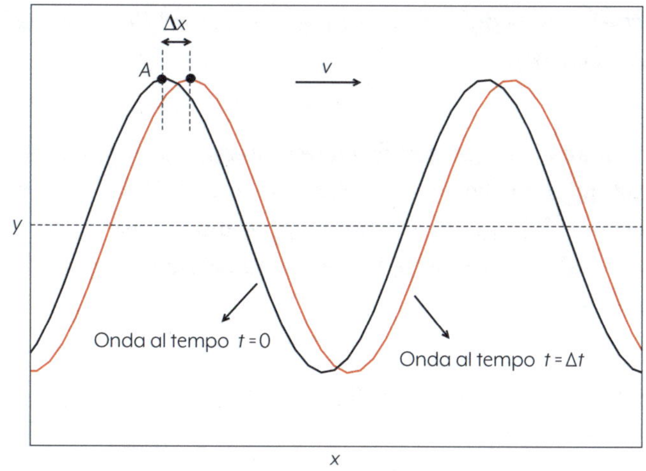

Figura 9.2
Due instantanee dell'onda relative a tempi successivi, separati da un intervallo Δt. L'onda si muove nella direzione positiva dell'asse x, traslando rigidamente di un tratto pari a Δx, nel suddetto intervallo di tempo Δt. La velocità di propagazione è pari a v.

L'onda si sta muovendo nella direzione delle x positive. Come appare evidente dalla figura, dopo che è trascorso il tempo Δt, l'onda è traslata rigidamente verso destra di una quantità finita pari a Δx. Possiamo dunque definire velocità dell'onda la grandezza scalare v:

$$v = \lim_{\Delta t \to 0} \frac{\Delta x}{\Delta t}. \tag{9.2}$$

Mentre l'onda avanza, traslando rigidamente nella direzione di propagazione, ogni punto della forma d'onda (si veda il punto rappresentativo A) mantiene invariata la sua quota y. Conseguentemente, la fase che compare nella definizione (9.1) deve rimanere costante. In formule:

$$kx - \omega t = costante \tag{9.3}$$

Per calcolare la velocità dell'onda, deriviamo rispetto al tempo ambo i membri dell'equazione (9.3) e otteniamo con semplici passaggi:

$$v \equiv \frac{dx}{dt} = \frac{\omega}{k} \tag{9.4}$$

Ricordiamo poi che $k = 2\pi / \lambda$ ed inoltre $\omega = 2\pi / T$. Sostituendo tali relazioni nell'espressione per v appena derivata, si perviene al risultato equivalente:

$$v = \frac{\lambda}{T} \tag{9.5}$$

che ammette una semplice interpretazione fisica. La velocità dell'onda è pari al rapporto fra la distanza percorsa, la lunghezza d'onda λ, ed il tempo impiegato a coprire tale distanza, il periodo T. Ricordando la definizione di frequenza $\nu = 1/T$ si ricava la seguente relazione:

$$v = \lambda \nu \tag{9.6}$$

L'analisi fin qui sviluppata si riferisce specificatamente al caso ad un'onda che avanza nella direzione dell'asse delle x. Considerazioni del tutto analoghe si applicano al caso in cui l'onda proceda nella direzione opposta. L'equazione per $y(x,t)$ si scrive in questo caso:

$$y = A \sin(kx + \omega t) \tag{9.7}$$

e, ripetendo il calcolo dettagliato in precedenza, si perviene alla ovvia conclusione:

$$v = -\frac{\omega}{k}. \tag{9.8}$$

Il segno meno ci dice che la propagazione dell'onda avviene nella direzione delle x negative. In conclusione di questo paragrafo osserviamo come le argomentazioni fin qui sviluppate possano applicarsi al caso generale in cui l'onda si scriva nella forma funzionale:

$$y(x,t) = h(kx \pm \omega t). \tag{9.9}$$

con h funzione qualsiasi, la funzione $\sin(\cdot)$ essendo una scelta particolare operata a scopo esemplificativo. È tuttavia importante che la variabile spaziale x e quella temporale T siano sempre combinate fra loro in modo da soddisfare la dipendenza funzionale (9.9).

9.3 L'EQUAZIONE DELLE ONDE

Riprendiamo in esame il comportamento dei mezzi solidi nell'approssimazione elastica (paragrafo 5.3). In tale approssimazione il modulo della forza agente fra due atomi in un cristallo si scrive $|\vec{F}| = b\xi$ dove con ξ si indica la deformazione lineare della cella reticolare. Come già osservato, essendo praticamente impossibile valutare la forza agente su di una singola coppia di atomi, è più conveniente introdurre il concetto di *sforzo* ovvero la forza per unità di superficie che agisce su di un corpo $\vec{\sigma} = \vec{F}/S$. L'unità di misura dello sforzo è il *Pascal* $[Pa] = [Kg]/[m][s]^2$. Da notare che, malgrado l'unità di misura dello sforzo sia la stessa della pressione (che verrà definita nel prossimo capitolo) queste due quantità non vanno confuse. Infatti lo sforzo è un vettore, al contrario della pressione che è uno scalare; nello sforzo, infatti, la forza può essere diretta sia perpendicolarmente alla superficie (sforzo di *trazione* o *compressione*) oppure tangenzialmente alla superficie (sforzo di *taglio*).

Sforzo

Nell'approssimazione elastica la deformazione di un solido è linearmente proporzionale allo sforzo applicato, la costante di proporzionalità può essere differente fra lo sforzo di compressione e quello di taglio e non è necessariamente isotropa. Dal punto di vista microscopico, deformare una cella reticolare allontanando gli atomi o piegando i legami è infatti diverso.

Prendiamo un elemento di materiale di lunghezza infinitesima dx e superficie S, tale elemento ha massa $dm = \rho dV = \rho S dx$. Supponendo per semplicità di operare nel caso unidimensionale chiamiamo $\xi(x)$ la deformazione rilevata nel punto di coordinata x. Per una deformazione elastica possiamo scrivere:

$$\sigma = \frac{F}{S} = E\frac{\xi(x+dx)-\xi(x)}{dx} = E\frac{d\xi}{dx} \tag{9.10}$$

Differenziando rispetto a x otteniamo:

$$\frac{1}{S}\frac{dF}{dx}dx = E\frac{d^2\xi}{dx^2}dx \tag{9.11}$$

Utilizziamo ora il secondo principio della dinamica per scrivere

$$dF = dm\frac{d^2\xi}{dt^2} = \rho S dx\frac{d^2\xi}{dt^2} \tag{9.12}$$

e sostituendo:

$$\frac{1}{S}\rho S dx\frac{d^2\xi}{dt^2} = E\frac{d^2\xi}{dx^2}dx \Rightarrow \frac{d^2\xi}{dt^2} = \frac{E}{\rho}\frac{d^2\xi}{dx^2} \tag{9.13}$$

osserviamo che E/ρ ha le dimensioni di una velocità al quadrato. Si giunge così alla versione unidimensionale dell'*equazione delle onde*:

$$\frac{d^2\xi}{dx^2} - \frac{1}{v^2}\frac{d^2\xi}{dt^2} = 0 \tag{9.14}$$

Equazione delle onde

Questa equazione può essere generalizzata al caso tridimensionale introducendo l'operatore di Laplace $\nabla^2 = \nabla \cdot (\nabla)$. Si ottiene così l'*equazione di D'Alembert.*

9.3.1 Equazione di D'Alembert

L'equazione di D'Alembert è molto importante perché descrive tutti i fenomeni ondulatori, dalla corda vibrante al suono, alle onde elettromagnetiche; nel caso delle particelle libere, anche l'equazione di Schrödinger in meccanica quantistica si riduce alla versione complessa dell'equazione di D'Alembert.

Equazione di D'Alembert

$$\nabla^2 \vec{\xi} - \frac{1}{v^2} \frac{\partial \vec{\xi}}{\partial t^2} = 0 \tag{9.15}$$

Questa equazione ha come soluzione una funzione periodica sia nella coordinata spaziale che in quella temporale, completamente individuata una volta note le condizioni iniziali. L'equazione ha una simmetria cilindrica, la sua soluzione più semplice è un'onda piana monocromatica

$$\vec{\xi}\left(\vec{r}, t\right) = \vec{\xi}_p \sin(\vec{k} \cdot \vec{r} - \omega t + \varphi_p) + \vec{\xi}_r \sin(\vec{k} \cdot \vec{r} + \omega t + \varphi_r) \tag{9.16}$$

Nota

La fase non va assolutamente confusa con lo *sfasamento* φ_p o φ_r.

I termini $\vec{\xi}_p$ e $\vec{\xi}_r$ sono detti *ampiezza* dell'onda mentre l'argomento delle funzioni coseno rappresenta la *fase*. Il vettore $\vec{k}$, detto *vettore d'onda,* individua la direzione di propagazione dell'onda; il verso è concorde con $\vec{k}$ (*onda progressiva*) per la fase con il segno meno, discorde per quella con il segno più (*onda regressiva*). La *pulsazione* $\omega = 2\pi / T = 2\pi\nu$ è legata al periodo temporale dell'onda T ed alla frequenza ν. Inserendo la soluzione nell'equazione di D'Alembert si osserva che deve essere $\omega = \vec{k} \cdot \vec{v}$ che rappresenta la *relazione di dispersione* per l'onda. Ne deriva che il periodo spaziale, detto *lunghezza d'onda,* è $\lambda = 2\pi / |\vec{k}|$ e che la velocità di propagazione si può anche scrivere come $v = \lambda / T = \lambda\nu$. In generale alla propagazione di un'onda è associato il trasporto di energia e impulso.

L'energia trasportata per unità di tempo e di superficie è detta *intensità* dell'onda ed è proporzionale al modulo quadro della funzione d'onda.

9.4 IL PRINCIPIO DI SOVRAPPOSIZIONE E INTERFERENZA DI ONDE

Immaginiamo che due onde si muovano simultaneamente sulla stessa corda ed indichiamo con $y_1(x,t)$ e $y_2(x,t)$ gli spostamenti che la corda compirebbe se ogni onda agisse in maniera indipendente. La discussione al paragrafo precedente ci ha permesso di ricavare l'equazione che governa la dinamica di ciascuna delle suddette onde, l'equazione (9.14). Tale equazione è lineare in ξ. Vale dunque il *principio di sovrapposizione,* che, debitamente applicato al caso in questione, ci consente di scrivere:

$$\xi_t(x,t) = \xi_1(x,t) + \xi_2(x,t). \tag{9.17}$$

L'effetto cumulato prodotto dalle due onde risulta nella somma algebrica dei singoli contributi. Onde sovrapposte si sommano dunque algebricamente.

In **figura 9.3** è riportata una sequenza di immagini successive che fotografano l'evoluzione temporale di due impulsi che propagano in versi opposti sulla stessa corda tesa. Quando gli impulsi di sovrappongono, l'ampiezza dell'onda prodotta è localmente (in x) pari alla somma algebrica dei singoli spostamenti. Come appare evidente da **figura 9.3**, gli impulsi si attraversano mutuamente, senza influenzarsi. È questa un'altra conseguenza diretta della linearità dell'equazione delle onde (9.14).

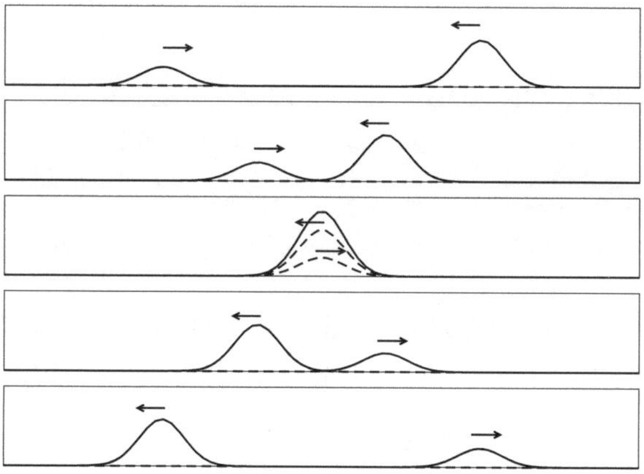

Figura 9.3

Evoluzione di due impulsi in moto in versi opposti su una corda tesa. La linea a tratto continuo si riferisce al segnale risultante. I singoli impulsi sono invece rappresentati con una linea tratteggiata. Le frecce indicano la direzione di propagazione dei segnali.

Consideriamo ora un problema diverso. Supponiamo di inviare due onde sinusoidali, della stessa ampiezza e lunghezza d'onda, nella stessa direzione lungo una corda tesa. In formule possiamo scrivere:

$$\xi_1(x,t) = A\sin(kx - \omega t) \tag{9.18}$$

$$\xi_2(x,t) = A\sin(kx - \omega t + \phi) \tag{9.19}$$

dove ϕ rappresenta lo *sfasamento* fra le due onde. Se le onde sono perfettamente in fase ($\phi = 0$, le creste sono allineate le une con le altre) la somma dei contributi produrrà uno spostamento doppio a quello prodotto da ogni singola onda. Nel caso in cui $\phi = \pi$ invece ad ogni cresta di un'onda corrisponde un ventre dell'altra: i contributi si annullano dunque vicendevolmente, risultando in un profilo della corda imperturbato. Nel seguito vogliamo elaborare in termini quantitativi sul fenomeno della mutua *interferenza* fra due onde sinusoisali (9.18). Applicando il principio di sovrapposizione abbiamo:

$$\xi_t(x,t) = A\left[\sin(kx - \omega t) + \sin(kx - \omega t + \phi)\right] \tag{9.20}$$

Ricordiamo che, dati due generici angoli α e β, vale l'identità:

$$\sin\alpha + \sin\beta = 2\sin\left[\frac{1}{2}(\alpha + \beta)\right]\cos\left[\frac{1}{2}(\alpha - \beta)\right] \tag{9.21}$$

L'equazione (9.20) può quindi riscriversi nella forma:

$$\xi_t(x,t) = \left[2A\cos\left(\frac{\phi}{2}\right)\right]\sin\left(kx - \omega t + \frac{1}{2}\phi\right) \tag{9.22}$$

Come è evidente dalla (9.24), l'onda risultante $\xi_t(x,t)$ è anch'essa sinusoidale e si muove nella direzione delle x positive. In sintesi:

Interferenza fra onde sinusoisali

Quando due onde sinusoidali con identica ampiezza si muovono in una stessa direzione lungo una corda tesa, *interferiscono* per formare un'onda risultante, che si propaga nella medesima direzione.

Con riferimento alla formula (9.22), due sono gli aspetti che meritano di essere evidenziati. Da un lato l'ampiezza dell'onda prodotta, A' nel seguito, risulta direttamente influenzata dalla fase ϕ, oltre che dall'ampiezza del segnale originale A. In formule:

$$A' = \left|2A\cos\left(\frac{\phi}{2}\right)\right| \tag{9.23}$$

Inoltre, l'angolo di fase del segnale prodotto dalla somma algebrica dei contributi individuali, è pari a $\phi/2$. Ritroviamo quindi i due casi limite già anticipati in precedenza. Se le onde sono in fase, $\phi = 0$ e l'equazione (9.25) si riduce a:

$$\xi_t(x,t) = 2A\sin(kx - \omega t). \qquad (9.24)$$

Interferenza completamente costruttiva e distruttiva

Si parla in questo caso di interferenza *completamente costruttiva*. Quando invece $\phi = \pi$, si ha $\xi_t(x,t) = 0$: siamo in condizioni di interferenza *completamente distruttiva*. Quando l'interferenza non è né completamente costruttiva, né completamente distruttiva, si hanno valori intermedi dell'ampiezza prodotta che possiamo stimare a mezzo della relazione (9.23). In **figura 9.4** sono riportati alcuni esempi di onde interferenti.

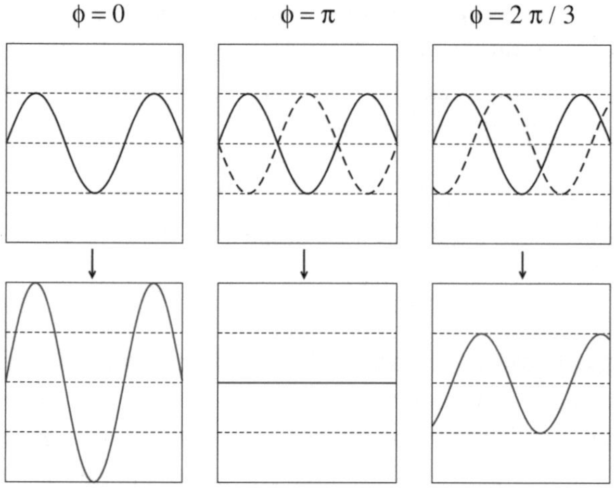

Figura 9.4

Interferenza di due onde per valori diversi dello Sfasamento ϕ. Le onde in questione sono rappresentate nei riquadri superiori (linea continua e tratteggiata). Il risultato dell'interferenza è raffigurato nei corrispondenti riquadri sottostanti. Si noti che nel caso di sfasamento nullo, $\phi = 0$, il profilo continuo e quello tratteggiato si sovrappongono esattamente (figura in alto a sinistra).

Notiamo infine che un'onda sinusoidale si ripete ogni 2π radianti. Uno sfasamento $\phi = 2\pi$ corrisponde ad una traslazione esattamente uguale ad una lunghezza d'onda. È quindi conveniente normalizzare lo sfasamento in termini del numero di lunghezze d'onda $n = \phi/(2\pi)$. Se n risulta essere un intero, le onde sono in fase e generano un'interferenza completamente costruttiva.

9.5 ONDE STAZIONARIE

Consideriamo ora il caso in cui le due onde $\xi_1(x,t)$ e $\xi_2(x,t)$ propaghino in direzioni opposte. Assumiamo che le onde in questione abbiano uguale ampiezza A, e poniamo dunque:

$$\xi_1(x,t) = A\sin(kx - \omega t) \qquad (9.25)$$

$$\xi_2(x,t) = A\sin(kx + \omega t) \tag{9.26}$$

Invocando nuovamente il principio di sovrapposizione si ottiene:

$$\xi_t(x,t) = A\left[\sin(kx - \omega t) + \sin(kx + \omega t)\right] \tag{9.27}$$

ed applicando la formula trigonometrica (9.21):

$$\xi_t(x,t) = \left[2A\sin(kx)\right]\cos(\omega t) \tag{9.28}$$

L'onda prodotta dalla sovrapposizione di $\xi_1(x,t)$ e $\xi_2(x,t)$ non è quindi un'onda in moto, poiché non è riconducibile alla forma generale (9.9). L'equazione (9.28) descrive invece un'*onda stazionaria*. In un'onda stazionaria l'ampiezza varia con la posizione x, come si evince immediatamente analizzando il termine fra parentesi quadre nella (9.28). L'ampiezza è zero per valori di kx tali che $\sin(kx) = 0$, ovvero quando:

$$kx = n\pi \qquad n = 0,1,2,... \tag{9.29}$$

Ricordando che $k = 2\pi/\lambda$ si ottiene:

$$x = n\frac{\lambda}{2} \qquad n = 0,1,2,... \tag{9.30}$$

I punti con coordinata x fissata dalla precedente relazione (9.31) si chiamano nodi ed individuano le posizioni di ampiezza zero. Nei nodi l'ampiezza del segnale è sempre nulla e quindi indipendente dal tempo. Nodi adiacenti sono separati da $\lambda/2$, cioè mezza lunghezza d'onda.

Procedendo in maniera analoga, è possibile determinare le posizioni di ampiezza massima, fissate dalla condizione $|\sin(kx)| = 1$. Con semplici passaggi si arriva a:

$$x = \left(n + \frac{1}{2}\right)\frac{\lambda}{2} \qquad n = 0,1,2,... \tag{9.31}$$

Sono questi i ventri del segnale risultante, situati a metà strada fra due nodi adiacenti. In corrispondenza dei ventri lo spostamento della corda, oscilla con periodo $2\pi/\omega$ fra i due estremi $-2A$ e $2A$.

Per produrre un'onda stazionaria possiamo ad esempio immaginare di tendere una corda fra due estremi. Supponiamo di imporre all'estremo destro della corda una modulazione sinusoidale, mentre il capo a sinistra rimane fissato. L'onda così prodotta si propaga sulla corda tesa, arrivando poi all'estremo opposto. A questo punto, l'impulso applica una forza sul supporto a cui l'estremo fisso della corda è vincolato. In virtù del terzo principio, il supporto reagisce con una forza di uguale intensità, stessa direzione ma verso opposto. Si genera così un impulso di ritorno che viaggia sulla corda nel verso che va dall'estremo fisso a quello esternamente perturbato. L'*onda riflessa* interferisce con l'onda di andata. Chiaramente quando l'onda riflessa raggiunge l'estremo destro, si produce un effetto analogo a quello appena descritto. L'onda subisce dunque una nuova riflessione generando un nuovo segnale che ripete il percorso verso sinistra sovrapponendosi ad entrambe le onde già presenti. Si genera così un insieme complesso di onde che si combinano fra loro così come dettato dal principio di sovrapposizione. In alcuni casi, *condizione di risonanza*, l'interferenza genera un'onda stazionaria.

Il parametro di controllo che discrimina fra le diverse situazioni è la frequenza della modulazione imposta esternamente. Sia L la lunghezza della corda. Per avere un'onda stazionaria, è necessario che gli estremi della corda, fissi per ipotesi, coincidano con due nodi Lo schema più semplice che soddisfa a questa condizione è mostrato nel primo riquadro di **figura 9.5**. Sia λ la lunghezza d'onda delle onde che viaggiano sulla corda. La distanza L e la lunghezza d'onda λ sono correlate dalla semplice relazione $L = \lambda/2$. L'onda prodotta dall'interferenza fra i segnali, ha un solo ventre al centro della corda.

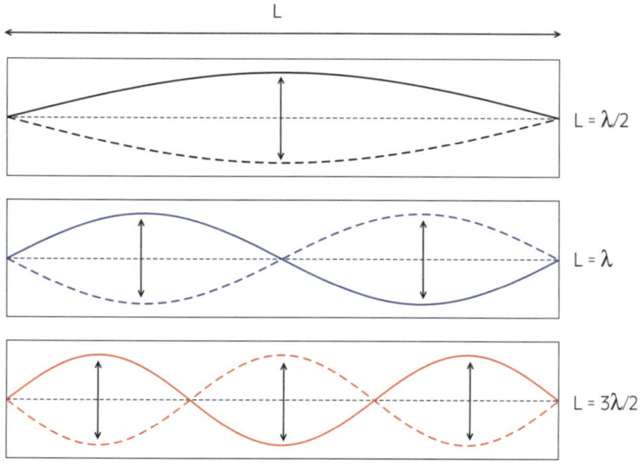

Figura 9.5

Onde stazionarie per una corda tesa fra due estremi fissi. Dall'alto verso il basso: (i) la prima armonica, o fondamentale, $n = 1$; (ii) la seconda armonica, $n = 2$; (iii) la terza armonica, $n = 3$. I profili (continui e tratteggiati) rappresentano la forma della corda nelle sue configurazioni limite.

Un altro caso possibile è esemplificato nel secondo riquadro di **figura 9.5**. L'onda prodotta ha tre nodi, due ventri e vale la condizione $L = \lambda$. Il terzo caso mostrato in figura 9.5, prevede invece

$L = 3\lambda/2$ (quattro nodi e tre ventri). In definitiva su una corda di lunghezza L si possono generare onde stazionarie la cui lunghezza d'onda vale:

$$\lambda = \frac{2L}{n} \qquad n = 0,1,2,... \tag{9.32}$$

e ricordando la condizione (9.6) si ha:

$$\nu = \frac{v}{\lambda} = \frac{v}{2L}n \qquad n = 0,1,2,... \tag{9.33}$$

Le frequenze di risonanza (9.33) sono multipli interi della frequenza fondamentale (o prima armonica) $v/(2L)$. La seconda armonica si riferisce a $n = 2$, la terza armonica ad $n = 3$ e così via. L'insieme di tutti i possibili modi di oscillazione è detto serie armonica.

Capitolo

Meccanica dei fluidi

10

Stati della materia

La materia viene in generale suddivisa in quattro stati: solido, liquido, gassoso e plasma. A loro volta liquidi e gas sono nel loro insieme considerati come fluidi. A differenza dei corpi solidi che possiedono una forma propria, i fluidi hanno la caratteristica di prendere la forma dei recipienti che li contengono. I liquidi hanno un volume definito e una superficie limite, inoltre sono praticamente incomprimibili, come i solidi. I gas non presentano un volume proprio e tendono ad occupare tutto il volume a loro disposizione, sono comprimibili e caratterizzati da densità più basse di quelle dei liquidi. Per esempio l'acqua a temperatura ambiente ha densità di 10^3 kg/m^3 mentre l'aria a pressione atmosferica e temperatura ambiente ha una densità pari a 1.2 kg/m^3. Lo stato di plasma si attribuisce ad un gas fortemente ionizzato, cioè costituito da un insieme di elettroni e ioni e globalmente neutro (la cui carica elettrica totale è cioè nulla). Questo quarto stato della materia fu identificato da Sir William Crookes nel 1879 e chiamato "plasma" da Irving Langmuir nel 1928. Senza entrare nel dettaglio del fenomeno, menzioniamo qui una semplice applicazione basata sulla trasformazione dallo stato di gas a quello di plasma: la lampada al Neon. Si tratta di un tubo di vetro che presenta due elettrodi alle sue estremità collegate a un circuito esterno. Dopo avere svuotato il tubo d'aria, esso viene riempito di un gas nobile, tipicamente il Neon, ma anche lo Xenon o l'Argon. Viene quindi applicata una tensione elevata alle estremità del tubo in modo da ionizzare il gas posto all'interno e portarlo allo stato di plasma, fenomeno accompagnato dalla produzione di luce (scarica a bagliore).

10.1 CENNI ALLA STRUTTURA MICROSCOPICA DI SOLIDI E FLUIDI

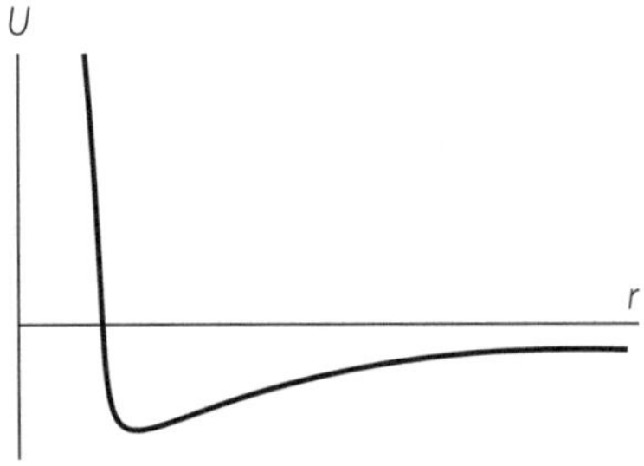

Figura 10.1

Andamento generale dell'energia potenziale molecolare legante.

La dinamica ci ha permesso di imparare a descrivere il moto degli oggetti, dalle particelle elementari ai pianeti. In questo paragrafo discutiamo un approccio semplificato alla descrizione microscopica della materia. A questo livello possiamo ipotizzare che la materia sia composta di atomi che possiamo anche considerare come unità indivisibili. Anche la differente natura dei legami che gli atomi formano non è qui oggetto di analisi. Ci limitiamo ad osservare che la dipendenza dell'energia potenziale $U(r)$ dell'interazione fra due atomi o due molecole in funzione della mutua distanza è sempre dello stesso tipo.

Energia potenziale di interazione

L'energia di interazione è nulla per distanze grandi: due atomi posti a grande distanza non interagiscono. L'energia di interazione è invece molto grande quando i due atomi sono molto vicini: i due atomi non si possono toccare. Tale energia ha un minimo E_0 per un valore r_0 della distanza interatomica. Tale valore minimo si chiama *energia di legame* e la distanza r_0 non è altro che la distanza media fra i due atomi quando formano un legame. Quindi a due atomi o molecole legate possiamo associare una energia di legame. Anticipiamo qui che alla temperatura di un corpo si può associare una energia termica E_{th} legata alla energia cinetica delle particelle che compongono il corpo.

Energia di legame

Nota

Si vedrà nel prossimo capitolo come tale energia, di seguito indicata come $\langle E \rangle$ dipenda dalla temperatura T del sistema.

A seconda del rapporto tra energia termica ed energia di legame possiamo definire i diversi *stati* o *fasi della materia*.

- $E_{th} >> E_0$: se l'energia termica è molto maggiore di quella di legame le molecole o gli atomi non formano alcun legame e la materia si trova nello stato gassoso. Nello stato gassoso le molecole sono libere di muoversi e la materia risulta facilmente deformabile e comprimibile. La densità di un gas è dell'ordine di 1 kg/m^3.
- $E_{th} \cong E_0$: se l'energia di legame e quella termica sono confrontabili la materia si trova nello stato liquido nel quale le molecole sono legate fra loro, ma libere di muoversi. Un liquido è facilmente deformabile ma difficilmente comprimibile. La densità di un liquido è dell'ordine di 10^3 kg/m^3.
- $E_0 >> E_{th}$: se l'energia di legame è molto maggiore di quella termica la materia si trova nello stato solido. In un solido la

posizione degli atomi o delle molecole può essere fissata in un reticolo cristallino e gli atomi si possono spostare solo di poco rispetto alla loro posizione di equilibrio. Un solido è difficilmente deformabile e comprimibile. La densità di un solido è tipicamente compresa fra 10^3 e 10^4 kg/m^3.

Una stessa sostanza può esistere allo stato solido in una struttura cristallina o amorfa: l'organizzazione amorfa ha un contenuto energetico superiore alla corrispondente struttura ordinata e periodica tipica del cristallo, pertanto lo stato amorfo è uno stato metastabile, non di equilibrio come quello cristallino. Nei materiali metallici e ceramici gli atomi o ioni tendono a sistemarsi in strutture ordinate cristalline corrispondenti ad una condizione di energia minima; i vetri inorganici e i polimeri sono in generale amorfi, anche se alcuni polimeri possono realizzare al loro interno strutture ordinate cristalline. Il solido cristallino presenta a livello atomico un'organizzazione spaziale ordinata degli atomi o delle molecole che lo compongono, che si può immaginare ottenuta dalla ripetizione regolare nelle tre direzioni dello spazio di un'unità base detta cella elementare. I cristalli sono caratterizzati perciò da un ordine a lungo raggio.

Come visto in precedenza, nei liquidi o nei gas l'energia di agitazione termica è tale che le forze di interazione molecolari non sono sufficienti a mantenere le molecole intorno a posizioni fisse. Nel fluido quindi non esiste una struttura ordinata nel dominio delle dimensioni macroscopiche e le interazioni molecolari sono limitate agli atomi o alle molecole prime vicine. Per questa ragione il fluido non è in grado di sopportare sforzi di taglio, cioè non è in grado di resistere ad una forza applicata tangenzialmente, opponendo una forza di attrito statico che lo mantenga in quiete. L'applicazione della forza tangenziale provoca lo scorrimento di una parte del fluido rispetto agli elementi adiacenti: anche se a tale scorrimento si oppone una forza di attrito interno, questo potrà essere solo di tipo dinamico. Perciò:

Se un fluido è in quiete, le forze tra gli elementi del fluido devono essere normali alle rispettive superfici di separazione.

Se ciò non fosse essi inizierebbero, infatti, a scorrere l'uno rispetto all'altro.

10.2 PRESSIONE

Da un punto di vista macroscopico il fluido è un sistema continuo, composto da un numero infinito di elementi di massa $dm = \rho\, dV$, con densità ρ. Consideriamo l'elemento di fluido dm, di forma generica e trascuriamo inizialmente l'effetto della forza peso. All'equilibrio, sull'elemento di fluido sono applicate le forze di superficie dovute agli elementi del fluido ad esso adiacenti, ciascuna perpendicolare alla superficie su cui è applicata la forza $dF = p\, dS$, dove p rappresenta la pressione sulla superficie dS. All'equilibrio, la risultante di tutte le forze di superficie applicate sull'elemento deve essere nulla. Ciò comporta che su ogni faccia dell'elemento dm la pressione sia la stessa. La pressione in un fluido non ha quindi caratteristiche direzionali è una grandezza scalare definita in ogni punto come rapporto tra la forza dF agente sulla superficie infinitesima dS nell'intorno del punto e la superficie dS stessa:

$$p = \frac{dF}{dS} \tag{10.1}$$

Otto Von Guericke

1634 - Esperimento degli emisferi di Magdeburgo

Nel 1634 Otto Von Guericke dimostrò che la pressione atmosferica si esercitava in tutte le direzioni eseguendo il famoso esperimento nel quale due pariglie di otto cavalli ciascuna non riuscivano a separare due emisferi di ottone accoppiati (*emisferi di Magdeburgo*) nei quali era stato fatto il vuoto.

L'unità di misura della pressione nel sistema internazionale (SI) è il Pascal (Pa): 1 Pa = 1 N/m^2. Un multiplo spesso utilizzato per la misura della pressione è il bar: 1 bar = 10^5 Pa, quantità molto vicina alla pressione atmosferica, il cui valore standard al livello del mare, detto anche *atmosfera* (atm), è p_{atm} =1.01325 · 10^5 Pa = 1.01325 bar = 1 atm. Altra unità di misura operativa della pressione è il *torr* che verrà discusso più avanti.

Nella **tabella 10.1** vengono riportati alcuni valori tipici di pressione.

Tabella 10.1

	(Pa)		(Pa)
Atmosfera a livello del mare	$1.0 \cdot 10^5$	Centro del Sole	$2 \cdot 10^{16}$
Sangue (in eccesso a quella atmosferica)	$1.6 \cdot 10^4$	Centro della Terra	$4 \cdot 10^{11}$
Tacchi a spillo	$1 \cdot 10^6$	Massima pressione raggiunta in laboratorio	$1.5 \cdot 10^{10}$
Pneumatici (in eccesso a quella atmosferica)	$2.0 \cdot 10^5$	Minima pressione raggiunta in laboratorio	$4 \cdot 10^{-12}$

10.3 LEGGE DI STEVINO

Oltre alle forze di superficie, sull'elemento di fluido dm agiscono in generale anche forze di volume, proporzionali a dV, come, ad esempio, la forza peso $dF = g\, dm = g\, \rho\, dV$. In un fluido in quiete, all'equilibrio e in un sistema di riferimento inerziale, tutti gli elementi del fluido hanno accelerazione e velocità nulla. La somma delle forze di superficie $\vec{F}_p$ e di volume $\vec{F}_V$ applicate all'elemento di fluido all'equilibrio è nulla:

$$\vec{F}_V + \vec{F}_p = 0 \qquad (10.2)$$

CASI 10.3.1 e 10.3.2

Consideriamo come esempio di elemento di fluido il parallelepipedo di **figura 10.2**, di massa m = $\rho\, V$, con ρ densità costante. Sia l'asse y verticale, il lato del parallelepipedo lungo y è $\Delta y = y_1 - y_2$. Siano le facce nel piano xz di area S (**Figura 10.2**).

La forza di volume agente sul parallelepipedo è la forza peso, $\vec{P} = -g\rho V\hat{u}_y$. Le forze di pressione nella stessa direzione sono:

$$\vec{F}_1 = -p(y_1)S\hat{u}_y \qquad (10.3)$$

$$\vec{F}_2 = p(y_2)S\hat{u}_y \qquad (10.4)$$

All'equilibrio si deve verificare $\vec{P} + \vec{F}_1 + \vec{F}_2 = 0$, condizione che si traduce nella relazione:

$$p_2 = p_1 + \rho g \Delta y \qquad (10.5)$$

avendo posto $p_1 = p(y_1)$ e $p_2 = p(y_2)$.

All'equilibrio inoltre le forze di pressione agenti sulle superfici contenute nei piani xy ed yz devono essere uguali ed opposte a due a due. Applichiamo questa relazione al caso di **figura 10.3**, dove p_0 è la pressione sulla superficie limite del liquido nel contenitore e h la profondità all'interno del fluido.

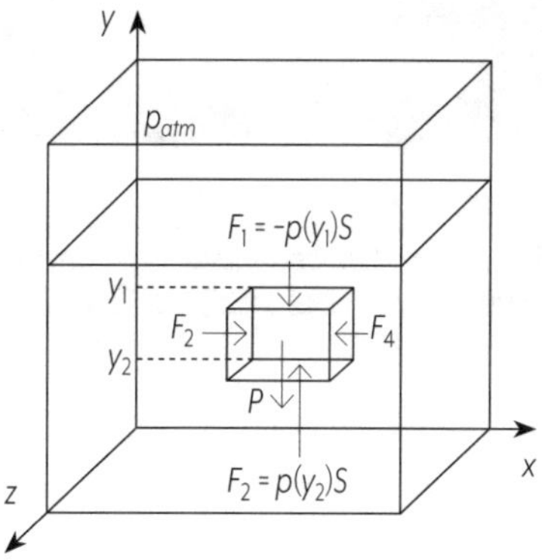

Figura 10.2
Forze agenti su un elemento di fluido in quiete.

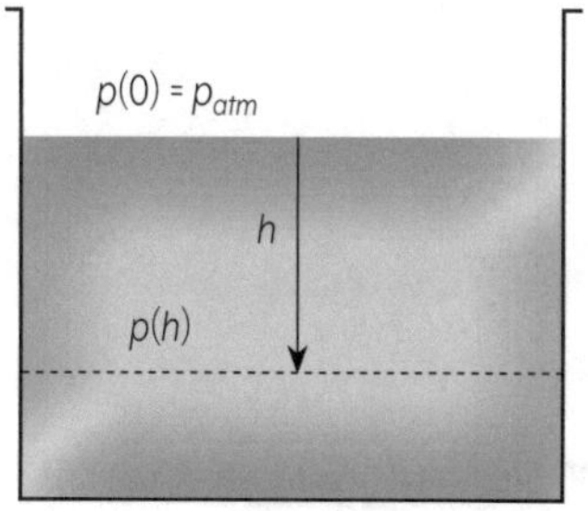

Figura 10.3
Calcolo della pressione in un fluido, effettuato rispetto al valore alla sua superficie limite.

Legge di Stevino

Otteniamo così la *legge di Stevino*:

$$p(h) = p_0 + \rho g h \qquad (10.6)$$

Tale legge è stata enunciata da Simon Stevin, (1548-1620), ingegnere, fisico e matematico fiammingo, il cui nome fu all'epoca latinizzato appunto in Stevino.

Da queste considerazioni discende anche il *principio di Pascal*, formulato da Blaise Pascal (1623-1662) matematico, fisico e filosofo francese. Tale principio afferma che:

Principio di Pascal

Ogni variazione di pressione Δp applicata ad un fluido confinato viene trasmessa invariata ad ogni punto del fluido ed alle pareti del contenitore.

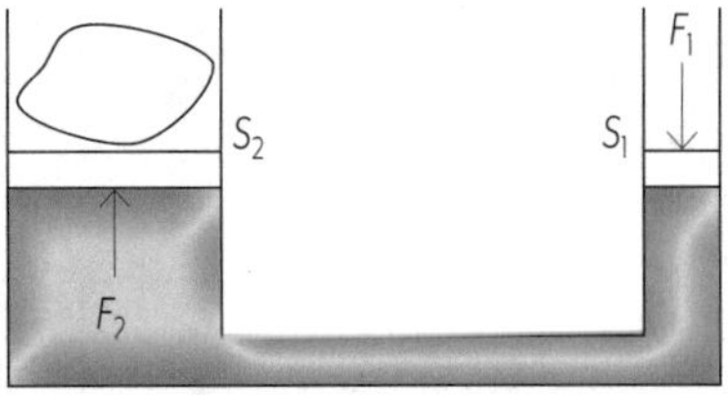

Figura 10.4

Schema di funzionamento della pressa idraulica, basata sul principio di Pascal.

Da questo principio deriva l'uso del martinetto (pressa idraulica) illustrato in **figura 10.4**, utilizzato ad esempio nel freno idraulico e negli elevatori di automobili.

Se una forza esterna $\vec{F}_1$ viene applicata verso il basso al pistone destro, di sezione S_1 la relativa variazione di pressione viene trasmessa invariata attraverso il fluido al pistone di area $S_2 > S_1$. Poichè all'equilibrio la pressione ad una quota data è la stessa nei due bracci del dispositivo abbiamo:

$$p = \frac{F_1}{S_1} = \frac{F_2}{S_2} \qquad (10.7)$$

L'intensità della forza F_2 risulta quindi maggiore di quella della forza F_1 del fattore moltiplicativo S_2/S_1. Ciò permette di sollevare carichi di grande massa applicando forze considerevolmente minori del loro peso.

10.3.1 Applicazioni della legge di Stevino

La legge di Stevino (10.6) è valida indipendentemente dalla forma del contenitore. Da essa si deduce inoltre che in un liquido la superficie libera è sempre orizzontale.

Principio dei vasi comunicanti

Sempre dalla legge di Stevino si può ricavare il *principio dei vasi comunicanti: in un sistema di recipienti in comunicazione tra loro, contenenti lo stesso fluido e aperti nello stesso ambiente, le superfici libere si trovano tutte alla stessa quota (o meglio giacciono sullo stesso piano equipotenziale).*

Ciò si ricava facilmente osservando che all'equilibrio le pressioni misurate alla stessa profondità nei vari recipienti comunicanti devono avere stesso valore.

Altre applicazioni della legge di Stevino sono il manometro differenziale, il densimetro ed il barometro.

Il *manometro differenziale* (si veda **figura 10.5**) è costituito da un tubo a forma di U in cui viene inserito un liquido di densità ρ. Il tubo ha un braccio aperto ed un altro connesso con un recipiente in cui è contenuto il gas di cui si vuole misurare la pressione p. La pressione differenziale $p - p_{atm}$ si ottiene una volta nota la densità del fluido dalla relazione:

$$p - p_{atm} = \rho g h \tag{10.8}$$

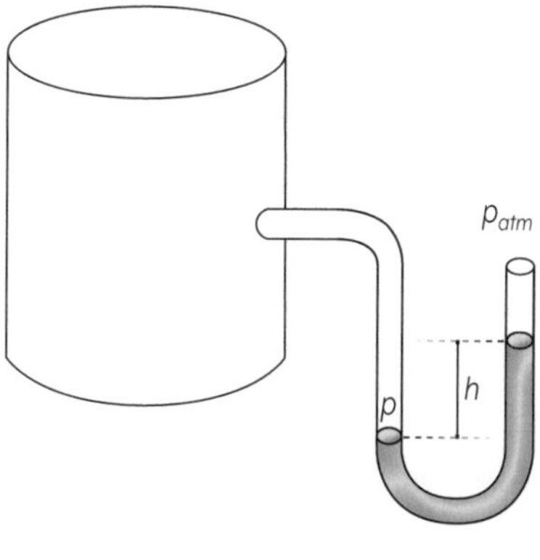

Figura 10.5

Schema di funzionamento del manometro differenziale, utilizzato per la misura relativa della pressione di un gas in un volume dato.

Nel *densimetro* (si veda **figura 10.6**) il tubo a forma di U contiene due fluidi di densità ρ_1 e ρ_2 di cui una è incognita. I due bracci del densimetro sono aperti e a contatto con l'atmosfera. Se le densità dei due liquidi sono diverse le quote h_1 e h_2 a cui si troveranno le superfici libere nei due bracci, valutate rispetto ad una stessa quota di riferimento, saranno diverse, in modo che all'equilibrio valga la relazione:

$$p_{atm} + \rho_1 g h_1 = p_{atm} + \rho_2 g h_2 \tag{10.9}$$

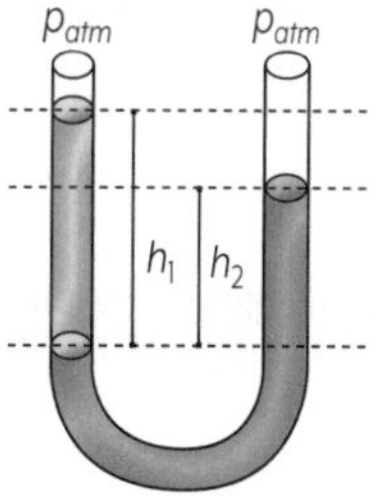

Figura 10.6

Schema di funzionamento del densimetro. Il sistema è composto da un tubo a forma di U contenente due fluidi, dei quali uno ha densità nota.

Otteniamo la relazione:

$$\frac{\rho_1}{\rho_2} = \frac{h_2}{h_1} \tag{10.10}$$

utilizzabile per determinare la densità di uno dei due liquidi una volta nota quella dell'altro.

Evangelista Torricelli (1608-1647), matematico del Granducato di Toscana ai tempi del granduca Ferdinando II dei Medici e Lettore di Matematica all'Università di Pisa, fu il primo a sostenere che l'atmosfera esercita una pressione. Il sistema che inventò per misurarne il valore è appunto denominato *barometro di Torricelli* (si veda **figura 10.7**). Esso consiste di un lungo tubo di vetro con un'estremità aperta riempito di mercurio. L'estremità aperta viene immersa in una bacinella contenente mercurio cosicchè lo spazio che resta in cima alla canna, tra la colonna di vetro e il mercurio, risulta contenere solo vapore di mercurio, la cui pressione è così piccola da poter essere trascurata. Se confrontiamo le pressioni all'interfaccia aria-mercurio, pari alla pressione atmosferica p_{atm}

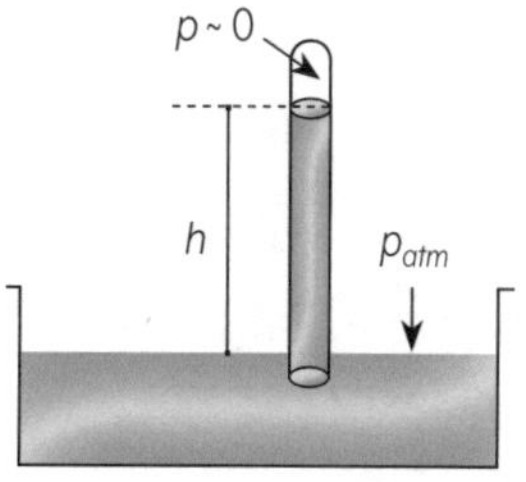

Figura 10.7

Schema del barometro proposto da Torricelli per la misura della pressione atmosferica.

con la pressione allo stesso livello ma all'interno della colonnina di vetro, otteniamo $p_{atm} = \rho g h$. Il dislivello tra le due superfici libere è di circa 76 cm. Per convenzione il valore di riferimento della pressione atmosferica, pari a $p_{atm} = 1.01325 \cdot 10^5$ Pa è quello esercitato da una colonna di mercurio alla temperatura di 0°C, con h = 0.760 m, $\rho_{Hg} = 13.595 \cdot 10^3$ kg/m^3, considerando un valore dell'accelerazione gravitazionale pari a $g = 9.806$ m/s^2.

Ovviamente possiamo utilizzare un qualsiasi liquido al posto del mercurio. Se però utilizzassimo l'acqua, l'altezza della colonna risulterebbe pari a 10.33 m, data la minore densità dell'acqua rispetto a quella del mercurio. L'acqua risulta perciò molto più idonea del mercurio laddove si vogliano misurare pressioni molto più piccole di quella atmosferica.

L'altezza della colonna di mercurio fornisce direttamente il valore della pressione quando questa viene espressa in torr, unità di misura ormai dismessa perché non appartiene al Sistema Internazionale universalmente adottato. Risulta: 1 torr = 1 mmHg = 1/760 atm = 133.3 Pa.

Equazione barometrica

Come ulteriore applicazione della legge di Stevino valutiamo la variazione di pressione atmosferica con l'altitudine, ricavando l'*equazione barometrica*. La pressione atmosferica è dovuta all'attrazione gravitazionale da parte della terra sulla massa di gas che la circonda. Essa diminuisce con la quota dato che diventa via via minore il peso della colonna d'aria sovrastante. Per derivare l'andamento della pressione con la quota utilizziamo la (10.6) in forma differenziale:

$$\frac{dp}{dy} = -\rho(y)g \qquad (10.11)$$

Poichè la densità dell'aria non è costante la diminuzione della pressione con l'aumento di quota non sarà lineare. Per risolvere l'equazione dobbiamo adottare una funzione che descriva l'andamento di ρ al variare della quota y. Vedremo nei prossimi capitoli che, se l'aria si comporta come un gas perfetto e si suppone la temperatura costante, il prodotto tra pressione e volume del gas è costante: $pV = cost$. In queste condizioni si ottiene la relazione $p/\rho = cost$. Se al livello del mare la pressione atmosferica e la densità dell'aria sono p_{atm} e ρ_{atm} possiamo scrivere:

$$\frac{p_{atm}}{\rho_{atm}} = \frac{p}{\rho} \qquad (10.12)$$

Inserendo la densità ρ ottenuta dalla (10.12) nella (10.11) e risolvendo l'equazione differenziale si arriva a:

$$p(y) = p_{atm}\, e^{-\frac{y}{y_0}} \tag{10.13}$$

con $y_0 = p_{atm}/(\rho_{\text{atm}}) \approx 8.6$ km (ottenuta considerando la densità a livello del mare a 20°C).

Strati dell'atmosfera

Nella realtà la temperatura dell'aria risulta fortemente variabile con l'altitudine: il modo in cui varia la temperatura con la quota viene utilizzato per definire i diversi strati dell'atmosfera stessa. Secondo la convenzione adottata dall'Unione Internazionale di Geodesia (1951) la suddivisione risulta essere: *troposfera, stratosfera, mesosfera, termosfera, ionosfera, esosfera*. La troposfera è lo strato in cui si verificano quasi tutti i fenomeni meteorologici e che contiene circa l'80% della massa gassosa totale. La temperatura dell'aria nella troposfera diminuisce con l'altitudine (in media 0.65°C ogni 100 m di quota) fino a circa −60°C nella *tropopausa* (limite della troposfera). Nella troposfera la pressione atmosferica decresce con l'altitudine secondo una legge in prima approssimazione esponenziale.

Andando oltre la tropopausa, nella *stratosfera*, fino a 50-60 km di quota, la temperatura invece aumenta con l'altezza fino alla temperatura di 0°C per effetto dello strato di ozono (molecola di ossigeno triatomica) che assorbe la maggior parte delle radiazioni solari ultraviolette (*inversione termica*). Successivamente, nella *mesosfera* (50-80 km di quota), strato in cui ha origine il fenomeno delle stelle cadenti (piccoli meteoriti che bruciano prima di raggiungere la Terra lasciando scie luminose) l'effetto riscaldante dell'ozono si esaurisce e la temperatura diminuisce con la quota fino a stabilizzarsi a circa −80°C. Nella *termosfera* la temperatura torna a crescere con la quota, raggiungendo i 1000°C a circa 300 km. La *ionosfera*, strato di atmosfera in cui i gas atmosferici sono fortemente ionizzati, è costituita dagli strati esterni dell'atmosfera, esposti alla radiazione solare diretta: la temperatura arriva ai 1700°C al suo limite esterno. La *ionosfera* riveste una grande importanza nelle telecomunicazioni perchè in grado di riflettere le onde radio, aiutandole a propagarsi: tra i 60 e gli 80 km vengono riflesse le onde lunghe, tra i 90 e i 120 km le onde medie, tra i 200 e i 250 km le onde corte, tra i 400 e i 500 km le onde cortissime. L'*esosfera* infine è la parte più esterna dell'atmosfera terrestre e

Nota

Nel campo della trasmissione radio si definiscono onde lunghe quelle con frequenza compresa fra 153 e 279 kHz (usate in AM), onde medie quelle con frequenza compresa fra 525 e 1615 kHz (usate in AM), onde corte quelle con frequenza compresa fra 2.31 e 30 MHz (usate in AM) ed infine onde cortissime quelle con frequenza compresa fra 87.5 e 108 MHz (usate in FM).

non ha un vero limite superiore sfumando progressivamente verso lo spazio interplanetario.

10.4 PRINCIPIO DI ARCHIMEDE

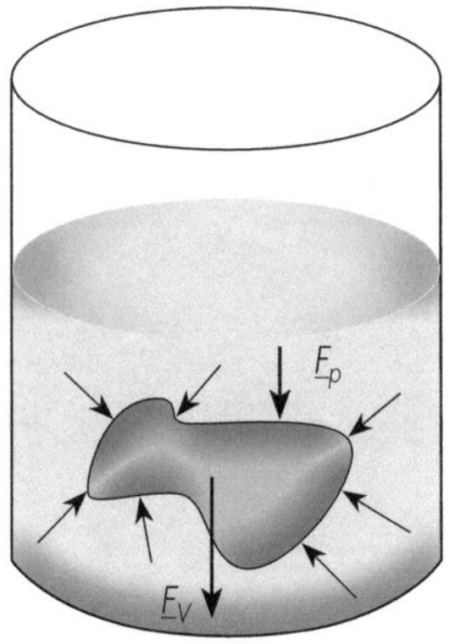

Figura 10.8

Forze di volume e di pressione su un elemento di fluido in quiete.

Archimede (287-212 a.C.), matematico, fisico ed ingegnere greco, è ben noto per la scoperta della forza di galleggiamento che agisce sui corpi immersi nei fluidi. Tale scoperta è conosciuta come principio di Archimede:

Ogni corpo immerso parzialmente o totalmente in un fluido riceve una spinta verso l'alto pari al peso del fluido spostato dal corpo stesso.

Questo principio può essere dimostrato prendendo in considerazione nel fluido all'equilibrio una porzione di volume V di forma qualsiasi. All'equilibrio, la risultante della forze di pressione su tale porzione deve essere uguale ed opposta alle forze di volume su di essa: $\vec{F}_V + \vec{F}_p = 0$.

Le forze di volume sono costituite dalla forza peso della porzione analizzata. Poiché $m = \rho\, V$, abbiamo: $\vec{F}_p = \rho V \vec{g}$. Sostituiamo ora al volume V di fluido un identico volume di un'altra sostanza di differente densità ρ' e quindi massa $m' = \rho' V$. La risultante delle forze di pressione $\vec{F}_p$ agente sul corpo rimane la stessa pertanto non avremo più equilibrio e la forza complessiva agente sul corpo sarà:

$$\vec{F}_{V'} + \vec{F}_p = (\rho' - \rho) V \vec{g} \neq 0 \qquad (10.14)$$

Se $\rho' > \rho$ la forza risultante ha lo stesso verso della forza peso e quindi il corpo scenderà verso il basso, mentre se $\rho' < \rho$ la forza sarà diretta verso l'alto e quindi il corpo salirà verso la superficie libera e vi galleggerà. In entrambe i casi *il corpo riceve una spinta verso l'alto* $\vec{S} = -\rho V \vec{g}$ *pari al peso del fluido spostato*, detta appunto *spinta di Archimede*. Quando un oggetto galleggiante è all'equilibrio, la spinta di Archimede, equivalente al peso del volume di fluido spostato, corrispondente al volume della sola parte immersa, risulta uguale al peso del corpo.

10.5 FLUIDI IN MOTO

Per studiare il moto di un fluido adotteremo la descrizione cosiddetta *Euleriana*. Fissiamo l'attenzione su un determinato punto $P(\vec{r})$ e consideriamo la velocità $\vec{v}(\vec{r},t)$ dell'elemento di fluido che passa nel punto P all'istante t. In generale, tale velocità cambia nel tempo, cioè i vari elementi che successivamente passano per P hanno velocità diverse (*regime variabile*). Ci troviamo in *regime stazionario* quando la velocità risulta indipendente dal tempo: $\vec{v}(\vec{r})$.

Nel caso di regime stazionario il moto è *laminare*:

Moto laminare

> Qgni particella che passa in un particolare punto segue la stessa traiettoria della particella che l'ha preceduta.

Linea di corrente

La traiettoria viene detta *linea di corrente*. Essendo in ogni punto tangenti ed equiverse alla velocità del fluido, le varie linee di corrente sono costanti nel tempo e non possono intersecarsi tra di loro. Tutte le linee di corrente che passano attraverso una generica sezione A individuano un *tubo di flusso*.

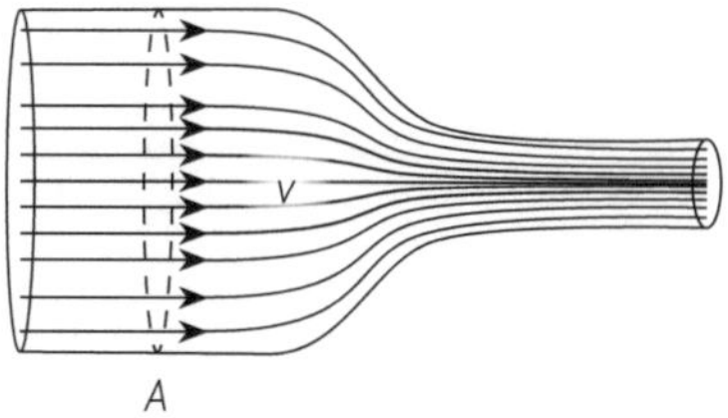

Figura 10.9
Linee di flusso in un tubo di flusso per un fluido in moto laminare.

Per visualizzare le traiettorie possono venir immesse nel fluido delle particelle di colorante: si verifica che se il moto è laminare esse mantengono traiettorie corrispondenti alle linee di corrente senza mescolarsi. Non si verifica quindi scambio di massa tra elementi di fluido adiacenti.

10.6 VISCOSITÀ

Il termine viscosità viene introdotto per definire:

> Il grado di attrito interno tra strati adiacenti di fluido in movimento relativo l'uno rispetto all'altro.

Quando un elemento di fluido è in condizioni di scorrimento relativo rispetto all'elemento adiacente, compare lungo l'area di contatto una forza tangenziale di attrito di verso contrario a quello della velocità relativa. Con riferimento alla **figura 10.10**, se l'elemento 1 esercita una forza $\vec{F}_{1,2}$ sull'elemento 2, l'elemento 2 eserciterà una forza $\vec{F}_{2,1}$ uguale e contraria sull'elemento 1. Il modulo di tale forza di attrito interno è direttamente proporzionale all'area di contatto tra i due elementi di fluido, S, e alla variazione del modulo della velocità in direzione ortogonale a S, $\Delta v/\Delta y$, tramite un coefficiente di proporzionalità detto *viscosità del fluido*, η:

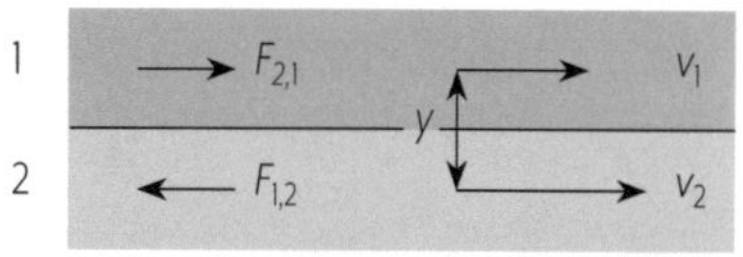

Figura 10.10
Forze interne, dovute all'attrito tra strati di fluido adiacenti in moto relativo.

$$F = \eta S \frac{\Delta v}{\Delta y} \qquad (10.15)$$

dove $\Delta v = v_2 - v_1$ e Δy rappresenta la distanza tra i due strati di fluido. La viscosità η si misura nel sistema SI in kg/(ms). Viene spesso indicata utilizzando l'unità *Poise*, che deriva dal nome del fisiologo Poiseuille, definito come: 1 Poise = 0.1 kg/(ms). Il valore della viscosità dipende sia dal tipo di fluido che dalla temperatura. In **tabella 10.2** sono indicati alcuni valori tipici delle viscosità di alcuni fluidi reali.

Tabella 10.2

Fluido	T (°C)	η (Poise)
Aria	20	$0.88 \cdot 10^{-4}$
Acqua	20	$1.79 \cdot 10^{-2}$
Alcool etilico	20	$1.20 \cdot 10^{-2}$
Sangue	37	0.23
Glicerina	20	15

10.7 FLUIDI IDEALI - LEGGE DI LEONARDO

Fluido ideale

Un fluido reale è sempre caratterizzato da una viscosità non nulla. Per discutere le proprietà dei fluidi in moto risulta utile introdurre, come caso limite, il concetto di *fluido ideale*, caratterizzato dal fatto di essere non viscoso e incomprimibile, cioè tale che $\eta = 0$ e ρ costante nel tempo. Inoltre il fluido è considerato ideale se è irrotazionale e in regime di moto stazionario. Perché il fluido sia irrotazionale bisogna che la sua velocità soddisfi la condizione di irrotazionalità data dalla relazione:

$$\vec{\nabla} \times \vec{v} = 0 \qquad (10.16)$$

Per spiegare intuitivamente il concetto osserviamo che se il fluido è irrotazionale in esso non vi è nessun elemento che ruota attorno all'asse passante per il suo centro di massa.

Prendiamo ora in esame, in un fluido ideale, una sezione A ortogonale alle linee di corrente. Definiamo *portata volumica del tubo di flusso* Q_V il termine:

$$Q_V = \frac{dV}{dt} = \frac{ds}{dt} A = vA \qquad (10.17)$$

che rappresenta il volume di fluido che ha attraversato A in un secondo e nel Sistema Internazionale si misura in m^3/s. Poichè siamo in regime stazionario ed il fluido ha densità costante, essendo incomprimibile, la portata deve essere la stessa attraverso qualsiasi sezione del tubo di flusso.

Definiamo inoltre *portata massica* la quantità Q_m:

$$Q_m = \frac{dm}{dt} = \rho \frac{dV}{dt} = \rho Q_V \tag{10.18}$$

Nel caso di fluido ideale Q_m è quindi *costante*.

Se il tubo di flusso ha sezione variabile (vedi ad esempio la **figura 10.11**) avremo che nelle sezioni dove il tubo di flusso si restringe la velocità del fluido aumenta. Per una generica coppia di punti i e j, nei quali le sezioni siano A_i ed A_j e le velocità del fluido v_i e v_j varrà la relazione, detta anche *equazione di continuità*:

$$Q_V = v_i A_i = v_j A_j = costante \tag{10.19}$$

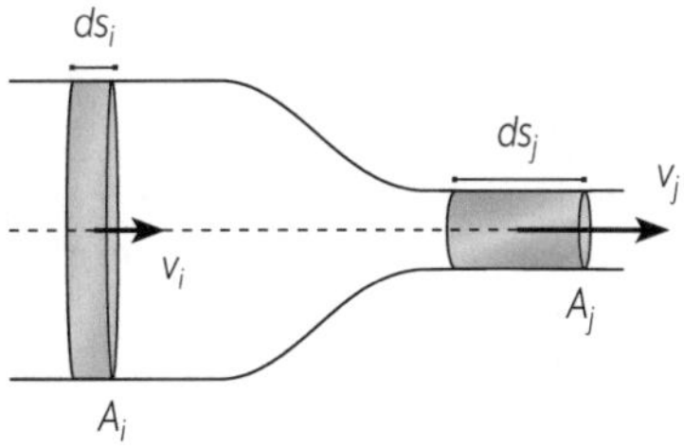

Figura 10.11

Legge di Leonardo: rappresentazione di elementi di fluido in moto stazionario in un tubo di flusso di sezione non costante.

Tale relazione è nota come *legge di Leonardo*, da Leonardo da Vinci (1452-1519) artista e scienziato toscano. Questo fenomeno è visibile ad esempio quando da un rubinetto viene fatto fuoriuscire del liquido. Per effetto della gravità la velocità dell'elemento di fluido aumenta nella caduta e quindi la sezione del tubo di flusso si restringe.

10.8 TEOREMA DI BERNOULLI

In questa sezione discutiamo il teorema che prende il nome dallo scienziato Daniel Bernoulli (1700-1782), nato a Groninga, nei Paesi Bassi.

CASO 10.8.1

Consideriamo un fluido ideale, in regime stazionario, che scorre in un tubo di flusso a sezione variabile. Vogliamo determinare la relazione che sussiste tra la velocità e la pressione del fluido nel tubo di flusso. Per far questo estendiamo agli elementi del fluido ideale in moto il teorema delle forze vive. Prendiamo in esame un volume infinitesimo di fluido di sezione A_1 ed altezza ds_1.

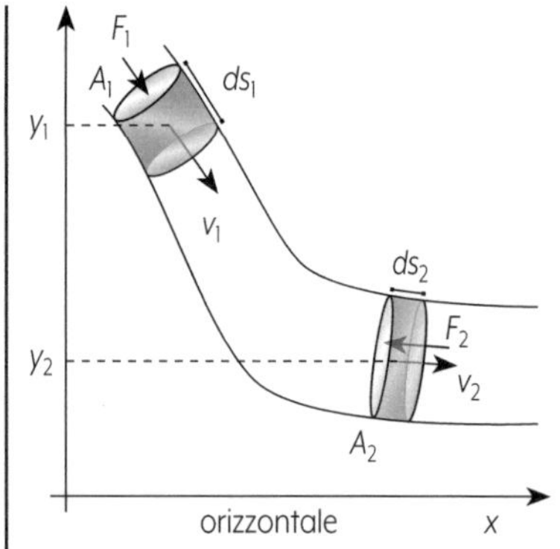

Figura 10.12

Il teorema di Bernoulli: rappresentazione di due elementi di fluido ideale in moto stazionario in un tubo di flusso di sezione non costante, *y* asse verticale.

Il fluido è incomprimibile, quindi il volume dV che attraversa A_1 nel tempo dt, $dV_1 = A_1 ds_1$, è uguale a quello che passa nello stesso intervallo di tempo attraverso la superficie A_2, ovvero $dV_2 = A_2 ds_2$. Complessivamente il movimento del fluido in tale intervallo di tempo equivale allo spostamento del volume dV_1 nel volume dV_2. Le forze agenti sul volume di fluido sono la forza peso (forza di volume) e le forze di pressione. Il lavoro della forza peso è:

$$đL_V = dm\, g\left(y_1 - y_2\right) = \rho g\, dV\left(y_1 - y_2\right) \qquad (10.20)$$

con y_1 e y_2 quote rispettivamente dei due volumi dV_1 e dV_2. Le forze di pressione dovute alle pareti del tubo di flusso danno lavoro nullo perchè perpendicolari alla direzione di moto. Il lavoro compiuto dagli elementi di fluido a monte di A_1 ed a valle di A_2 è dato da:

$$đL_p = \vec{F}_1 \cdot d\vec{s}_1 + \vec{F}_2 \cdot d\vec{s}_2 = p_1 dV_1 - p_2 dV_2 = \left(p_1 - p_2\right) dV \qquad (10.21)$$

La variazione di energia cinetica è:

$$dT = \frac{1}{2} dm v_2^2 - \frac{1}{2} dm v_1^2 - \frac{1}{2}\rho dV v_2^2 - \frac{1}{2}\rho dV v_1^2 \qquad (10.22)$$

Applichiamo ora la relazione $dT = đL_V + đL_p$

$$\frac{1}{2}\rho dV v_2^2 - \frac{1}{2}\rho dV v_1^2 = \rho g dV\left(y_1 - y_2\right) + \left(p_1 - p_2\right) dV \qquad (10.23)$$

Dividendo per il volume dV e separando i termini relativi alle sezioni A_1 e A_2 otteniamo:

$$\frac{1}{2}\rho v_1^2 + \rho g y_1 + p_1 = \frac{1}{2}\rho v_2^2 + \rho g y_2 + p_2 \qquad (10.24)$$

Per la generalità della scelta delle sezioni A_1 e A_2 nel tubo di flusso possiamo scrivere:

$$\frac{1}{2}\rho v^2 + \rho g y + p = costante \qquad (10.25)$$

Abbiamo così dimostrato il *teorema di Bernoulli*, secondo il quale:

In un fluido ideale in moto con regime stazionario la somma dell'energia cinetica per unità di volume, dell'energia potenziale per unità di volume e della pressione è costante.

10.8.1 Applicazioni del teorema di Bernoulli

Discutiamo ora alcune applicazioni interessanti del teorema di Bernoulli.

Teorema di Torricelli

Un recipiente contenente acqua ha un piccolo foro praticato vicino al fondo, alla profondità h rispetto alla superficie libera, attraverso il quale defluisce un liquido.

Supponendo che il livello della superficie libera non vari apprezzabilmente determiniamo la velocità di efflusso dal foro. Dette y_1 e y_2 le quote della superficie libera e del foro, rispetto ad uno stesso riferimento, per il teorema di Bernoulli si ha:

$$\frac{1}{2}\rho v_1^2 + \rho g y_1 + p_1 = \frac{1}{2}\rho v_2^2 + \rho g y_2 + p_2 \qquad (10.26)$$

poichè $p_1 = p_2 = p_{atm}$ e ($v_1 \approx 0$) possiamo scrivere:

$$g\left(y_1 - y_2\right) = \frac{1}{2}v_2^2 \qquad (10.27)$$

Ponendo $y_1 - y_2 = h$ si ricava: $v_2 = \sqrt{2gh}$, perciò la velocità dell'acqua che defluisce dal foro è uguale a quella che avrebbe se cadesse liberamente da un'altezza h.

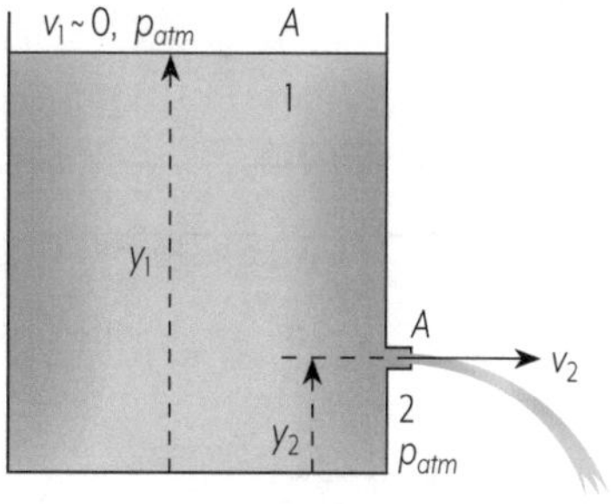

Figura 10.13

Applicazione del teorema di Bernoulli ad un fluido ideale contenuto in un recipiente che fuoriesce da un piccolo foro.

Tubo di Venturi

Il tubo di Venturi è costituito da un condotto orizzontale in cui scorre un fluido ideale in regime stazionario, con due sezioni A_1 e A_2, la prima nel condotto e la seconda in una sua strozzatura.

Applichiamo le (10.19) e (10.25) osservando che le due sezioni sono alla stessa quota per cui $y_1 = y_2$:

$$\frac{1}{2}\rho v_1^2 + p_1 = \frac{1}{2}\rho v_2^2 + p_2 \qquad (10.28)$$

$$v_1 A_1 = v_2 A_2 \qquad (10.29)$$

Otteniamo:

$$v_1 = \sqrt{\frac{2\left(p_1 - p_2\right)}{\rho}\frac{A_2^2}{A_1^2 - A_2^2}} \qquad (10.30)$$

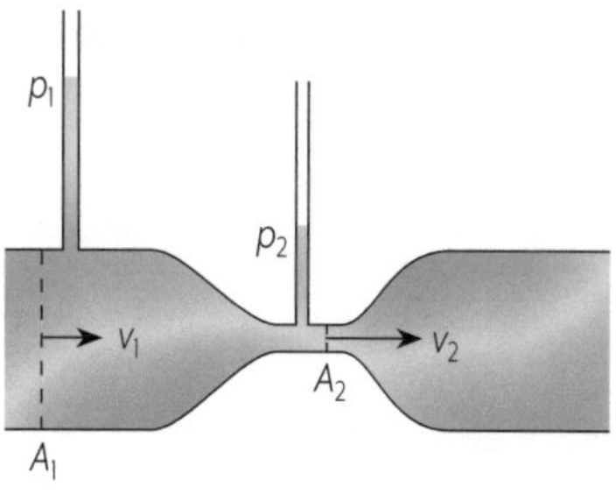

Figura 10.14

Il tubo di Venturi: applicazione del teorema di Bernoulli ad un fluido ideale contenuto in un tubo orizzontale con sezione non costante.

$$v_2 = \sqrt{\frac{2(p_1 - p_2)}{\rho} \frac{A_1^2}{A_1^2 - A_2^2}} \qquad (10.31)$$

Se viene misurata la differenza di pressione in corrispondenza alle due sezioni, si può dedurre v_1 e quindi la portata del fluido:

$$Q_V = A_1 v_1 = \sqrt{\frac{2(p_1 - p_2)}{\rho} \frac{A_1^2 A_2^2}{A_1^2 - A_2^2}} \qquad (10.32)$$

Portanza

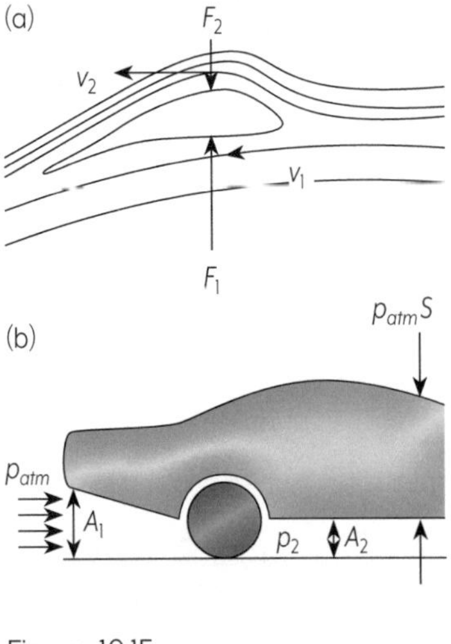

Figura 10.15

(a) portanza e (b) deportanza, applicati rispettivamente ad un profilo alare e a quello di un veicolo.

La portanza è la spinta verso l'alto che ricevono le ali degli aeroplani in volo. Essa è generata dalla differenza di pressione tra la superficie superiore ed inferiore dell'ala. Consideriamo il profilo alare di **figura 10.5(a)** immerso in una corrente uniforme. La forma delle ali è scelta in modo da creare una dissimmetria delle linee di corrente.

L'aria nella regione al di sopra dell'ala si muove più velocemente dell'aria al di sotto dell'ala, come si deduce qualitativamente dalla differente densità delle linee di corrente. Ne risulta che la pressione sul ventre (porzione inferiore del profilo) è maggiore di quella sul dorso (porzione superiore):

$$\frac{1}{2}\rho v_1^2 + p_1 = \frac{1}{2}\rho v_2^2 + p_2 \qquad (10.33)$$

Con $v_1 = v - \Delta v$ e $v_2 = v + \Delta v$ si ottiene $\Delta p = 2\rho v\, \Delta v$ e quindi se A è la superficie alare la portanza è data da: $F = 2A\rho v\, \Delta v$, spinta risultante diretta verso l'alto. In generale tale spinta dipende dall'angolazione dell'ala rispetto al piano orizzontale. All'aumentare di questo angolo si produce un flusso turbolento al di sopra dell'ala che riduce la spinta prevista dal principio di Bernoulli.

Se la portanza è diretta verso il basso invece che verso l'alto, si parla a volte di *deportanza*. L'effetto è utilizzato in ambito automobilistico per aumentare l'aderenza al suolo quando i veicoli raggiungono velocità elevate. Consideriamo un profilo del fondo della vettura sagomato come in figura 10.15(b), cioè in modo che, se la sezione verticale di entrata del flusso sul fronte dell'automobile è A_1, al di sotto dell'auto essa sia minore e pari ad A_2.

Applicando il principio di Bernoulli nei punti 1 e 2 abbiamo:

$$\frac{1}{2}\rho v_1^2 + p_1 = \frac{1}{2}\rho v_2^2 + p_2 \qquad (10.34)$$

Inoltre vale la legge di Leonardo: $v_1 A_1 = v_2 A_2$. Sostituendo otteniamo:

$$p_2 = p_{atm} - \frac{1}{2}\rho v_1^2\left[\left(\frac{A_1}{A_2}\right)^2 - 1\right] \qquad (10.35)$$

Otteniamo perciò che la pressione al di sotto dell'automobile è inferiore a quella atmosferica. Poichè sopra l'automobile la pressione atmosferica agisce con una forza verticale $p_{atm}S$ verso il basso (S sezione orizzontale dell'auto), mentre sotto all'auto la pressione imprime una forza verticale verso l'alto minore, perchè pari a p_2S, la forza risultante è diretta verso il basso, aumentando l'aderenza dell'automobile al suolo.

10.9 FLUIDI REALI

L'esperienza mostra che un fluido reale aderisce alle pareti con le quali è a contatto. Vicino alle pareti infatti si stabilisce uno strato di fluido in quiete di alcuni spessori molecolari, detto *strato limite*. Se la velocità del fluido non è elevata (vedere la prossima sezione), il moto è laminare: si ha regime stazionario, ma tale che $\vec{\nabla} \times \vec{v} \neq 0$ (*moto laminare rotazionale*).

Consideriamo dapprima due lastre piane orizzontali separate da un fluido reale. Applichiamo la forza $\vec{F}$ tangenzialmente alla lastra superiore in modo da farla scorrere con velocità costante $\vec{v}$ mentre la lastra inferiore è ferma. Per effetto della viscosità (in questo caso la forza applicata è uguale ed opposta alla forza di attrito interno), mentre lo strato di fluido immediatamente in contatto con la lastra superiore si muoverà di velocità $\vec{v}$, gli elementi di fluido intermedi avranno velocità linearmente decrescente, fino al valore nullo in prossimità della lastra inferiore. Osserviamo che il campo delle velocità è rotazionale perché $\vec{\nabla} \times \vec{v} \neq 0$: l'effetto dell'attrito interno provoca nel fluido microvortici con linee vorticose circolari giacenti nel piano xy e di verso orario, si veda **figura 10.16**.

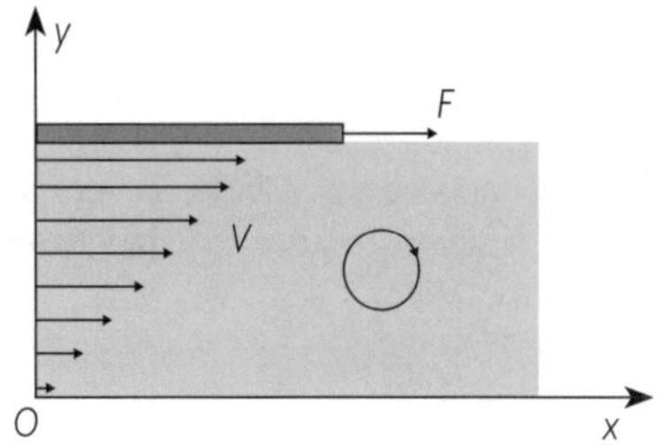

Figura 10.16

Distribuzione della velocità in un fluido reale dovuta all'applicazione della forza F su una lastra piana orizzontale posta a contatto con il fluido.

10.9.1 Legge di Hagen-Poiseuille

CASO 10.9.1 a

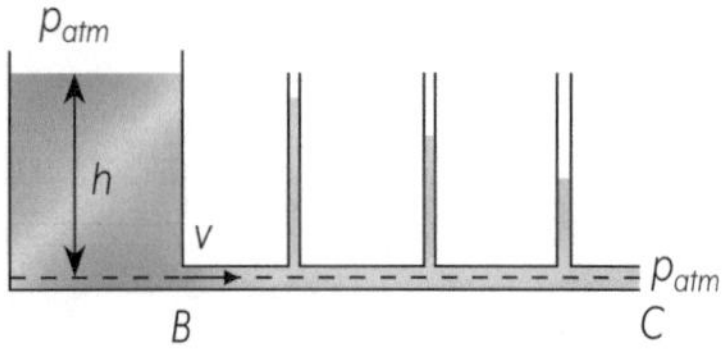

Figura 10.17

Per effetto della viscosità,in regime stazionario, la pressione diminuisce lungo il tratto BC.

Consideriamo ora il sistema mostrato in **figura 10.17**, in cui scorre un fluido reale. Supposto che il livello nel recipiente di sinistra rimanga costante e che il tubo sbocchi nell'atmosfera, la pressione passa dal valore $p = p_{atm} + \rho gh$, dovuto alla legge di Stevino, sul fondo del recipiente in B, al valore della pressione atmosferica in C. In tutte le sezioni del condotto BC un fluido si muove con stessa velocità ed i manometri devono indicare tutti la stessa pressione pari a quella atmosferica. Nel caso di un fluido reale, raggiunto il regime stazionario, le colonnine dei manometri mostrano che la pressione cresce spostandosi da B verso C. Si è verificata una perdita di carico, definita dalla differenza di pressione $p - p_{atm}$. Questa differenza di pressione risulta necessaria per vincere la resistenza viscosa, mentre, per il teorema di Bernoulli, per mantenere un flusso con velocità v in un fluido ideale non occorre applicare alcun gradiente di pressione.

CASO 10.9.1 b

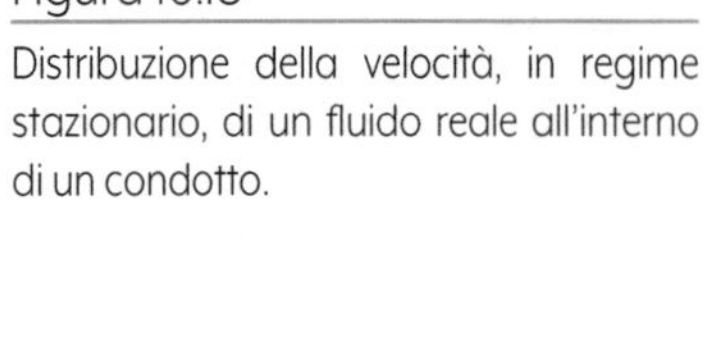

Figura 10.18

Distribuzione della velocità, in regime stazionario, di un fluido reale all'interno di un condotto.

Per quantificare tale effetto prendiamo in esame un tubo cilindrico di raggio R e lunghezza L. Sia r un generico raggio che descrive la distanza dall'asse di un generico strato di fluido dr. Per un fluido viscoso la distribuzione delle velocità è quella qualitativamente riportata in **figura 10.18**, cioè decrescente dall'asse del tubo verso la parete. Ipotizziamo che venga mantenuta la differenza di pressione $\Delta p = p_1 - p_2$ tra gli estremi del tubo. Si può dimostrare che il profilo di velocità al variare della distanza r dall'asse del cilindro segue la legge:

$$v(r) = \frac{p_1 - p_2}{4\eta L}\left(R^2 - r^2\right) \qquad (10.36)$$

La portata del tubo è data da:

$$Q_V = \int_0^R 2\pi r v(r) dr \qquad (10.37)$$

Sostituendo l'espressione della velocità si ottiene la legge di Hagen-Poiseuille.

La *legge di Hagen-Poiseuille* regola la portata del condotto di un fluido reale:

$$Q_V = \frac{p_1 - p_2}{8\eta L}\pi R^4 \equiv C\Delta p \qquad (10.38)$$

dove $\Delta p = p_1 - p_2$ e

$$C = \frac{\pi R^4}{8\eta L} \qquad (10.39)$$

Conduttanza del condotto

rappresenta la *conduttanza del condotto*. Per mantenere il fluido in moto con velocità costante è necessario applicare una forza per vincere la resistenza al moto dovuta all'attrito interno, la legge si può riscrivere considerando la grandezza $\Omega = 1/C$ *resistenza del condotto*:

$$\Delta p = \Omega Q_V \qquad (10.40)$$

Osserviamo che questa legge è del tutto analoga a quella di *Ohm* che lega la intensità di corrente elettrica, I, alla differenza di tensione ΔV ai capi di un filo conduttore percorso da corrente di resistenza elettrica R: $\Delta V = RI$.

In conclusione possiamo definire una velocità media sulla sezione a partire dall'equazione (10.17):

$$v = \frac{Q_V}{A} = \frac{\Delta p}{8\eta L}R^2 \qquad (10.41)$$

La portata e la velocità media del fluido risultano perciò direttamente proporzionali alla differenza di pressione alle due estremità del condotto.

CASO 10.9.1 c

Riprendiamo ora in esame il caso di un recipiente forato in prossimità della sua base, connesso ad un condotto orizzontale BD (**Figura 10.19**).

Immaginiamo che il recipiente sia riempito fino all'altezza h_0 e sull'estremità D sia posto un tappo. All'istante $t = 0$ viene rimosso il tappo e il liquido comincia a fluire dal foro. Vogliamo determinare l'andamento nel tempo della quota raggiunta dal liquido nel recipiente via via che esso si svuota. Sappiamo che il flusso è regolato dalla relazione:

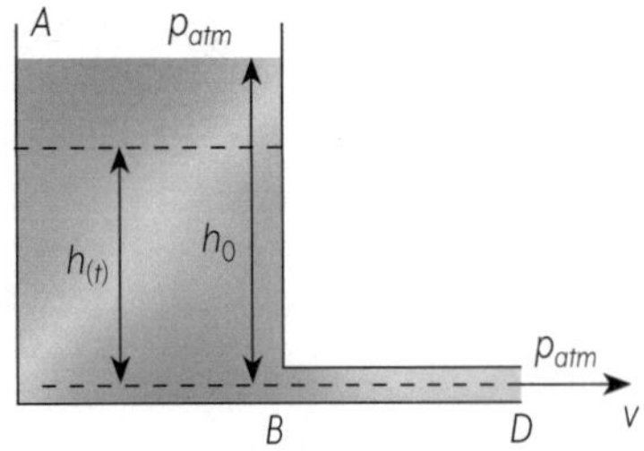

Figura 10.19

Schema per il calcolo dell'andamento temporale della quota della superficie libera di un liquido contenuto in un recipiente forato.

$$Q_V = \frac{dV}{dt} = C(p_B - p_D) \tag{10.42}$$

con C conduttanza del condotto, $p_B = p_A + \rho g h = p_{atm} + \rho g h$ pressione in B, punto all'inizio del condotto, $p_D = p_{atm}$ pressione in D, nel punto di fuoriuscita del liquido. Se S è la sezione del recipiente deduciamo la relazione:

$$\frac{dh}{dt} = -\frac{C\rho g}{S} h \tag{10.43}$$

dove il segno meno indica che la derivata della quota rispetto al tempo diminuisce via via che il fluido scorre nel condotto. Riscrivendo l'equazione come:

$$\frac{dh}{h} = -\frac{C\rho g}{S} dt \tag{10.44}$$

Integrando e considerando che al tempo $t = 0$ la quota era $h = h_0$ otteniamo la relazione di decadimento esponenziale:

$$h(t) = h_0 e^{-\frac{C\rho g}{S}t} \tag{10.45}$$

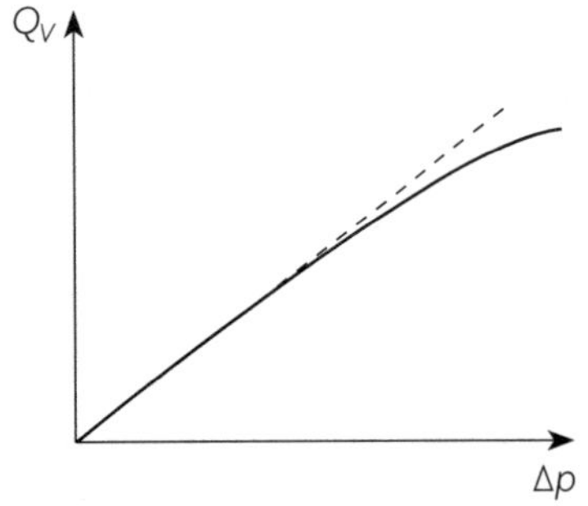

Figura 10.20

Diagramma qualitativo della portata in funzione della differenza di pressione all'aumentare di Δp: dalla legge lineare di Hagen-Poiseuille si passa ad un andamento sub-lineare.

La *legge di Hagen-Poiseuille* risulta sempre verificata se il raggio del condotto è molto piccolo (*tubo capillari*), mentre per raggi maggiori si ha un valore critico della velocità per cui compaiono vortici nel fluido. Il moto diviene *turbolento* e la conduttanza del condotto risulta minore. L'andamento del diagramma portata vs. differenza di pressione è mostrato qualitativamente in **figura 10.20**: all'aumentare del Δp dalla legge lineare di Hagen-Poiseuille si passa ad un andamento sub-lineare.

A parità di Δp nel regime sub-lineare diminuisce cioè la portata. Ci troviamo, inoltre, in un regime di flusso instabile. Aumentando ulteriormente il gradiente di pressione si raggiunge infine un flusso turbolento stabile, per il quale vale la relazione:

$$\Delta p = k v^2 \frac{\rho}{2R} \tag{10.46}$$

Coefficiente di resistenza

da cui deduciamo che la differenza di pressione è ora proporzionale al quadrato della velocità media. La costante k è detta *coefficiente di resistenza*.

10.9.2 Numero di Reynolds

Il regime di moto laminare si verifica quando la velocità del fluido non è elevata, aumentando opportunamente la velocità il moto diviene *turbolento*. Inseriamo del colorante nel tubo di flusso per visualizzare le traiettorie. Invece di osservare linee di corrente separate, dopo un breve tratto il colorante si disperde nella massa fluida colorandola uniformemente. Nel moto turbolento i valori locali e istantanei delle varie grandezze fisiche (ρ, p...) subiscono fluttuazioni continue e disordinate.

Consideriamo il moto di un fluido reale in un tubo di raggio costante. Si osserva sperimentalmente che al crescere della differenza di pressione agli estremi del tubo, cresce la portata e quindi la velocità media del liquido. Se la velocità media raggiunge un valore critico v_c il regime del moto cambia bruscamente e diventa turbolento, con vortici ben visibili. Anche la portata non dipende più linearmente dalla differenza di pressione (si veda figura 10.20). In tale regime non è più valida la legge di Hagen-Poiseuille.

Per caratterizzare la transizione fra i due regimi di moto si introduce il *numero di Reynolds*:

$$\Re = \frac{\rho \langle v \rangle l}{\eta} \qquad (10.47)$$

dove v è la velocità media del fluido ed l è una lunghezza caratteristica della geometria del sistema. In particolare, per:

- $\Re \leq 2300$ si ha flusso laminare
- $2300 < \Re < 3500$ siamo nel regime di transizione
- $3500 \leq \Re$ si ha flusso turbolento.

10.9.3 Moto in presenza di resistenza viscosa

Osserviamo innanzitutto che:

Paradosso di D'Alembert

Un corpo sferico fermo, investito dalla corrente di un fluido ideale in moto non vorticoso, rimane in quiete e non viene trascinato dal fluido che lo investe (paradosso di D'Alembert).

Il corpo non subisce infatti alcuna *spinta* data la completa simmetria delle linee di corrente. Le pressioni a monte e a valle del corpo sono quindi uguali (**figura 10.21 (a)**). Consideriamo ora

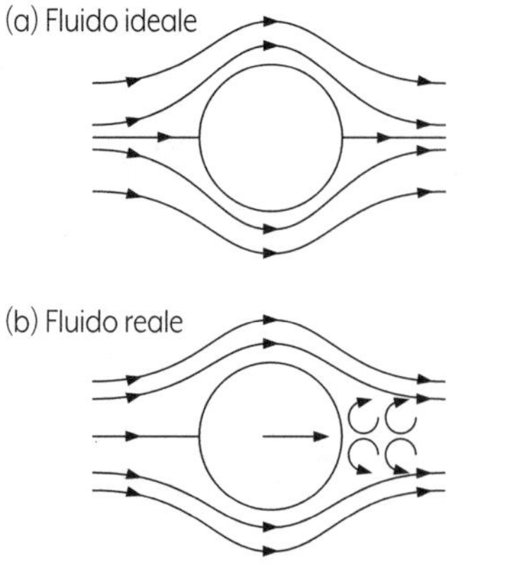

Figura 10.21

(a) Corpo sferico fermo investito dalla corrente di un fluido in moto non vorticoso: il corpo rimane fermo (paradosso di D'Alembert). (b) Stesso corpo investito da un fluido reale in moto a velocità sufficientemente elevata: formazione di vortici e conseguente movimento del corpo nel verso di moto del fluido.

lo stesso corpo in un fluido reale. Se la velocità del fluido è piuttosto elevata a valle del corpo si formano dei vortici che provocano una depressione. La forza dovuta a questa differenza di pressione tra monte e valle fa muovere il corpo nel verso di moto del fluido. Se la velocità del fluido è piccola non si hanno vortici visibili bensì microvortici come quelli mostrati in **figura 10.21 (b)**. Si ha comunque assenza di simmetria tra monte e valle, in quanto si verifica scorrimento tra lo strato di fluido più aderente al corpo e gli strati adiacenti per effetto delle forze di attrito interno.

La resistenza del mezzo è descritta da una formula generale del tipo:

$$F_{res} = \frac{1}{2} k A \rho v^2 \tag{10.48}$$

con A sezione del corpo, ρ sua densità, k coefficiente adimensionale di resistenza che dipende dalla forma del corpo. In regime vorticoso k è costante e quindi F_{res} è proporzionale alla velocità al quadrato. Per valori piuttosto piccoli della velocità k è invece funzione dell'inverso della velocità. La forza di resistenza del mezzo risulta quindi dipendere linearmente dalla velocità v, attraverso la viscosità. Si osserva inoltre che la forza d'attrito è proporzionale ad una lunghezza caratteristica del corpo. Nel caso particolare di una sfera di raggio R vale la relazione di *Stokes*:

Relazione di Stokes

$$\vec{F}_{res} = -6\pi\eta R\vec{v} \tag{10.49}$$

A causa della forza di resistenza del mezzo una sferetta che cade in un fluido viscoso, dopo un transitorio raggiunge una velocità limite v_{lim} costante. Tenendo conto della spinta di Archimede, detta ρ_s la densità della sferetta e ρ_f quella del fluido viscoso, si ha la legge di Newton:

Legge di Newton

$$\rho_s V \frac{dv}{dt} = \rho_s V g - \rho_f V g - 6\eta\pi R v \tag{10.50}$$

Misurando la velocità della sferetta in funzione del tempo è possibile ricavare il coefficiente di viscosità del fluido, una volta noto il raggio della sferetta e avendo cura che la velocità limite sia inferiore alla velocità critica. Questo è il principio di funzionamento del viscosimetro.

A titolo di esempio consideriamo una goccia d'acqua che cade nell'atmosfera. Per gocce d'acqua di raggio pari a 300 μm in aria, si ottiene una velocità limite di 11.5 m/s assumendo ($\eta = 1.7 \cdot 10^{-5}$

kg/(ms)). Tale velocità si raggiunge con tempi scala dell'ordine di qualche secondo.

Per oggetti più grandi occorre notare che il moto di caduta produce turbolenza nel fluido e la dipendenza lineare della resistenza del mezzo dalla velocità cessa pertanto di essere valida.

10.10 TENSIONE SUPERFICIALE

Le molecole che si trovano lontano dalla superficie libera che delimita il liquido presente in un recipiente sono attratte dalle molecole vicine in tutte le direzioni: la forza risultante netta è quindi nulla. Le molecole che si trovano in prossimità della superficie, invece, risentono di una forza netta diretta verso l'interno del volume occupato dal liquido. Supponiamo di voler separare la superficie libera operando un taglio di lunghezza ds: lungo il taglio agirà dF_c, forza di coesione tendente a richiuderlo. Definiamo *tensione superficiale del liquido*:

$$\tau = \frac{dF_c}{ds} \tag{10.51}$$

Dimensionalmente τ è quindi una forza per unità di lunghezza. Nel caso di acqua a contatto con aria a 20°C assume il valore $\tau = 75.6 \cdot 10^{-3}$ N/m. Per effetto delle forze di coesione, la superficie che delimita un liquido assume l'estensione minima compatibile con le condizioni al contorno. Nel caso di una goccia di liquido, la forma che tenderà ad assumere è sferica, minimizzando così la superficie a parità di volume. Per aumentare l'estensione di una superficie liquida di dA, si deve compiere il lavoro $đL = \tau dA$.

Si può perciò anche definire la *tensione superficiale* di un liquido come *lavoro per unità di area richiesto per aumentare l'estensione della superficie libera del liquido.*

Certi insetti sfruttano la tensione superficiale per mantenersi sulla superficie libera dell'acqua senza affondare. Sono provvisti sulle estremità degli arti di peli superficiali ricoperti di sostanze idrofobe che respingono l'acqua. In mancanza di questo espediente l'insetto forerebbe la pellicola superficiale dell'acqua. Per minimizzare la propria superficie l'acqua tenderebbe a richiudersi facendo affondare l'insetto.

Per descrivere il comportamento del liquido immediatamente a contatto del recipiente che lo contiene, oltre alle forze di coe-

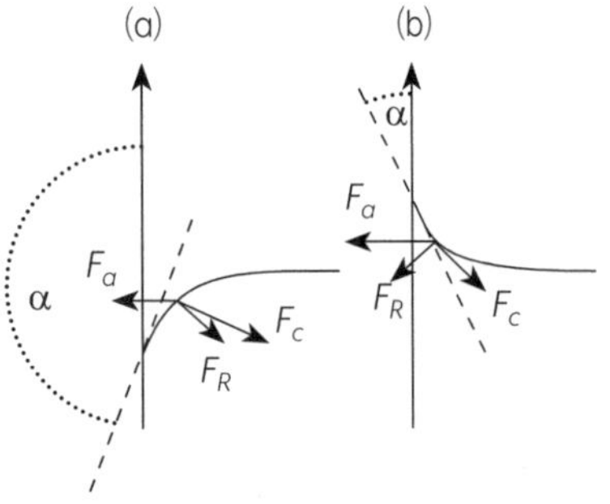

Figura 10.22

Forze di adesione e coesione alla superficie di contatto tra un liquido ed un solido. (a) Il menisco è convesso perché le forze di di coesione prevalgono su quelle di adesione; (b) Il menisco è concavo perché le forze di adesione prevalgono su quelle di coesione.

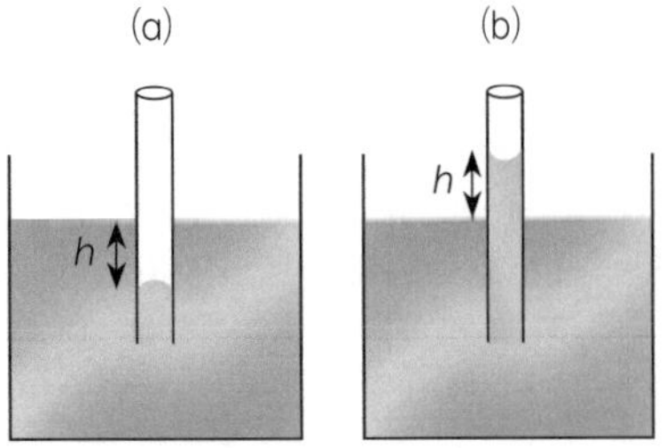

Figura 10.23

(a) Abbassamento e (b) innalzamento della quota di un liquido in un tubo capillare a causa delle forze tra liquido e pareti.

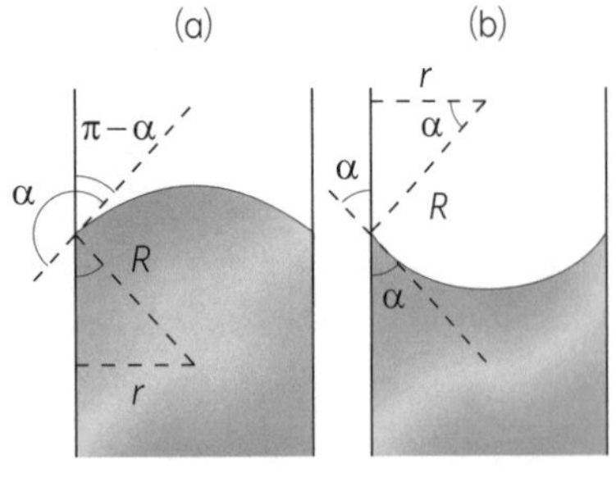

Figura 10.24

Schema per il calcolo del dislivello nel capillare in caso di menisco (a) convesso e (b) concavo.

sione tra molecole di liquido, dobbiamo considerare le forze che si sviluppano tra le molecole del liquido e quelle delle pareti del recipiente, dette *forze di adesione* $\vec{F}_a$. Nel punto di contatto recipiente-liquido $\vec{F}_c$ è diretta verso l'interno del liquido, mentre $\vec{F}_a$ è perpendicolare al recipiente e diretta verso il solido. All'equilibrio la superficie libera del fluido deve essere ortogonale alla risultante delle forze agenti. Vicino alle pareti del recipiente, essa tende a incurvarsi e si forma un certo angolo di contatto α tra la parete e la tangente alla superficie libera. Se l'adesione domina sulla coesione, il liquido tende a bagnare le pareti, una configurazione detta di *menisco concavo*: l'angolo di contatto è acuto. Al contrario quando la coesione è dominante sull'adesione si ha una configurazione detta di *menisco convesso*: l'angolo di contatto è ottuso.

L'angolo di contatto dipende dalla coppia liquido-solido considerata. Per esempio, per acqua e vetro $\alpha = 0$ rad mentre per acqua e Teflon $\alpha = 2.22$ rad.

A causa della tensione superficiale agente sulla superficie di delimitazione di una massa liquida, all'equilibrio, si presenta un eccesso di pressione Δp fra la parte interna e quella esterna. Nel caso di una superficie sferica di raggio R (e.g. bolla di sapone) si può mostrare che vale:

$$\Delta p = \frac{2\tau}{R} \tag{10.52}$$

L'effetto delle forze di adesione e coesione è particolarmente significativo nei tubi capillari (condotti caratterizzati da un raggio molto piccolo e.g. $R < 0.5$ mm), in cui all'equilibrio si verifica un innalzamento o un abbassamento della colonna di liquido, a seconda che il menisco sia convesso o concavo.

Il dislivello h nel capillare all'equilibrio è tale che la differenza di pressione data dalla (10.52), è pari alla variazione di pressione data dalla legge di Stevino (10.6). Otteniamo la *legge di Jurin*:

$$h = \frac{2\tau}{\rho g R} \tag{10.53}$$

valida se il liquido bagna completamente la parete ($\alpha = 0$), dove R è il raggio del capillare.

Se invece abbiamo un angolo di contatto diverso da zero vale la geometria di **figura 10.24** e la legge di Jurin si scrive:

$$h = \frac{2\tau \cos \alpha}{\rho g R} \tag{10.54}$$

Capitolo

Cenni di Meccanica Statistica

11

11.1 INTRODUZIONE

Vogliamo ora estendere i concetti introdotti in meccanica a sistemi costituiti da un numero molto elevato di particelle, quali ad esempio i *gas*, che a pressione e temperatura standard risultano composti tipicamente da circa 10^{20} atomi/molecole.

Sappiamo che la meccanica si fonda su alcuni principi generali, quali la conservazione dell'energia, della quantità di moto e del momento angolare, applicabili al moto di una o più particelle interagenti. Nella *meccanica statistica* questi principi vengono estesi ai sistemi di molte particelle in modo da ottenere proprietà collettive valide a livello macroscopico, quali la temperatura e la pressione, in modo che non sia necessario considerare individualmente il moto di ciascuna particella. Vedremo che non è necessario, e di fatto praticamente impossibile, seguire il moto di tutte le particelle del sistema per derivare le proprietà macroscopiche del sistema stesso.

Probabilità di una distribuzione

Il punto di partenza dell'analisi statistica è il concetto di *probabilità di una distribuzione*, vale a dire *la probabilità che le particelle si trovino in una particolare configurazione tra i tanti possibili stati dinamici in cui esse possono trovarsi.*

Consideriamo un sistema composto da un grande numero di particelle, N, ogni particella può assumere un valore di energia E_1, E_2, E_3,... Questi livelli energetici possono essere *discreti*, cioè multipli di una quantità finita, oppure possono descrivere un dominio di valori *continuo*. In un istante T generico le particelle siano distribuite tra i vari stati energetici così che n_1 particelle si trovano nello stato caratterizzato dall'energia E_1, n_2 in quello a energia E_2 e così via. Il numero totale di particelle e l'energia totale del sistema si scrivono:

$$N = n_1 + n_2 + n_3 + \ldots = \Sigma n_i \quad (11.1)$$

$$U = n_1 E_1 + n_2 E_2 + n_3 E_3 \ldots = \Sigma n_i E_i \quad (11.2)$$

dove abbiamo trascurato l'energia di interazione fra le particelle, oppure implicitamente assunto che tale contributo possa essere rappresentato attraverso un termine globale.

Diciamo che il sistema è *chiuso* se il numero di particelle N è costante nel tempo. Inoltre, se il sistema è *isolato*, la sua energia totale è costante nel tempo. Ovviamente la distribuzione delle particelle nei vari stati energetici può variare nel tempo anche se il numero totale N e l'energia totale U del sistema sono costanti. È ragionevole pensare che per ogni sistema fisico considerato, vi sia una particolare distribuzione delle N particelle nei vari stati E_i che sia più probabile rispetto alle altre. Quando il sistema si trova ad assumere la distribuzione più probabile diciamo che ha raggiunto l'*equilibrio statistico*.

Equilibrio statistico

La determinazione della partizione più probabile di un sistema isolato, una volta nota la sua composizione, diviene quindi un problema fisico rilevante. Una volta raggiunta la condizione di equilibrio statistico il sistema fluttuerà intorno ad esso senza che si osservino cambiamenti nelle sue proprietà macroscopiche e se ne allontanerà solo in seguito all'applicazione di una perturbazione esterna.

Per ottenere la distribuzione più probabile occorre partire da alcune assunzioni plausibili sul sistema da analizzare: la legge di distribuzione che ne deriva dipende ovviamente dalle assunzioni fatte. In questo capitolo analizzeremo la *meccanica statistica classica* sviluppata da Stefan Boltzmann (1844-1906), James C. Maxwell (1831-1879) and Josia W. Gibbs (1839-1903) tra la fine del 1800 e gli inizi del 1900.

Per ottenere la legge di distribuzione di Maxwell-Boltzmann consideriamo un sistema composto da un grande numero di particelle *identiche* e *distinguibili*. Consideriamo una particolare partizione delle N particelle negli stati E_i con $i = 1, \ldots m$, come in **figura 11.1**, dove ogni livello energetico è rappresentato da una linea. In questo particolare esempio $n_1 = 3$, $n_2 = 1$, $n_3 = 4$ ed $n_5 = 2$, con $N = 10$.

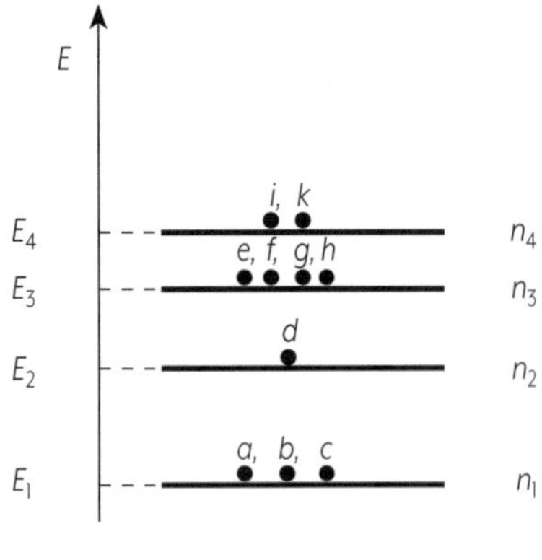

Figura 11.1

Esempio di possibile distribuzione delle particelle nei livelli energetici.

Assumiamo che ogni stato energetico abbia la stessa probabilità di essere occupato da ogni particella. Calcoliamo il numero di modi differenti in cui la partizione può essere ottenuta. Cominciamo con il riempire lo stato di energia E_1: selezioniamo la prima particella, che può essere scelta tra N. La seconda particella può essere selezionata tra le $N - 1$ restanti, la terza tra $N - 2$, quindi il numero totale di modi in cui possiamo scegliere le tre particelle dello stato è:

$$N(N-1)(N-2)=\frac{N!}{(N-3)!} \tag{11.3}$$

Chiamiamo *a,b,c* queste tre particelle. Le tre particelle in questione possono essere distribuite nel livello E_1 in 3! = 6 modi, *abc, bca, cab, bac, acb, cba,* fra loro equivalenti se le particelle non sono distinguibili. Quindi il numero di partizioni ottenuto in (11.3) deve essere diviso per 3! per ottenere il numero di configurazioni associato allo stato E_1:

$$\frac{N!}{3!(N-3)!} \tag{11.4}$$

Possiamo da qui derivare una relazione generale, considerando il numero di particelle nello stato 1 sia n_1:

$$\frac{N!}{n_1!(N-n_1)!} \tag{11.5}$$

Passiamo ora a riempire il secondo stato E_2: sono disponibili solamente $N - n_1$ particelle, quindi l'espressione del numero di partizioni per questo stato si ottiene sostituendo $N - n_1$ al posto di N:

$$\frac{(N-n_1)!}{n_2!(N-n_1-n_2)!} \tag{11.6}$$

e così via per il terzo stato:

$$\frac{(N-n_1-n_2)!}{n_3!(N-n_1-n_2-n_3)!} \tag{11.7}$$

La distribuzione su tutti gli stati energetici del sistema si ottiene quindi moltiplicando le espressioni trovate per i singoli stati energetici. In tale operazione i fattori del tipo $(N - n_1)!$, $(N - n_1 - n_2)!$... si cancellano tra loro ed il risultato è:

$$P=\frac{N!}{n_1!n_2!n_3!...} \tag{11.8}$$

P rappresenta il numero di modi distinguibili in cui è possibile ottenere la partizione che vede n_i particelle nello stato E_i per ogni i che va da 1 a m. Si parla anche di P come molteplicità delle possibili configurazioni con cui le N particelle del sistema si distribuiscono nella particolare partizione (*microstato*) che corrisponde allo stato del sistema (*macrostato*). Possiamo per esempio calcolare il valore di P nell'esempio di figura 11.1:

$$P = \frac{10!}{3!\,1!\,4!\,2!} = 12600 \tag{11.9}$$

Idea chiave in meccanica statistica è quella di considerare il valore di P come una misura, opportunamente normalizzata, della probabilità della particolare partizione che essa descrive. Per spiegare meglio questo concetto consideriamo come sistema isolato una scatola che non possa scambiare energia con l'esterno e che contenga solo sei molecole identiche di un gas. In qualsiasi istante ogni molecola può trovarsi nella metà di destra (stato 1) o in quella di sinistra (stato 2) della scatola con uguale probabilità. Il numero di possibili configurazioni ottenibili per questo esiguo gruppo di particelle è 7, ciascuna con una molteplicità data dal numero totale dei modi possibili con cui possiamo ottenere tale configurazione. Utilizziamo la statistica di Maxwell-Boltzmann per due soli stati:

$$P = \frac{N!}{n_1!\,n_2!} \tag{11.10}$$

Tabella 11.1

	n_1	n_2	P
I	6	0	1
II	5	1	6
III	4	2	15
IV	3	3	20
V	2	4	15
VI	1	5	6
VII	0	6	1

per calcolare le molteplicità di queste 7 possibili configurazioni. Il risultato è riportato in **tabella 11.1**.

La IV configurazione, caratterizzata dal fatto che tre particelle si trovano nella metà di sinistra e tre in quella di destra, è quella caratterizzata dalla molteplicità più elevata. Possiamo quindi dire che questa particolare configurazione è la più probabile. Osserviamo che in questo calcolo abbiamo considerato che ogni configurazione abbia la stessa probabilità intrinseca di accadere (ogni particella poteva trovarsi nella metà di sinistra o nella metà di destra della scatola con uguale probabilità). Questa condizione non è sempre verificata. Per tenere conto della possibilità che gli stati posseggano probabilità intrinseche diverse si introduce un fattore g_i detto *degenerazione dello stato i-esimo*. Se g_i è la probabilità di trovare la particella nello stato i-esimo, la probabilità di trovarne due nel medesimo stato è $g_i \cdot g_i$ e la probabilità di trovarne n_i è $g_i^{n_i}$.

Degenerazione dello stato i-esimo

Facciamo l'esempio semplice di un unico stato di degenerazione $g_i = 3$, corrispondente ad un tripletto di livelli distinti caratterizzati da stessa energia E_i. Il numero totale di particelle sia pari al numero che questo tripletto contiene: $N = n_i = 3$. Nella **tabella 11.2** elenchiamo tutti i possibili modi distinti con cui possiamo ottenere questa configurazione che sono appunto $g_i^{n_i} = 27$.

Considerando anche la degenerazione degli stati il numero di partizioni P diviene perciò:

$$P = N! \frac{g_1^{n_1} g_2^{n_2} g_3^{n_3} \dots}{n_1! n_2! n_3! \dots} \tag{11.11}$$

che si riduce alla (11.8) quando $g_i = 1$ per ogni i.

Tabella 11.2

	I	II	III
1	a	b	c
2	c	a	b
3	b	c	a
4	b	a	c
5	a	c	b
6	c	b	a
7	ab	c	
8		ab	c
9	ab		c
10	c	ab	
11		c	ab
12	c		ab
13	ac	b	
14		ac	b
15	ac		b
16	b	ac	
17		b	ac
18	b		ac
19	abc		
20		abc	
21			abc
22	bc	a	
23		bc	a
24	bc		a
25	a	bc	
26		a	bc
27	a		bc

11.2 LA LEGGE DI DISTRIBUZIONE DI MAXWELL-BOLTZMANN

Abbiamo già osservato che la condizione di *equilibrio statistico* corrisponde per definizione al sistema nella configurazione più probabile. Per trovare la configurazione più probabile è necessario trovare il valore massimo dell'espressione di P data dalla (11.11), compatibilmente con le condizioni che N ed U, date dalle equazioni (11.1) e (11.2) siano costanti. Si preferisce in realtà massimizzare il logaritmo naturale di P perchè la procedura è più semplice matematicamente ed il risultato è lo stesso.

$$\ln(P) = \ln(N!) + n_1 \ln(g_1) + n_2 \ln(g_2) + \dots - \ln(n_1!) - \ln(n_2!) - \dots \tag{11.12}$$

si può utilizzare la formula di Stirling:

$$\ln(x!) \approx x \ln(x) - x \tag{11.13}$$

ed assumendo che gli n_i siano grandi numeri otteniamo:

$$\ln(P) = N \ln(N) - \sum_i n_i \ln\left(\frac{n_i}{g_i}\right) \tag{11.14}$$

Moltiplicatori di Lagrange

Per massimizzare la funzione (11.4) imponendo i vincoli N = *costante* ed U = *costante* si utilizza il metodo dei *moltiplicatori di Lagrange*. Si introducono cioè due parametri, per ora indeterminati, α e β e si cercano i punti stazionari della funzione $\ln(P) - \alpha N - \beta U$. Ricordando le formule (11.1) e (11.2), e differenziando rispetto ad n_i si ottiene:

$$\frac{\partial}{\partial n_i}\left[\ln(P) - \alpha \sum_i n_i - \beta \sum_i n_i E_i\right] = 0 \tag{11.15}$$

e risolvendo per n_i otteniamo, riscalando opportunamente la costante α, l'espressione:

$$n_i = g_i e^{-\alpha-\beta E_i} \tag{11.16}$$

I due termini α e β sono legati al sistema fisico considerato. In particolare, si può esprimere α in funzione del numero totale di particelle N:

$$N = \sum_i n_i = \sum_i g_i e^{-\alpha-\beta E_i} = e^{-\alpha} \sum_i \left(g_i e^{-\beta E_i} \right) = Z e^{-\alpha} \tag{11.17}$$

introdotto il termine $Z = \sum_i \left(g_i e^{-\beta E_i} \right)$ detto *funzione di partizione del sistema*, scriviamo $e^{-\alpha} = N/Z$, ottenendo la relazione:

$$n_i = \frac{N}{Z} g_i e^{-\beta E_i} \tag{11.18}$$

detta *legge di distribuzione di Maxwell-Boltzmann*.

Caso 11.1

Per approfondire il concetto di distribuzione di equilibrio consideriamo il seguente esempio. Un sistema sia composto da N = 6000 particelle che possono disporsi in 3 livelli energetici, caratterizzati dalla stessa degenerazione g, di energia rispettivamente: $\varepsilon_0 = 0$, $\varepsilon_1 = \varepsilon$, $\varepsilon_2 = 2\varepsilon$.

Consideriamo una possibile partizione caratterizzata da $n_1 = 3000$; $n_2 = 2500$ e $n_3 = 500$. La molteplicità di questa partizione è :

$$W_1 = \frac{6000!\, g^{3000} g^{2500} g^{500}}{3000!\,2500!\,500!}$$

Pensiamo quindi di variare leggermente questa partizione trasferendo due particelle dal livello intermedio ε_1 una in quello più basso, di energia ε_0, l'altra in quello più alto, di energia ε_2. La molteplicità di questa nuova partizione è:

$$W_2 = \frac{6000!\, g^{3001} g^{2498} g^{501}}{3001!\,2498!\,501!}$$

Per valutare quanto la molteplicità è variata rispetto a quella della precedente partizione effettuiamo il rapporto tra le due:

$$\frac{\mathbf{W}_2}{\mathbf{W}_1} = \frac{3000!\,2500!\,500!}{3001!\,2498!\,501!} = \frac{2500 \cdot 2499}{3001 \cdot 501} = 4.15$$

Il trasferimento di due sole particelle su un totale di 6000 dallo stato intermedio verso gli altri due, una variazione da considerarsi come piccola fluttuazione della partizione originaria, cambia perciò il valore della molteplicità in modo molto significativo. Questo indica che la partizione considerata è lontana da quella di equilibrio.

Calcoliamo la popolazione dei tre livelli in caso di equilibrio partendo dalla relazione (11.18):

$$n_1 = ge^{-\alpha}; \quad n_2 = ge^{-\alpha-\beta\varepsilon}; \quad n_3 = ge^{-\alpha-2\beta\varepsilon}.$$

Poiché il sistema è isolato, l'energia totale del sistema è sempre la stessa, qualsiasi partizione scegliamo.

La calcoliamo perciò utilizzando la partizione scelta inizialmente, W_1:

$$U = \sum_{i=1}^{3} n_i\varepsilon_i = n_2\varepsilon + 2n_3\varepsilon = 3500\varepsilon$$

sostituendo le espressioni di n_2 ed n_3 otteniamo:

$$ge^{-\alpha-\beta\varepsilon} + 2ge^{-\alpha-2\beta\varepsilon} = 3500.$$

Ponendo $x = ge^{-\beta\varepsilon}$ e ricordando che $n_1 = ge^{-\alpha}$, la relazione si riscrive: $n_1\left(x + 2x^2\right) = 3500$.

Inoltre, poiché il sistema è chiuso, la somma totale delle particelle distribuite nei tre livelli non cambia al variare della partizione. Abbiamo perciò la relazione:

$$N = n_1 + n_2 + n_3 = ge^{-\alpha} + ge^{-\alpha-\beta\varepsilon} + ge^{-\alpha-2\beta\varepsilon} = n_1\left(1 + x + x^2\right) = 6000 .$$

Dal sistema di queste due equazioni possiamo calcolare il valore di $x = 0.51127$, da cui si ottengono i valori delle popolazioni dei tre livelli all'equilibrio: $n_1 = 3385; n_2 = 1730; n_3 = 885$.

A partire dalla condizione di equilibrio, consideriamo di effettuare nuovamente la piccola variazione per cui due particelle dallo stato intermedio vengono trasferite una al livello energetico minore e l'altra a quello di energia maggiore. Il rapporto tra le due partizioni risulta ora:

$$\frac{W'_2}{W'_1} = \frac{3385!1730!885!}{3386!1728!886!} = \frac{1730 \cdot 1729}{3386 \cdot 806} = 0.997$$

La molteplicità della nuova partizione, in questo caso differisce quindi molto poco da quella iniziale: piccole fluttuazioni intorno alla condizione di equilibrio non comportano variazioni significative allo stato del sistema.

11.3 DEFINIZIONE STATISTICA DI TEMPERATURA

Osserviamo che poiché i termini βE_i sono numeri puri in quanto argomento di un esponenziale, la dimensione del moltiplicatore deve essere l'inverso di un'energia. L'energia totale del sistema è:

$$U = \sum_i n_i E_i = \frac{N}{Z} \sum_i g_i E_i e^{-\beta E_i} \qquad (11.19)$$

che si può riscrivere nella forma di una relazione tra l'energia totale del sistema e la funzione di partizione Z:

$$U = -\frac{N}{Z} \frac{\partial}{\partial \beta} \left(\sum_i g_i e^{-\beta E_i} \right) = -\frac{N}{Z} \frac{\partial Z}{\partial \beta} = -N \frac{\partial}{\partial \beta} (\ln Z) \qquad (11.20)$$

L'energia media delle particelle è quindi:

$$\langle E \rangle = \frac{U}{N} = -\frac{\partial}{\partial \beta} (\ln Z) \qquad (11.21)$$

Quest'ultima relazione indica che l'energia media delle particelle è funzione del parametro β. Potremmo perciò in linea di principio utilizzare β per caratterizzare l'energia interna del sistema. Per ragioni storiche si è invece preferito a questo scopo introdurre una grandezza fisica nuova, detta *temperatura assoluta del sistema*, designata con la lettera T e misurata in *gradi Kelvin*, K, definita dalla:

$$T = \frac{1}{k_B \beta} \qquad (11.22)$$

con $k_B = 1.3805 \cdot 10^{-23}$ J K^{-1} detta *costante di Boltzmann*. Osserviamo che questa definizione statistica di temperatura è valida quando il sistema è all'equilibrio, dato che il parametro β è intervenuto nel calcolo quando abbiamo determinato la partizione più probabile del sistema. Si verifica facilmente che utilizzando la relazione (11.22) possiamo riscrivere l'energia media delle particelle del sistema in termini di T come:

$$\langle E \rangle = k_B T^2 \frac{\partial}{\partial T} (\ln Z) \qquad (11.23)$$

11.4 GAS IDEALI

Nel seguito applicheremo e svilupperemo quanto abbiamo appreso sulla legge di distribuzione di Maxwell-Boltzmann ad un sistema noto in fisica come *gas ideale*. Si tratta di un sistema di N particelle contenute in un recipiente chiuso di volume V e fermo in un sistema di riferimento inerziale. In generale le particelle risulteranno in movimento e interagiranno tra loro con forze che supponiamo conservative. Consideriamo in particolare che siano valide le seguenti assunzioni:

1. l'interazione tra le particelle abbia raggio d'azione trascurabile, in modo che esse si muovano come particelle indipendenti l'una dall'altra, cioè (tra un urto con le pareti e il successivo) di moto rettilineo uniforme. Tale movimento è del tutto casuale visto che non esistono posizioni o direzioni privilegiate.
2. gli urti delle molecole con le pareti del recipiente siano praticamente istantanei e completamente elastici (pareti lisce e di massa infinita).
3. il volume occupato dalle particelle sia trascurabile rispetto a quello del recipiente.

Tale modello è ragionevolmente applicabile ai gas rarefatti, cioè in condizioni di bassa pressione e temperatura elevata rispetto al punto di liquefazione.

11.4.1 Teoria cinetica dei gas ideali

Consideriamo un gas ideale composto da particelle identiche monoatomiche di massa m. L'energia dell'i-esima particella è in questo caso puramente cinetica traslazionale:

$$E_i = \frac{1}{2} m v_i^2 \tag{11.24}$$

Poiché l'energia può assumere qualsiasi valore nel dominio continuo scriviamo la funzione di partizione Z nella forma:

$$Z = \int g(E) e^{-\frac{E}{k_B T}} dE \tag{11.25}$$

Si può dimostrare (la dimostrazione è al di là degli scopi di questo libro) che, per un gas ideale contenuto in un recipiente di volume V, la quantità $g(E)$ risulta direttamente proporzionale al volume ed alla radice quadrata dell'energia E, $g(E) \propto V\sqrt{E}$. Dal calcolo dell'integrale si ottiene quindi una relazione del tipo:

$$\ln Z = C + \frac{3}{2}\ln(k_B T) \qquad (11.26)$$

con C costante. Sostituendo questo valore in (11.23) otteniamo la relazione tra l'energia media delle particelle e la temperatura:

$$\langle E \rangle = \frac{3}{2}k_B T \qquad (11.27)$$

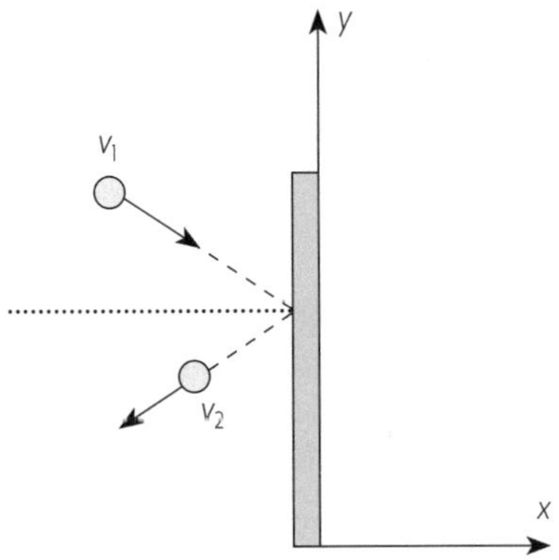

Figura 11.2
Urto elastico fra una particella e la parete.

Consideriamo ora per semplicità che il gas ideale sia contenuto in un recipiente cubico di lato L. Immaginiamo che una particella urti contro una parete del cubo posta nel piano (y,z) con velocità v_1. Dopo l'urto essa assume la velocità v_2. Se la parete è liscia, le componenti della velocità v_y e v_z, rispettivamente lungo y e z, sono inalterate, mentre la v_x si è invertita, dato che la parete ha massa infinita e l'urto è elastico. Si ha dunque $|\vec{v}_1| = |\vec{v}_2|$.

La variazione di quantità di moto della particella *i-esima* nell'urto è:

$$\Delta\vec{p}_i = -2mv_{xi}\hat{u}_x \qquad (11.28)$$

Nel suo moto la particella va avanti e indietro urtando le pareti, non urta le altre particelle (ipotesi di gas rarefatto) e si muove tra urti successivi di moto rettilineo uniforme. In un intervallo Δt esegue un numero di urti pari a:

$$N_{i\Delta t} = \frac{v_{xi}\Delta t}{2L} \qquad (11.29)$$

ed in ciascun urto scambia l'impulso $J_i = 2mv_{xi}$. L'impulso scambiato in Δt dall'insieme di tutte le particelle è:

$$J = \sum_i J_i = \sum_i 2mv_{xi}N_{i\Delta t} = \sum_i mv_{xi}^2 \frac{\Delta t}{L} \qquad (11.30)$$

L'impulso per unità di tempo è pari alla forza media esercitata dal gas sulla parete:

$$F_x = \frac{1}{L}\sum_i mv_{xi}^2 \qquad (11.31)$$

A tale forza corrisponde una pressione sulla parete:

$$p = \frac{F_x}{A} = \frac{1}{L^3}\sum_i m v_{xi}^2 = \frac{1}{V}\sum_i m v_{xi}^2 \tag{11.32}$$

Introduciamo la velocità quadratica media delle N particelle nella direzione x come:

$$\langle v_x^2 \rangle = \frac{1}{N}\sum v_{xi}^2 \tag{11.33}$$

Tale valor medio deve essere lo stesso in tutte e tre le direzioni, per l'isotropia del sistema: $\langle v_x^2 \rangle = \langle v_y^2 \rangle = \langle v_z^2 \rangle$. Inoltre la velocità quadratica media totale è: $\langle v^2 \rangle = \langle v_x^2 \rangle + \langle v_y^2 \rangle + \langle v_z^2 \rangle$ quindi $\langle v_x^2 \rangle = \langle v^2 \rangle / 3$. Otteniamo:

$$p = \frac{mN}{3V}\langle v^2 \rangle \tag{11.34}$$

definendo l'energia cinetica media delle particelle $\langle E \rangle = \frac{1}{2} m \langle v^2 \rangle$ risulta anche:

$$pV = \frac{2}{3} N \langle E \rangle \tag{11.35}$$

Infine, utilizzando la (11.27) che esprime l'energia media delle particelle in termini della temperatura assoluta del sistema otteniamo la seguente relazione tra le grandezze macroscopiche pressione, volume e temperatura detta *equazione di stato del gas ideale*:

$$pV = N k_B T \tag{11.36}$$

11.5 PRINCIPIO DI EQUIPARTIZIONE DELL'ENERGIA

Abbiamo visto che in un gas monoatomico ideale l'energia delle particelle è puramente cinetica traslazionale, pari a $E_i = \frac{1}{2} m v_i^2$. Abbiamo anche mostrato che per il gas ideale monoatomico l'energia media delle particelle è legata alla temperatura dalla relazione, $\langle E \rangle = \frac{3}{2} k_B T$. Il moto della particella monoatomica è descritto completamente mediante le tre coordinate x, y, z necessarie per determinare la posizione del centro di massa della particella, quindi i gradi di libertà del moto sono tre. Possiamo interpretare il fatto che l'energia media sia pari a $\frac{3}{2} k_B T$ immaginando di *associare ad ognuno dei tre gradi di libertà traslazionali un contributo in energia pari a* $\frac{1}{2}k_B T$.

In realtà questa affermazione ha carattere più generale, risultando valida anche per sistemi più complessi dei gas monoatomici. È infatti un caso particolare del

PRINCIPIO DI EQUIPARTIZIONE DELL'ENERGIA

L'energia media di una molecola di gas ideale è *pari a:* $\langle E \rangle = N_l \frac{1}{2} k_B T$ *dove* N_l è *il numero di gradi di libertà della molecola.*

Consideriamo per esempio una molecola composta da due atomi. In questo caso ci sono sei gradi di libertà, necessari per determinare la posizione dei centri di massa di ciascun atomo. Se la molecola è rigida, la distanza tra i due atomi è fissata, il che impone una relazione tra i centri di massa dei due atomi: i gradi di libertà scendono quindi a cinque.

11.6 ENTROPIA

Abbiamo visto in precedenza come ottenere la partizione di equilibrio di un sistema, corrispondente alla distribuzione più probabile P delle particelle del sistema tra gli stati energetici disponibili e caratterizzata dalla molteplicità massima. È importante sottolineare che se il sistema isolato non è all'equilibrio la molteplicità è quindi minore di quella di equilibrio: nel tempo il sistema evolverà spontaneamente fino a che esso raggiungerà l'equilibrio statistico. Oltre questa condizione P non varierà ulteriormente a meno che il sistema non venga perturbato da una forza esterna. Per descrivere questa tendenza naturale del sistema verso l'equilibrio statistico viene introdotto il concetto di *entropia*, definita con la relazione:

$$S = k_B \ln P \tag{11.37}$$

L'entropia di un sistema è proporzionale al logaritmo della probabilità P della partizione corrispondente allo stato del sistema. Poichè S e P sono legati da funzione logaritmica l'entropia risulta essere una *grandezza fisica additiva*. Ciò significa che, se per esempio consideriamo i sistemi 1 e 2 rispettivamente di entropia: $S_1 = k_B \ln P_2$ ed $S_2 = k_B \ln P_2$, il numero delle configurazioni possibili con cui si ottiene il sistema composto, 1 + 2, è pari al prodotto delle loro molteplicità $P = P_1 \cdot P_2$ e l'entropia totale risulta la somma delle singole entropie, $S = S_1 + S_2$.

Osserviamo che la definizione (11.37) si applica ad ogni partizione, che sia di equilibrio o non equilibrio. Nel caso di partizioni di equilibrio, sarà possibile esprimere l'entropia come funzione delle variabili macroscopiche che definiscono lo stato del sistema (p, V, T...).

Dalla definizione (11.37) si evince che l'entropia è fissata dallo stato del sistema, ovvero *l'entropia* è *una funzione di stato.*

Se eseguiamo un processo che porta il sistema da uno stato iniziale ad uno finale, la relativa variazione di entropia risulta quindi indipendente dal processo seguito. Tale cambiamento è infatti dovuto unicamente alle probabilità degli stati iniziale e finale.

CASO 11.2

Come esempio vogliamo calcolare l'aumento di entropia di un gas ideale composto da N molecole che raddoppi il suo volume durante un'espansione libera dentro un recipiente chiuso ed isolato. Se all'inizio le molecole si trovano tutte, per esempio, nella metà sinistra della scatola, alla fine del processo il sistema occupa tutto il recipiente avendo raggiunto la condizione di equilibrio statistico.

L'entropia dei due stati, iniziale, S_i e finale S_f, è rispettivamente data da:

$$S_i = k_B \ln P_i = k_B \ln \frac{N!}{n_1! n_2!} = k_B \ln \frac{N!}{N! 0!} = k_B \ln(1) = 0 \quad (11.38)$$

$$S_f = k_B \ln P_f = k_B \ln \frac{N!}{n_1! n_2!} = k_B \ln \frac{N!}{\frac{N}{2}! \frac{N}{2}!} = k_B \left(\ln N! - 2 \ln \frac{N}{2}! \right) \quad (11.39)$$

Ricordando la formula di Stirling, $\ln N! = N \ln N - N$, risulta, per N sufficientemente grandi, che al processo esaminato corrisponde l'aumento di entropia pari a:

$$S_f = k_B N \ln 2 > 0 \quad (11.40)$$

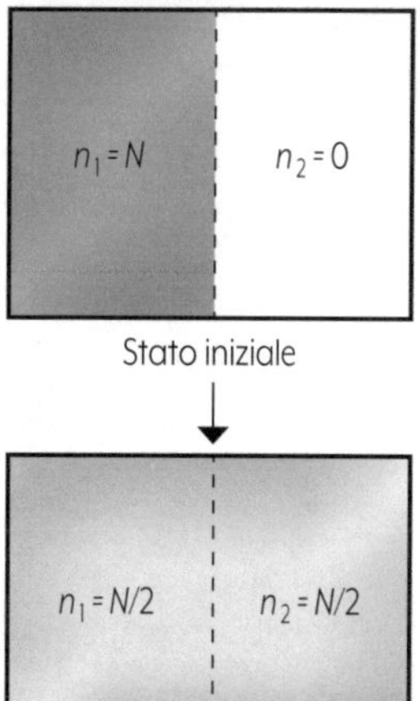

Figura 11.3
Espansione libera di un gas.

Analizzeremo questo risultato più avanti, quando discuteremo il II principio della termodinamica. Per ora concludiamo osservando che:

Se un sistema isolato non è all'equilibrio esso evolve naturalmente nella direzione in cui la sua entropia aumenta, fino a raggiungere spontaneamente la condizione di equilibrio statistico.

Capitolo

I principio della Termodinamica

12

Abbiamo visto nello studio della meccanica come il lavoro compiuto dalle forze agenti sul sistema sia uguale alla variazione di energia cinetica delle parti di cui è composto il sistema stesso. In presenza di forze conservative il lavoro si può esprimere anche come variazione dell'energia potenziale. Abbiamo mostrato come in queste condizioni l'energia meccanica totale, data dalla somma dell'energia cinetica e di quella potenziale, si conservi durante il moto. Si osserva sperimentalmente che, in presenza di forze dissipative come le forze di attrito, l'energia meccanica non si conserva, ma diminuisce nel tempo. In questo capitolo ci occuperemo di questo contesto più generale. Enunceremo quindi un nuovo principio fisico introducendo due grandezze fisiche: il *calore* e la *temperatura*. La branca della fisica che si occupa dello studio dei processi energetici, includendo anche i concetti di calore e temperatura, è detta *Termodinamica*.

Termodinamica

Definiamo l'intero spazio fisico come *universo*. Si dice *sistema termodinamico* o più semplicemente *sistema*, una porzione di spazio limitata o parte di materia, che separiamo idealmente dalla restante parte dell'universo, detta invece *ambiente*. Le quantità macroscopiche che si riferiscono allo stato interno del sistema vengono dette *coordinate termodinamiche*.

Scopo della *Termodinamica* è quello di studiare le interazioni del sistema con l'ambiente. Tali interazioni possono avvenire mediante scambi di energia e di materia. Si definiscono:

- *aperti* i sistemi che sono in grado di scambiare sia energia che massa con l'ambiente;
- *chiusi* i sistemi che sono in grado di scambiare solo energia con l'ambiente;
- *isolati* quelli per i quali non può avvenire alcuno scambio con l'ambiente.

12.1 TEMPERATURA - EQUILIBRIO TERMICO

Abbiamo già introdotto nel capitolo precedente il concetto di *temperatura assoluta* come proprietà di un sistema composto di N particelle in condizioni di equilibrio statistico. Per un gas ideale composto da N particelle monoatomiche essa è legata alla sua energia interna U dalla relazione, $U = 3/2\ k_B NT$. Vogliamo ora soffermarci a discutere la definizione operativa della grandezza fisica *temperatura* da un punto di vista *macroscopico*. La descrizione macroscopica di un sistema implica la definizione di alcune proprietà fondamentali misurabili direttamente e, in generale, suggerite dalla nostra esperienza sensoriale. In particolare, l'idea di *temperatura* è immediatamente ricollegabile alle sensazioni fisiologiche di caldo e freddo. Queste sensazioni danno però indicazioni unicamente soggettive, spesso grossolane e anche contrastanti. Per esempio, a temperature inferiori alla nostra temperatura corporea un oggetto metallico ci apparirà al contatto con la mano più freddo di un oggetto fatto di materiale plastico che abbia la stessa temperatura. In fisica è invece necessario produrre definizioni oggettive, che prescindano da valutazioni di tipo personale.

Alla base della definizione operativa di temperatura vi è il concetto di *equilibrio termico*. Abbiamo già definito le condizioni di equilibrio statistico, caratterizzato dal fatto che la distribuzione delle N particelle del sistema sia la più probabile. In questa forma, il concetto di equilibrio muove da una descrizione microscopica che richiede particolari ipotesi sulla struttura del sistema. Dal punto di vista macroscopico si vuole invece caratterizzare il sistema mediante alcune grandezze fisiche misurabili direttamente, come ad esempio il suo volume o la pressione: le coordinate termodinamiche. Diciamo che un sistema si trova in *stato di equilibrio* se le coordinate termodinamiche che lo caratterizzano, X, Y ... sono costanti nel tempo. L'esperienza mostra che le caratteristiche di uno stato di equilibrio di un sistema dipendono dai sistemi ad esso vicini e dalla natura delle pareti di separazione. Le pareti possono essere *adiabatiche* o *conduttrici* (queste ultime dette anche *diatermiche*). Se la parete di separazione tra i sistemi A e B è adiabatica, le coordinate X_A, Y_A ... e X_B, Y_B, che caratterizzano gli stati di questi due sistemi possono assumere, indipendentemente, qualunque valore. Se i due sistemi sono invece separati da una parete conduttrice, l'esperienza mostra che i valori delle coordinate libere X_A, Y_A e X_B, Y_B cambieranno spontaneamente fino a che non si raggiungerà uno stato di equilibrio di tutto il sistema $A + B$, caratterizzato dalle stesse coordinate termodinamiche X_{AB}, Y_{AB}. Diciamo in questo caso che i due sistemi hanno raggiunto lo stato di *equilibrio termico*.

Equilibrio termico

Concludendo, lo stato di *equilibrio termico* è quello *stato che uno o più sistemi raggiungono quando essi vengono messi a contatto tra loro tramite una parete diatermica.*

Consideriamo ora due sistemi A e B separati da una parete adiabatica, ciascuno dei quali sia in contatto tramite una parete diatermica con un terzo sistema C (**figura 12.1** sinistra). L'insieme sia contenuto in un recipiente a pareti adiabatiche. Si osserva sperimentalmente che i due sistemi A e B raggiungono l'equilibrio termico con il terzo. Notiamo che, essendo separati da una parete adiabatica, essi sono giunti *separatamente* all'equilibrio termico con C. Se ora sostituiamo alla parete adiabatica che li divide una parete diatermica (**figura 12.1** destra) si osserva che i sistemi A e B restano nello stato precedentemente raggiunto: i due sistemi sono dunque in equilibrio termico tra loro. Per l'equilibrio termico vale quindi la *proprietà transitiva*. Questa proprietà è detta:

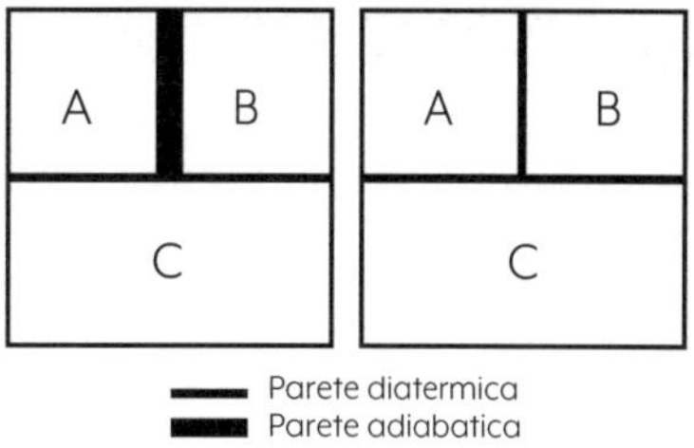

Figura 12.1

Procedimento per la verifica della proprietà transitiva dell'equilibrio termico.

***Principio zero della termodinamica**: due sistemi in equilibrio termico con un terzo, sono in equilibrio termico tra di loro.*

Temperatura

Per caratterizzare l'equilibrio termico tra i sistemi si introduce una nuova grandezza fisica, detta *temperatura*. Per definizione, *due sistemi che sono in equilibrio termico tra di loro, hanno la stessa temperatura.*

Termometro

Il principio zero della termodinamica permette di definire operativamente la temperatura. Si utilizza a tal scopo un *sistema campione* detto *termometro*. Diverse proprietà fisiche dei corpi appaiono infatti legate al fatto che i corpi risultino più o meno "caldi". Sia X una grandezza caratterizzante un fenomeno fisico che risulta dipendere dalla temperatura mediante la funzione $\Theta(X)$; X viene detta *caratteristica termometrica* e $\Theta(X)$ *funzione termometrica*. Il termometro è il dispositivo in cui avviene il fenomeno fisico dipendente dalla temperatura e che fornisce il valore della caratteristica termometrica relativa. Ad esempio nel termometro a liquido, a causa della dilatazione termica, la lunghezza della colonna di liquido risulta variabile con la temperatura. In **tabella 12.1** elenchiamo alcuni tipi importanti di termometro, caratterizzati ciascuno da una diversa caratteristica termometrica.

Termometro	Caratteristica
A gas a volume costante	Pressione
A liquido	Dilatazione termica
Resistore elettrico	Resistenza elettrica
A diodo	Intensità di corrente elettrica
Termocoppia	Forza elettromotrice
Pirometro	Potere emissivo corpo nero
Sale paramagnetico	Suscettività magnetica

Tabella 12.1

Per determinare la temperatura mediante la valutazione della caratteristica termometrica, vengono utilizzati uno o più sistemi in stato di equilibro, detti *punti fissi campione*, caratterizzati dal fatto di essere definibili con precisione e facilmente riproducibili: ad essi vengono attribuiti valori arbitrari di temperatura in modo da definire una determinata *scala di temperatura*. In passato la comunità scientifica ha adottato due punti fissi: il punto del ghiaccio, *temperatura di equilibrio tra ghiaccio e vapor d'acqua alla pressione di un'atmosfera* e il punto del vapor d'acqua, *temperatura di equilibrio tra acqua e vapor d'acqua alla pressione di una atmosfera*. Il punto del ghiaccio è considerato lo zero della scala, il punto del vapor d'acqua è stabilito in 100 gradi, detti Celsius in onore di Anders Celsius (1701-1744), fisico ed astronomo svedese e indicati con il simbolo °C. Altre due scale operative di temperatura importanti sono la Rèaumur, usata un tempo in Belgio e in Svizzera, che ai punti fissi del ghiaccio e del vapor d'acqua attribuisce i valori 0 e 80 e la Farenheit ancora largamente usata nei paesi anglosassoni, che attribuisce agli stessi i valori 32 e 212 gradi.

Punto del ghiaccio e punto del vapor d'acqua

Attualmente (dal 1954) il metodo basato sui due punti fissi è stato abbandonato: viene utilizzato un solo punto fisso, detto *punto triplo* dell'acqua, corrispondente alla *temperatura di equilibrio tra ghiaccio, acqua e vapor d'acqua,* che vedremo in seguito corrispondere ad un valore fissato della pressione. Il valore arbitrario associato al punto triplo è 273.16 gradi, detti Kelvin in onore di Lord Kelvin, William Thomson, (1824 - 1907), fisico e ingegnere irlandese e indicati con il simbolo K. Si noti che la temperatura del punto del ghiaccio utilizzata come riferimento nella scala Celsius risulta essere pari a 273.15 K.

Punto triplo

Le definizioni date sopra per le tre scale permettono di legare le misure di temperatura Celsius, Θ_C, Farenheit Θ_F e Kelvin Θ_K, con le seguenti relazioni:

$$\frac{\Theta_C}{100} = \frac{\Theta_F - 32}{180} = \frac{\Theta_K - 273.15}{100} \tag{12.1}$$

Il procedimento per la misura della temperatura T del sistema comporta inizialmente la taratura del termometro previo contatto con una cella al punto triplo dell'acqua, per la determinazione del valore della caratteristica nel punto fisso campione X_{pt}. Si pone quindi il termometro a contatto termico con il corpo di cui si deve misurare la temperatura T. Si determina il valore della caratteristica termometrica X e si calcola quindi la temperatura. Nell'ipotesi che la caratteristica sia lineare, $\Theta(X) = aX$, abbiamo:

$$T = 273.16 \frac{X}{X_{pt}} \mathrm{K} \tag{12.2}$$

Temperatura empirica

Temperatura termodinamica assoluta

Notiamo che la suddetta relazione fornisce il valore della *temperatura empirica*, cioè della temperatura misurata dal particolare termometro considerato. Si osserva sperimentalmente che la caratteristica termometrica non è sempre lineare su tutto l'intervallo delle temperature. Per ovviare a questa difficoltà si introduce il concetto di *temperatura termodinamica assoluta*, misurata in gradi Kelvin mediante quello che, in base ad accordi internazionali, si considera come *termometro ufficiale*. Si tratta del termometro a gas ideale, la cui variabile termometrica corrisponde alla pressione esercitata quando il volume del gas stesso venga mantenuto costante. Approfondiremo il concetto di temperatura termodinamica assoluta nel capitolo riguardante il secondo principio della termodinamica.

12.2 CALORE

Un primo approccio al significato fisico del calore fu proposto nel XVIII secolo con la teoria del "calorico". Si pensava al calore come un a fluido, che, alla stregua dell'acqua che discende verso valle, scorresse da un corpo a temperatura elevata verso uno a temperatura più bassa. Questa teoria, in grado di spiegare la tendenza naturale verso l'equilibrio termico, non permetteva però di comprendere come fosse possibile ottenere calore dal lavoro meccanico. Questo problema venne per esempio sollevato alla fine del XVIII secolo dal fisico statunitense Benjamin Thompson che, trovandosi a dirigere il procedimento meccanico di foratura dei cannoni, si interrogò sull'origine fisica dell'aumento di temperatura associato alla lavorazione. Per chiarire questo tipo di fenomeni legati alla dissipazione, a metà del 1800, James Prescott Joule (1818 - 1889), fisico inglese, condusse una serie di esperimenti sugli effetti termici del lavoro meccanico, ponendo così le basi sperimentali del primo principio della termodinamica. A tal fine egli ideò il particolare strumento mostrato in figura 12.2(a), detto *mulinello di Joule*.

Si tratta di un contenitore con pareti adiabatiche in cui può ruotare un mulinello dotato di pale. Setti inseriti all'interno al contenitore impediscono all'acqua di produrre vortici. In esso si inserisce un termometro per la misura della temperatura. Il contenitore viene riempito con acqua di massa M, sull'asse del mulinello sono avvolte delle funi che passano su due carrucole dal peso trascurabile poste ai lati, entrambe collegate ad un corpo di massa m. Per effetto della forza di gravità le due masse scendono dalla quota h fino al suolo. Il lavoro compiuto dalla forza peso è $L = 2mgh$. Corrispondentemente, si registra mediante il termometro un aumento della temperatura dell'acqua, ΔT.

Joule osservò come la stessa variazione di temperatura si potesse ottenere effettuando lavoro con altre modalità, sempre mantenendo le pareti adiabatiche, seguendo quindi una trasformazione detta *adiabatica*. Per esempio possiamo ottenere lo stesso riscaldamento per strofinio di due corpi immersi nell'acqua o inserendo una resistenza in cui viene fatta scorrere corrente elettrica. Si verifica che il lavoro compiuto tra gli stessi stati iniziale A e finale B non è funzione del tipo di trasformazione effettuata, purché la trasformazione sia adiabatica. In analogia con quanto detto per l'energia potenziale è quindi possibile definire una funzione di stato, detta energia interna, U, funzione della temperatura del sistema ($\Delta U \propto \Delta T$) tale che ΔU sia pari al lavoro effettuato durante un processo adiabatico:

$$L = -\Delta U \tag{12.3}$$

Osserviamo che, in base a questa relazione, l'energia interna risulta definita a meno di una costante additiva, come nel caso già discusso dell'energia potenziale. Nella (12.3) L è assunto positivo quando il lavoro è compiuto dal sistema sull'ambiente.

La stessa variazione di temperatura può essere ottenuta, senza azione meccanica macroscopica, sostituendo le pareti adiabatiche con pareti diatermiche e mettendo a contatto il sistema con un corpo a temperatura più alta (si veda **figura 12.2(b)**).

Come già discusso, il corpo ed il sistema convergono spontaneamente verso una temperatura di equilibrio. In questo caso il lavoro scambiato è nullo; definiamo *calore* scambiato in questo processo, la quantità Q pari alla variazione di energia interna ΔU:

$$Q = \Delta U \tag{12.4}$$

a)

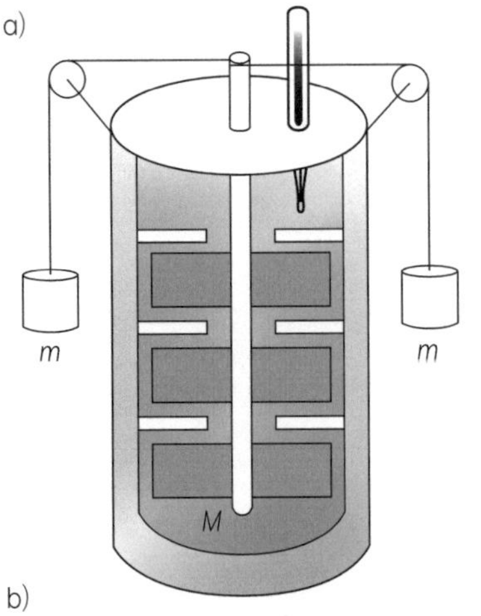

b)

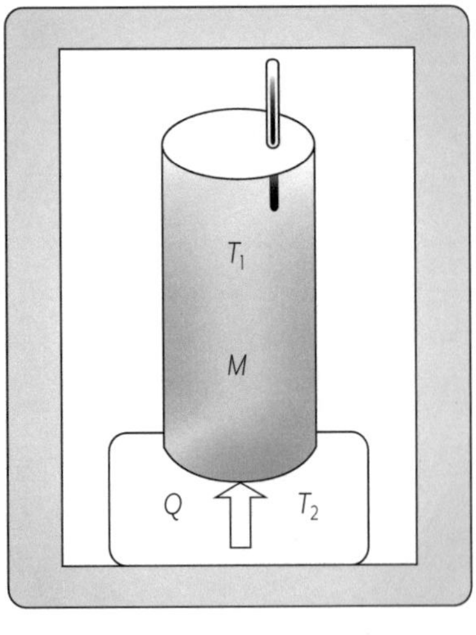

Figura 12.2

Esperimenti di Joule.

dove Q è assunto positivo quando è ceduto dall'ambiente, quindi assorbito dal sistema. Il calore ha la dimensione di un'energia. Esso corrisponde alla quantità di energia scambiata durante il processo. Non è in generale funzione dello stato del sistema.

Il risultato degli esperimenti di Joule è riassumibile nel seguente *principio di equivalenza tra calore e lavoro*:

Principio di equivalenza tra calore e lavoro

$$Q_{L=0} = -L_{ad} \tag{12.5}$$

dove $Q_{L=0}$ è il calore che è necessario scambiare tra sistema ed ambiente, in condizioni di lavoro meccanico nullo, per far variare la temperatura del sistema di ΔT; L_{ad} è il lavoro compiuto da/sul sistema durante una trasformazione adiabatica per far variare la temperatura dello stesso ΔT. In base agli esperimenti sopra esposti, Joule fu in grado di determinare l'equivalente meccanico della *caloria*, quantità di calore scambiato in una trasformazione a lavoro nullo per far variare la temperatura di 1 grammo di acqua di un grado (da 14.5°C a 15.5°C), in condizioni di pressione atmosferica:

$$1\text{cal} = 4.186\,\text{J} \tag{12.6}$$

12.3 I PRINCIPIO DELLA TERMODINAMICA

Estendiamo la relazione (12.5) nel paragrafo precedente al caso di una trasformazione generica da uno stato iniziale A ad uno stato finale B. Siano Q e L rispettivamente il calore ed il lavoro scambiati tra il sistema e l'ambiente durante questa trasformazione, e sia ΔU la variazione di energia interna tra lo stato A e lo stato B. Si verifica sempre la seguente relazione, detta:

***Primo principio della Termodinamica*:**

$$Q - L = \Delta U \tag{12.7}$$

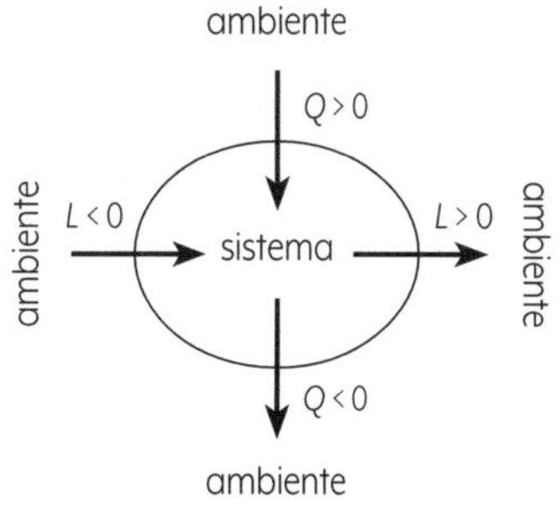

Figura 12.3
Convenzione sui segni di calore e lavoro.

Mentre sia il calore che il lavoro sono grandezze fisiche scambiate tra il sistema e l'ambiente, quindi dipendenti dal tipo di trasformazione, la loro differenza risulta indipendente dalla trasformazione: sappiamo infatti che l'energia interna è funzione dello stato del sistema.

La convenzione sui segni dell'energia scambiata è mostrata in **figura 12.3**: il calore assorbito dal sistema è considerato positivo, quello ceduto all'ambiente negativo; il lavoro compiuto dal sistema sull'ambiente è positivo, il lavoro compiuto sul sistema è negativo.

12.4 TRASFORMAZIONI TERMODINAMICHE

Un sistema termodinamico si descrive attraverso un certo numero di grandezze fisiche direttamente misurabili, dette le coordinate termodinamiche del sistema, quali pressione, volume, temperatura, energia interna (abbiamo visto infatti che anche questa grandezza fisica è una funzione di stato). Lo stato termodinamico del sistema è detto di equilibrio quando le variabili termodinamiche che lo descrivono sono costanti nel tempo.

La trasformazione del sistema tra due stati termodinamici di equilibrio A e B viene detta *trasformazione termodinamica* del sistema.

Gli stati intermedi tra cui il sistema evolve per passare da A a B possono essere o non essere anch'essi stati di equilibrio. Per procedere tra stati di equilibrio è necessario variare le coordinate termodinamiche di quantità infinitesime, in modo che esse siano definibili in ogni istante: si ottiene in questo modo una *trasformazione quasi-statica*. Oltre all'esame delle condizioni di equilibrio, è anche importante tenere in considerazione la presenza di eventuali fenomeni dissipativi che possono contribuire al bilancio energetico. Si definisce *trasformazione reversibile* quella trasformazione che avviene attraverso stati di equilibrio senza intervento di forze dissipative. Se queste condizioni non sono verificate la trasformazione si dice invece *irreversibile*. Caratteristica importante della trasformazione reversibile è che essa può essere sempre percorsa in senso inverso (dallo stato B allo stato A) in modo da riportare sia il sistema che l'ambiente nelle condizioni iniziali, operazione che risulta invece impossibile per le trasformazioni irreversibili.

Trasformazione quasi-statica

Trasformazione reversibile

Trasformazione irreversibile

12.5 CALCOLO DI CALORE E LAVORO

Consideriamo ora un processo intermedio in una trasformazione quasi-statica, che coinvolga scambi infinitesimi di calore e lavoro. Il primo principio della termodinamica si scrive:

$$đQ - đL = dU \tag{12.8}$$

Osserviamo che in questa equazione solo dU corrisponde ad un differenziale esatto, cioè tale che:

$$\int_A^B dU = \Delta U \tag{12.9}$$

mentre $đQ$ e $đL$ sono *differenziali inesatti*. Essi dipendono da come si è svolta effettivamente la trasformazione. Nell'operazione di integrazione è dunque necessario specificare la trasformazione seguita oltre che le configurazioni iniziali e finali. Il risultato non potrà essere espresso come differenza di una funzione di stato. Per quanto riguarda il lavoro, per un fluido sottoposto a forze di pressione, possiamo scrivere:

$$đL = \vec{F} \cdot \vec{ds} = pdV \tag{12.10}$$

dove la variazione di volume si scrive $dV = S\ ds$, S superficie normale su cui è applicata la forza di pressione F. Quindi per una trasformazione reversibile dallo stato iniziale A allo stato finale B attraverso una trasformazione γ il lavoro è pari a:

$$L = \int_{A\gamma B} pdV \tag{12.11}$$

Il lavoro è quindi dato dall'area sottesa dalla funzione $p(V)$ nel *diagramma di Clayperon* (p,V), calcolata tra il volume iniziale V_A e quello finale V_B.

Nel caso in cui il volume sia mantenuto costante cioè quando la trasformazione è *isocora*, il lavoro scambiato è nullo.

L'energia interna è funzione di un numero di coordinate termodinamiche pari a quello necessario per specificare lo stato del sistema. Nel caso di un sistema idrostatico chiuso, completamente descrivibile per mezzo delle tre coordinate p,V,T tra loro correlate da una corrispondente equazione di stato, gli stati di equilibrio risultano dipendere da solo due coordinate termodinamiche. L'energia interna può essere vista come funzione, per esempio, di T e V:

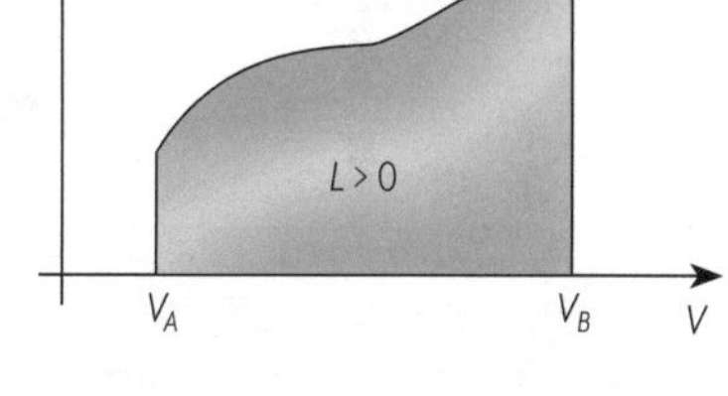

Figura 12.4

Calcolo del lavoro in una trasformazione reversibile.

$$dU(T,V) = \left(\frac{\partial U}{\partial T}\right)_V dT + \left(\frac{\partial U}{\partial V}\right)_T dV \tag{12.12}$$

dove il pedice V o T indica che la derivata parziale è calcolata rispettivamente a volume o temperatura costanti. Sostituendo questa espressione nella (12.8), possiamo valutare la derivata del calore scambiato rispetto alla temperatura:

$$C = \frac{đQ}{dT} = \left(\frac{\partial U}{\partial T}\right)_V + \left[\left(\frac{\partial U}{\partial V}\right)_T + p\right]\frac{dV}{dT} \tag{12.13}$$

quantità che definiamo *capacità termica* C del sistema.

Definiamo *calore specifico* C la capacità termica per unità di massa:

$$c = \frac{C}{m} = \frac{1}{m}\frac{đQ}{dT} \tag{12.14}$$

In caso di trasformazione isocora:

$$c_V = \frac{1}{m}\left(\frac{đQ}{dT}\right)_V = \frac{1}{m}\left(\frac{\partial U}{\partial T}\right)_V \tag{12.15}$$

Osserviamo che per calore specifico C dei corpi solidi o liquidi, si intende in generale quello a volume costante, assumendo che si possa trascurare la variazione di volume associata allo scambio di calore.

Il calore specifico è, in generale, funzione della temperatura, $c(T)$, per cui il calore scambiato durante la trasformazione, deve essere calcolato considerando l'integrale della funzione $c(T)$:

$$Q = m\int_{A\gamma B} c(T)\,dT \tag{12.16}$$

12.6 CALORIMETRIA

Consideriamo ora due corpi solidi o liquidi a differente temperatura, T_1 e T_2 con $T_1 < T_2$. Siano le masse ed i calori specifici rispettivamente pari a m_1, c_1 ed m_2, c_2. Immaginiamo di porre i due corpi a contatto termico all'interno di un recipiente a pareti adiabatiche.

Per il principio zero della termodinamica il sistema tende spontaneamente verso una condizione di equilibrio, contraddistinta dalla temperatura T_e. Lo scambio di calore avviene attraverso la parete diatermica che separa i due corpi, mentre non avviene scambio di calore con l'esterno a causa delle pareti adiabatiche che isolano il sistema dall'ambiente circostante. Poiché il calore scambiato è globalmente nullo abbiamo:

$$Q_1 + Q_2 = 0 \tag{12.17}$$

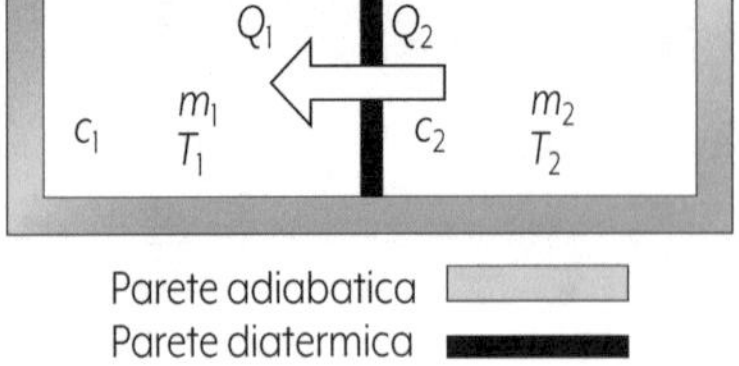

Figura 12.5

Schema di esperimento di calorimetria.

dove Q_1 è il calore assorbito dal corpo a temperatura minore e Q_2 quello ceduto dal corpo a temperatura maggiore. Quindi,

$Q_1 = -Q_2$. Se abbiamo corpi solidi o liquidi possiamo trascurare la variazione di volume che accompagna lo scambio di calore. Si ha quindi $\Delta U_{i1} = -\Delta U_{i2}$. Nell'ipotesi che i calori specifici siano costanti nell'intervallo di temperatura considerato, otteniamo, con facili passaggi, l'espressione seguente per la temperatura di equilibrio:

$$T_e = \frac{m_1 c_1 T_1 + m_2 c_2 T_2}{m_1 c_1 + m_2 c_2} \tag{12.18}$$

che può essere utilizzata, per esempio, per determinare il calore specifico di un materiale una volta noti gli altri parametri in gioco.

Notiamo inoltre che, se uno dei due corpi è contraddistinto da capacità termica $C = mc$ molto grande, lo scambio di calore tra i due corpi non comporterà una variazione apprezzabile della sua temperatura. Per questo motivo tale corpo è chiamato *sorgente* o *pozzo* di calore, a seconda che egli ceda od assorba calore durante la trasformazione. La sua temperatura sarà considerata costante durante il processo (*termostato*).

12.7 CALORI SPECIFICI DEI GAS IDEALI

Nel caso di gas, i calori specifici sono in generale definiti in modo differente rispetto al caso dei sistemi liquidi o solidi: invece che riferirli all'unità di massa si preferisce descriverli infatti in termini di *mole*.

Sia M la massa totale del gas e m la massa di ciascuna delle molecole che compongono il gas. Il numero delle molecole che costituiscono il sistema è pari a $N = M/m$. La massa m è il prodotto del numero di massa A, numero di protoni e neutroni contenuti nei nuclei degli atomi componenti la molecola, per l'unità di massa atomica $m_u = 1.6605 \cdot 10^{-27}$ kg. Abbiamo quindi:

$$N = \frac{M}{m} = \frac{M}{A m_u} = 6.022 \cdot 10^{26} \frac{M}{A} \tag{12.19}$$

Definiamo come *kilomole* quella quantità di materia tale che la massa M sia numericamente uguale ad A. La kilomole conterrà un numero di molecole pari a $6.022 \cdot 10^{26}$. Se invece di una kilomole ci si riferisce ad una massa M pari ad A grammi di sostanza il numero di molecole è pari al *numero di Avogadro*:

$$N_A = 6.022 \cdot 10^{23} \text{ molecole/mol} \tag{12.20}$$

Il numero di molecole che compongono il gas si può esprimere quindi come $N = nN_A$, con n *numero delle moli*.

Nel capitolo precedente abbiamo visto che per i gas ideali la relazione tra energia e temperatura è data da:

$$U = \frac{3}{2} k_B N T \tag{12.21}$$

con N numero di particelle del sistema. Introducendo il numero di Avogadro in questa espressione e definendo la *costante universale dei gas* $R = k_B N_A = 8.31$ J/(mol K), si ottiene:

$$U = \frac{3}{2} nRT \tag{12.22}$$

Questa relazione è valida se l'energia della singola molecola è solo cinetica traslazionale, cosa senz'altro vera per quei gas le cui molecole sono composte da singoli atomi (*gas monoatomici*). Il calore specifico molare del gas monoatomico in caso di trasformazione isocora è quindi:

$$c_V = \frac{1}{n}\frac{dU}{dT} = \frac{3}{2} R \tag{12.23}$$

Si noti che la derivata nella precedente espressione è totale poiché l'energia interna di un gas ideale dipende solo dalla temperatura. Possiamo dunque scrivere la forma differenziale del primo principio della termodinamica per un gas perfetto nella seguente forma:

$$đQ = nc_V dT + p\,dV \tag{12.24}$$

Differenziando l'equazione di stato del gas perfetto

$$pV = nRT \tag{12.25}$$

otteniamo:

$$p\,dV + VdP = nRdT \tag{12.26}$$

da cui, sostituendo in (12.24), si ricava:

$$đQ = nc_V dT + \left(nRdT - Vdp\right) \tag{12.27}$$

Questa espressione ci permette di ottenere una semplice relazione, detta di Mayer, fra i calori molari di un gas perfetto a volume e pressione costante:

$$c_p = \frac{1}{n}\left(\frac{đQ}{dT}\right)_p = c_V + R \tag{12.28}$$

Per un gas ideale monoatomico, il calore specifico a pressione costante risulta quindi:

$$c_p = \frac{5}{2}R \tag{12.29}$$

è spesso utile definire il rapporto dei calori specifici molari a pressione e volume costante:

$$\gamma = \frac{c_p}{c_V} \tag{12.30}$$

che per il gas monoatomico ideale risulta pari a 5/3.

Per un gas non monoatomico l'energia della singola molecola può non essere solo cinetica traslazionale. Infatti a temperature non troppo basse, energia può essere utilizzata dalla molecola per movimenti di tipo rotatorio e per oscillazioni. Per il principio di equipartizione dell'energia (vedi capitolo statistica) ad ogni grado di libertà l della molecola compete un'energia interna media pari a $1/2k_BT$. In generale avremo:

$$c_V = \frac{l}{2}R \tag{12.31}$$

$$c_p = \left(\frac{l}{2}+1\right)R \tag{12.32}$$

Per una molecola biatomica a temperature intermedie spesso è possibile considerare $l = 5$ e quindi: $c_V = 5/2R$ e $c_p = 7/2R$.

All'interno di un solido cristallino i nuclei atomici oscillano intorno alle rispettive posizioni di equilibrio. In prima approssimazione sono dunque equivalenti ad oscillatori tridimensionali per i quali il contributo all'energia interna è $3k_BT$ cioè $l = 6$. Si ottiene così la *legge di Dulong-Petit*: $c_V = 3R$. A basse temperature, si osserva sperimentalmente che il calore specifico tende invece a zero con una funzione cubica della temperatura, un andamento spiegabile solo considerando effetti di tipo quantistico nella distribuzione dell'energia vibrazionale.

12.8 TRASFORMAZIONI TERMODINAMICHE DEI GAS IDEALI

Vediamo ora più in dettaglio alcune trasformazioni reversibili particolari per il gas perfetto. Abbiamo già incontrato la trasformazione isocora, dove il sistema mantiene volume costante. Essa è caratterizzata da lavoro scambiato nullo, $L = 0$. Per il primo principio della termodinamica abbiamo quindi $Q = \Delta U$. Utilizzando il calore specifico molare a volume costante la relazione diviene:

$$Q = \Delta U = nc_V \Delta T \tag{12.33}$$

Discutiamo ora il caso in cui la pressione resti costante durante la trasformazione. In questo caso la trasformazione è detta *isobara*. Il calore scambiato dal gas durante la trasformazione è calcolato considerando il calore specifico molare a pressione costante, c_p. Il lavoro del gas è calcolato secondo:

$$L = \int_{V_A}^{V_B} p dV = p\left(V_B - V_A\right) = p\Delta V \tag{12.34}$$

La variazione di energia interna è pari a:

$$\Delta U = nc_V \Delta T \tag{12.35}$$

Infatti, poiché U è funzione di stato del sistema, essa non dipende dal tipo di trasformazione ma solamente dalle condizioni iniziale e finale del gas.

Consideriamo ora una trasformazione reversibile in cui la temperatura resti costante. In questo caso la trasformazione è detta *isoterma*. Dalla (12.22) abbiamo $\Delta U = 0$ e quindi il calore scambiato è pari al lavoro totale compiuto durante il processo:

$$Q = L = \int_{V_A}^{V_B} p dV \tag{12.36}$$

Nel caso di un gas ideale, ricordando l'equazione di stato, $pV = nRT$, ed inserendo la relativa espressione di p in funzione di V nell'integrale del lavoro, otteniamo:

$$Q = L = nRT \ln \frac{V_B}{V_A} \tag{12.37}$$

con A e B rispettivamente stati iniziale e finale della trasformazione reversibile.

Una trasformazione particolare che abbiamo già incontrato è quella adiabatica, caratterizzata dal fatto che il calore scambiato è nullo $Q = 0$. Quindi per un tratto infinitesimo di trasformazione $đQ = 0$ e dunque:

$$đL = -dU = -nc_V dT \tag{12.38}$$

Ricordando l'espressione del lavoro infinitesimo, $đL = p\, dV$, otteniamo:

$$p dV + nc_V dT = 0 \tag{12.39}$$

Nel caso di un gas ideale, facendo uso dell'equazione (12.25) otteniamo la relazione:

$$\frac{dp}{p}+\gamma\frac{dV}{V}=0 \qquad (12.40)$$

Integrando tale equazione otteniamo la relazione:

$$pV^{\gamma}=cost \qquad (12.41)$$

Utilizzando l'equazione di stato dei gas ideali questa relazione è anche equivalente alle:

$$TV^{\gamma-1}=cost \qquad (12.42)$$

$$p^{1-\gamma}T^{\gamma}=cost \qquad (12.43)$$

Tutte le trasformazioni appena descritte appartengono alla classe delle *trasformazioni politropiche*:

$$pV^{i}=cost \qquad (12.44)$$

dove i è detto *indice della politropica*. Per una generica trasformazione politropica, ad eccezione del caso discusso in precedenza della trasformazione isoterma $i = 1$, si può esprimere il lavoro per passare da una configurazione A ad una configurazione B come:

$$L=\frac{nR}{1-i}\left(T_A-T_B\right) \qquad (12.45)$$

Una classe di trasformazioni molto interessanti dal punto di vista sia concettuale che applicativo è quella delle *trasformazioni cicliche*, per le quali lo stato iniziale e quello finale coincidono. Per queste trasformazioni, visto che l'energia interna è funzione di stato, $\Delta U = 0$ e quindi il calore totale scambiato è pari alla quantità di lavoro compiuto durante la trasformazione: $Q = L$.

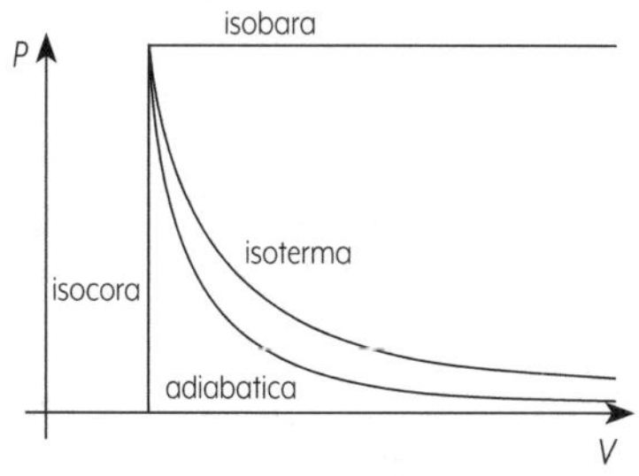

Figura 12.6

Alcune trasformazioni reversibili notevoli dei gas ideali.

12.9 GAS REALI

L'equazione di stato dei gas ideali descrive il comportamento dei gas solo nel caso in cui le forze intermolecolari siano trascurabili e le molecole siano approssimabili a corpi puntiformi, condizione che si realizza solo se il gas è molto diluito, cioè nel caso di elevate temperature o di basse densità. Al diminuire della temperatura al di sotto di un valore detto *temperatura critica* esistono valori di pressione e volume tali per cui il gas subisce una *transizione di fase*, cioè cambia di stato. La **figura 12.7** mostra in un

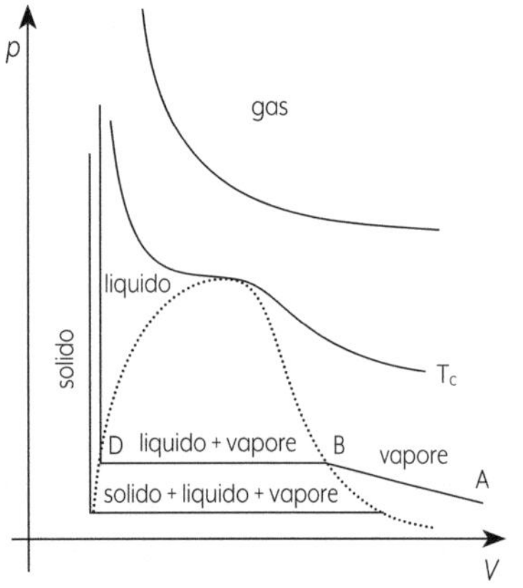

Figura 12.7

Isoterme del gas reale.

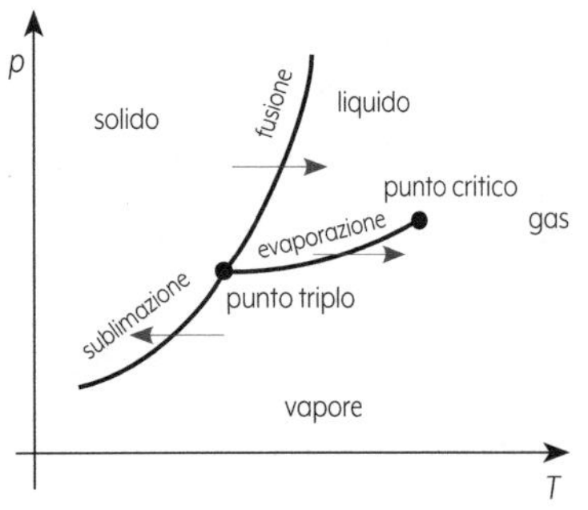

Figura 12.8

Transizioni di fase nel diagramma p,T.

diagramma p,V le isoterme di un gas reale. Consideriamo il caso in cui il sistema si trovi nello stato iniziale A, contraddistinto da un volume elevato ed una temperatura T inferiore alla temperatura critica T_c. In queste condizioni il gas si trova nella condizione di *vapore*. Riduciamo il volume del sistema mantenendo la temperatura costante. Ad un certo punto, quando il sistema raggiunge lo stato B, il vapore si trova in equilibrio con la sua fase liquida, l'energia termica essendo bilanciata dall'energia di interazione molecolare. Riducendo ulteriormente il volume il sistema compie allora la transizione di fase detta di *condensazione* (curva BD) contraddistinta dalla coesistenza di liquido e vapore. La pressione e la temperatura del sistema restano costanti fino a quando tutto il vapore si è trasformato in liquido (punto D). Successivamente, data la ridotta compressibilità del liquido, ad una ulteriore piccola riduzione di volume corrisponde un elevato aumento di pressione, come mostrato dalla rapidità di crescita della curva dopo il punto D. Ripetendo il procedimento per temperature e pressioni sufficientemente più basse è possibile passare direttamente dalla fase vapore a quella solida attraverso un processo detto di *sublimazione*. Coerentemente, nel diagramma troviamo una linea di punti, detti tripli, dove si ha coesistenza delle tre fasi, solida liquida e vapore.

Considerando un volume fissato V di sostanza, le transizioni di fase solido, liquido, vapore possono essere descritte nel diagramma (p,T). In **figura 12.8** riconosciamo le linee di evaporazione (condensazione), fusione (solidificazione), e sublimazione. In queste condizioni abbiamo coesistenza di due fasi, rispettivamente: vapore e liquida, solida e liquida, solida e vapore. Nel punto di incontro delle linee, detto *punto triplo*, si ha coesistenza delle tre fasi solida, liquida e vapore. Per temperature superiori a quella critica (*punto critico*) abbiamo la sola presenza di gas.

Un'utile formulazione dell'equazione di stato dei gas reali è la relazione di Van der Waals:

$$\left(p+\frac{a^2}{v^2}\right)(v-b)=nRT \qquad (12.46)$$

dove A e B sono due costanti che dipendono dalla natura del gas considerato e $v = V/n$ è il volume molare. Per v sufficientemente grande (gas sempre più rarefatto) si ottiene nuovamente l'equazione del gas ideale (12.25).

12.10 CALORE LATENTE

Abbiamo visto che il calore scambiato non sempre è legato ad una variazione di temperatura del sistema. Ad esempio, in una trasformazione isoterma reversibile $\Delta T = 0$ mentre il calore è diverso da zero e pari al lavoro scambiato. Nel caso in cui il sistema cambi di fase, si verifica parimenti che il calore scambiato non comporta variazione della temperatura, in quanto esso viene utilizzato per variare l'energia di coesione dei legami molecolari nel materiale. La quantità di calore Q_l che si deve trasferire affinché un corpo di massa m effettui il cambiamento di fase è pari a:

$$Q_l = \lambda m \tag{12.47}$$

dove λ viene detto *calore latente*. Nel sistema internazionale il calore latente si misura in J/kg ed in generale dipende dal tipo di cambiamento di fase e dal materiale considerato.

12.11 TRASMISSIONE DEL CALORE

La trasmissione del calore è diversa a seconda del mezzo nel quale avviene. Nei solidi, dove gli atomi o le molecole possono solo vibrare attorno alle loro posizioni di equilibrio, il calore si trasmette come un aumento dell'ampiezza di vibrazione delle particelle. Non vi è quindi trasporto di materia, ma solo di energia. Questo meccanismo è detto *conduzione*. Nei liquidi e nei gas invece le particelle si possono muovere. In questo caso il calore si trasmette come aumento della velocità di moto delle particelle ed al trasporto di calore è associato un trasporto di materia. Questo meccanismo è detto *convezione*. Il calore tuttavia si propaga anche sotto forma di onda elettromagnetica e il meccanismo associato si dice di *irraggiamento*.

Conduzione del calore

Consideriamo in primo luogo la *conduzione del calore*. Il fenomeno è dipende fortemente dallo stato del materiale. In particolare, negli isolanti la conduzione è dovuta in larga parte alle vibrazioni degli ioni che compongono il reticolo cristallino intorno alle posizioni di equilibrio; nei metalli un contributo significativo è fornito dagli elettroni di conduzione, liberi di muoversi all'interno del materiale. Per tutti i tipi di materiali è comunque possibile descrivere la potenza trasmessa P_C, cioè l'energia trasferita per unità di tempo attraverso un'area S perpendicolare alla direzione di flusso di calore (che prendiamo come asse x), in funzione della derivata della temperatura, tramite la *legge di Fourier*:

$$P_C = -KS\frac{dT}{dx} \tag{12.48}$$

valida se la temperatura varia lentamente con la distanza. Nell'eq. (12.48), K è il *coefficiente di conducibilità termica* e si esprime in W/(m K). Il segno negativo sta a indicare che il flusso di energia avviene nel verso rispetto al quale la temperatura diminuisce. Materiali che si definiscono buoni conduttori termici hanno valori elevati di K (tipicamente il rame, caratterizzato da K_{Cu} = 401 W/(m K) a temperatura ambiente) rispetto per esempio ai materiali utilizzati per l'isolamento termico nell'edilizia (e.g. il poliuretano espanso, caratterizzato da K_{PE} = 0.024 W/(m K) a temperatura ambiente). Per quantificare la capacità di coibentazione di una parete, si utilizza spesso il concetto di *resistenza termica* $R = L/K$, con L spessore della parete di coibentazione.

Convezione del calore

Consideriamo adesso la *convezione del calore*. Il trasferimento di calore ha luogo quando il fluido o il gas a contatto con un oggetto la cui temperatura è maggiore del fluido stesso, aumenta la sua temperatura e quindi diviene meno denso. A causa della spinta di Archimede il fluido caldo si muove verso l'alto, mentre il fluido circostante, più freddo prende il suo posto. Si genera quindi una circolazione detta *convettiva*. La convezione è per esempio un aspetto fondamentale di cui tener conto per una corretta descrizione e previsione dei fenomeni meteorologici.

Irraggiamento del calore

Infine discutiamo brevemente l'*irraggiamento del calore*. Ogni oggetto che si trova ad una determinata temperatura irradia *onde elettromagnetiche* intorno a sé. Tali onde possono propagarsi anche nel vuoto. È in questo modo per esempio che la radiazione solare viene trasmessa a noi attraverso lo spazio siderale. In base alla *legge di Stefan-Boltzmann*, la potenza trasmessa per irraggiamento da un corpo dipende dalla quarta potenza della sua temperatura e dalla sua superficie emissiva S:

$$P_{irr} = \sigma\epsilon S T^4 \tag{12.49}$$

con $\sigma = 5.6703 \cdot 10^{-8}\,\mathrm{Wm^{-2}K^{-4}}$ costante di Stefan-Boltzmann ed ϵ emissività del corpo, $0 \le \epsilon \le 1$.

Capitolo

Il principio della Termodinamica

13

Il primo principio della termodinamica permette di operare un bilancio del trasferimento di energia tra un sistema e l'ambiente considerando sia gli aspetti meccanici che quelli termici. Non permette però di stabilire in quale verso evolve spontaneamente una data trasformazione. Per esempio, l'esperienza mostra che la trasformazione per cui si abbia passaggio di calore, senza scambio di lavoro, tra due corpi fra i quali vi sia una differenza finita di temperatura avviene spontaneamente ed è tipicamente irreversibile: una volta avvenuta, non è possibile annullarne tutti gli effetti. Se anche riusciamo a riportare il sistema nello stato iniziale, sarà l'ambiente a risultare modificato (o viceversa se riusciamo a riportare l'ambiente nello stato iniziale, lo stesso non si verifica per il sistema). Un altro esempio è quello dell'espansione libera di un gas nel vuoto: una volta che il gas ha occupato il recipiente inizialmente vuoto, non tornerà ad addensarsi spontaneamente nel volume iniziale, a meno di venire compresso da un pistone, operazione che richiede un certo lavoro compiuto dall'ambiente sul sistema. Anche la trasformazione di calore in lavoro presenta limitazioni significative, come vedremo in questo capitolo.

13.1 MACCHINE TERMICHE

Si definisce *macchina termica* un dispositivo capace di compiere lavoro scambiando calore con un certo numero di termostati, cioè trasformare del calore in lavoro.

Una macchina termica si dice *ciclica* se utilizza trasformazioni cicliche. Si dice *reversibile*, se utilizza trasformazioni reversibili. Una macchina termica ciclica scambia, in un ciclo, il calore Q e compie il lavoro $L = Q > 0$. In generale Q è la somma della quantità di calore fornita da uno o più sorgenti ed assorbita dal sistema, $Q_a > 0$, più una componente ceduta dal sistema verso uno o più pozzi, $Q_c < 0$. Definiamo *rendimento* della macchina termica il parametro η:

Rendimento

$$\eta = \frac{L}{Q_a} = 1 + \frac{Q_c}{Q_a} \tag{13.1}$$

Vedremo più avanti come non sia possibile annullare il calore ceduto Q_c. Di conseguenza per il rendimento vale sempre: $\eta < 1$.

Quando il sistema compie trasformazioni cicliche in cui viene complessivamente assorbito lavoro, $L < 0$, esso viene detto *frigorifero* o anche *pompa di calore* a seconda che l'interesse del processo sia focalizzato rispettivamente sull'estrazione di calore da una sorgente fredda o sulla cessione di calore ad una sorgente calda. Nel caso di ciclo frigorifero, si definisce *coefficiente di prestazione*, in inglese *coefficient of performance COP* il parametro:

Coefficiente di prestazione

$$COP = \frac{|Q_c|}{L} \tag{13.2}$$

13.2 CICLO DI CARNOT

Nicolas Léonard Sadi Carnot

(Parigi 1796 - Parigi 1832), fisico, ingegnere e matematico francese.

Un esempio concettualmente importante di macchina termica è rappresentato dal ciclo di Carnot, composto da due trasformazioni isoterme raccordate tra loro da due trasformazioni adiabatiche, come mostrato in **figura 13.1**: tutte le trasformazioni sono reversibili.

In questo caso il sistema assorbe il calore $Q_2 > 0$ da un unico termostato a temperatura T_2 e cede il calore $Q_1 < 0$ ad un unico termostato a temperatura $T_1 < T_2$. Il sistema è schematizzato in **figura 13.1**.

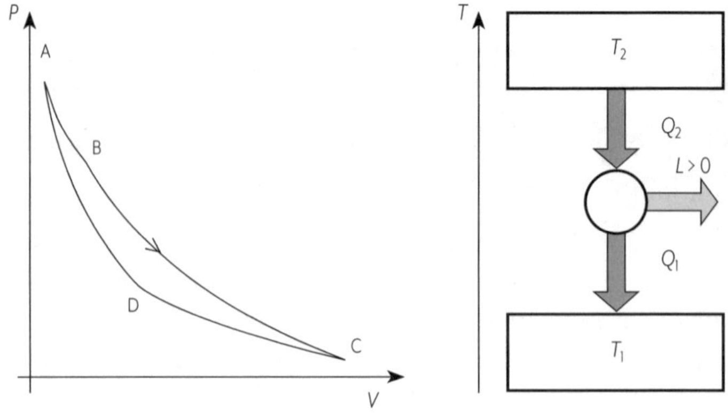

Figura 13.1

Ciclo di Carnot.

Nelle trasformazioni isoterme AB e CD abbiamo rispettivamente

$$Q_2 = L_{AB} = nRT_2 \ln\frac{V_B}{V_A} \tag{13.3}$$

$$Q_1 = L_{CD} = nRT_1 \ln\frac{V_D}{V_C} \tag{13.4}$$

Nelle trasformazioni adiabatiche BC e DA abbiamo dimostrato nel capitolo precedente la relazione (12.42) per cui ln (V_D/V_C) = –ln (V_B/V_A). Con semplici passaggi possiamo ricavare l'efficienza del ciclo di Carnot η_C che risulta pari a:

$$\eta_C = 1 + \frac{Q_1}{Q_2} = 1 - \frac{T_1}{T_2} \tag{13.5}$$

Efficienza del ciclo di Carnot

13.3 ENUNCIATI DEL SECONDO PRINCIPIO DELLA TERMODINAMICA

Il secondo principio della termodinamica è esprimibile attraverso due enunciati del tutto equivalenti ma riferiti ad aspetti fenomenologici diversi. Entrambi sono basati su una negazione, cioè esprimono l'impossibilità che una determinata classe di fenomeni possa avvenire in natura.

Lord William Thomson, I barone Kelvin

(Belfast 1824 - Largs 1907), fisico e ingegnere irlandese;

Enunciato di Kelvin-Planck: È impossibile realizzare una trasformazione ciclica che abbia come unico risultato la trasformazione in lavoro (positivo) del calore assorbito da un solo termostato.

Karl Ernst Ludwig Max Planck

(Kiel 1858 - Göttingen 1947), fisico tedesco.

Dobbiamo qui sottolineare la parola *unico*. Infatti è possibile produrre lavoro positivo cedendo parte del calore assorbito ad un altro termostato a temperatura più bassa. È così che funzionano le macchine termiche più elementari.

Rudolf Julius Emanuel Clausius

(Köslin 1822 -- Bonn 1888), fisico e matematico tedesco.

Enunciato di Clausius: È impossibile realizzare una trasformazione che abbia come unico risultato il passaggio di calore da un termostato ad una determinata temperatura ad un altro con temperatura maggiore.

Anche qui sottolineiamo la parola *unico*. Infatti, per esempio, è possibile produrre una trasformazione ciclica (e.g. ciclo di Carnot inverso) in grado di assorbire il calore $Q_1 > 0$ dal termostato a temperatura minore T_1 e cedere $Q_2 < 0$ al termostato a temperatura maggiore $T_2 > T_1$. Si tratta però di un processo che può avvenire solo compiendo sul sistema il lavoro $L = Q_1 + Q_2 < 0$.

I due enunciati esprimono lo stesso principio. Essi devono dunque essere equivalenti. Dato che entrambi esprimono un'*impossibilità*, risulta più semplice mostrare la loro equivalenza seguendo un procedimento di negazione. Dimostriamo cioè che se neghiamo uno dei due allora risulta falso anche l'altro e viceversa.

Se fosse falso l'enunciato di Clausius, sarebbe possibile costruire un sistema A capace di trasferire una quantità di calore Q da un determinato termostato a temperatura T_1 ad uno a temperatura maggiore T_2, senza altri effetti. Abbiniamo tale dispositivo ad una macchina termica B che assorba lo stesso calore Q dal termostato a temperatura T_2, ne ceda una parte Q_1 al termostato a temperatura T_1 e trasformi la parte rimanente in lavoro $L = |Q| - Q_1$. Il termostato a temperatura T_2 può essere eliminato in quanto assorbe e cede la stessa quantità di calore. Il sistema $A + B$ così costruito allora viola l'enunciato di Kelvin-Planck, in quanto, scambiando il calore $|Q| - Q_1$ con il solo termostato a temperatura T_1, lo trasforma integralmente in lavoro (vedi **figura 13.2(a)**).

Consideriamo adesso una macchina termica che violi l'enunciato di Kelvin-Planck, ovvero una macchina termica A capace di trasformare integralmente in lavoro L la quantità di calore $Q > 0$ assorbita da un unico termostato a temperatura T_2. Abbiniamo a tale dispositivo un ciclo frigorifero B che utilizzi il lavoro così prodotto, assorbendo il calore $Q_1 > 0$ da un termostato a temperatura minore T_1, e cedendo il calore $Q_2 < 0$ al termostato a temperatura maggiore T_2 (vedi **figura 13.2(b)**). Complessivamente, il sistema $A + B$ non compie lavoro, assorbe la quantità di calore Q_1 dal termostato a temperatura minore e cede al termostato a temperatura maggiore la quantità di calore $Q_2 + Q$. Poiché si ha $Q = L = -(Q_1 + Q_2)$, allora $Q + Q_2 = -Q_1$. Il sistema $A + B$ viola quindi l'enunciato di Clausius.

a)
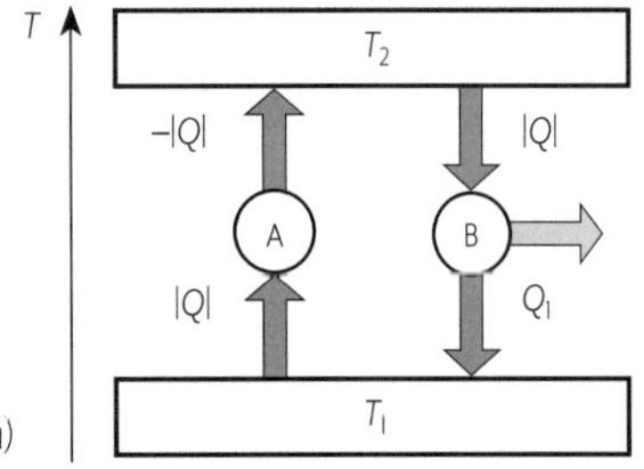

b)
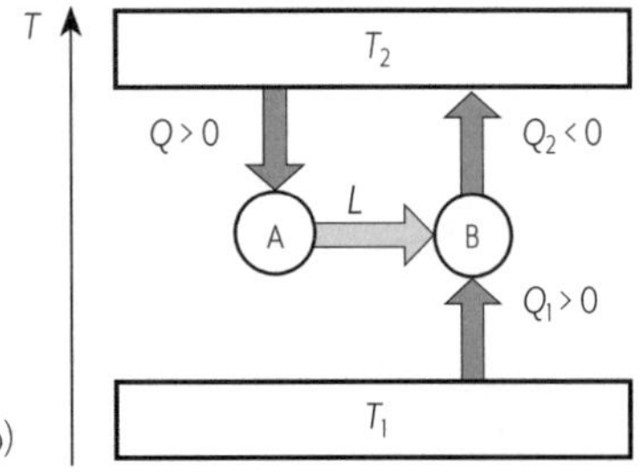

Figura 13.2

Dimostrazione dell'equivalenza tra l'enunciato di Clausius e quello Kelvin-Planck.

13.4 TEOREMA DI CARNOT

Il secondo principio della Termodinamica indica come classe di macchine termiche concettualmente più semplici quella costituita da sistemi che producono lavoro scambiando calore con due soli termostati a diversa temperatura T_2 e T_1. Conosciamo già una macchina termica di questo tipo, quella che compie il ciclo reversibile di Carnot. Per essa abbiamo dimostrato che il rendimento è pari a:

$$\eta_C = 1 + \frac{Q_1}{Q_2} = 1 - \frac{T_1}{T_2} \tag{13.6}$$

con $T_2 > T_1$. Il teorema di Carnot permette di quantificare η_C come il rendimento massimo per l'intera classe di macchine termiche che lavorano tra gli stessi due termostati.

Teorema di Carnot: Tra tutte le macchine termiche cicliche che scambiano calore con due termostati a temperature T_2 e T_1 con $T_2 > T_1$ hanno rendimento massimo, pari a quello del ciclo di Carnot, quelle reversibili.

Dimostriamo il teorema considerando due diverse macchine che scambiano calore con gli stessi termostati: la macchina R, reversibile e la M, che può essere sia reversibile che irreversibile. Supponiamo che entrambe scambino la stessa quantità di calore $Q_2 > 0$ con il termostato a temperatura maggiore T_2. Definiamo $Q_{1R} < 0$ e $Q_{1M} < 0$ i calori scambiati rispettivamente dalle macchine R ed M con il termostato a temperatura minore T_1. Definiamo L_R e L_M i rispettivi lavori prodotti (**figura 13.3(a)**). Invertiamo la macchina reversibile R e consideriamo la macchina composta da $M + (-R)$. Questa macchina produce il lavoro $L_M - L_R$ scambiando calore con il solo termostato a temperatura minore. Per l'enunciato di Kelvin-Planck, tale sistema non può quindi produrre lavoro positivo. Abbiamo perciò dimostrato la prima delle affermazioni contenute nel teorema di Carnot. Ovvero che il rendimento di una macchina reversibile risulta maggiore o uguale al rendimento di qualunque altra macchina, che operi fra gli stessi due termostati:

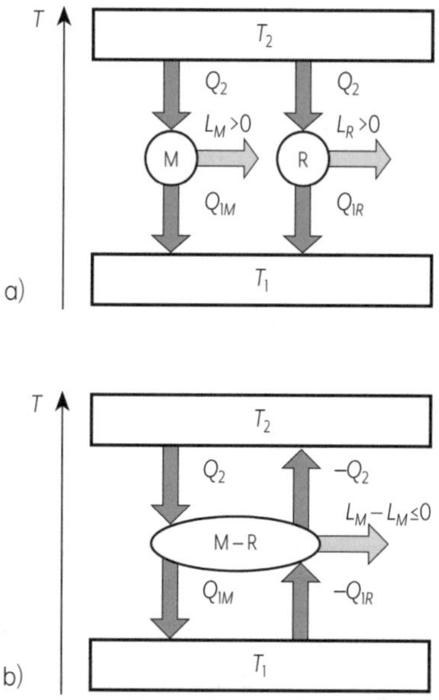

Figura 13.3
Dimostrazione del teorema di Carnot.

$$\eta_M = \frac{L_M}{Q_2} \leq \frac{L_R}{Q_2} = \eta_R \tag{13.7}$$

Se anche la macchina M è reversibile si può ripetere il ragionamento appena esposto, scambiando i ruoli di M e R. Arriviamo così al risultato $\eta_R \leq \eta_M$, da cui deduciamo che $\eta_M = \eta_R$. Abbiamo perciò dimostrato che tutte le macchine termiche reversibili che operano fra gli stessi due termostati hanno identico rendimento. Dato che la macchina di Carnot è reversibile ne segue $\eta_R = \eta_C$. Come diretta conseguenza del teorema di Carnot abbiamo la seguente disequazione:

$$\frac{Q_1}{T_1}+\frac{Q_2}{T_2}\leq 0 \tag{13.8}$$

dove l'uguaglianza è vera se e solo se il ciclo è reversibile.

Notiamo infine che il teorema di Carnot permette di superare il problema che abbiamo incontrato nella definizione empirica di temperatura. Possiamo infatti utilizzare come termometro una macchina di Carnot, prendendo come opportuna caratteristica termometrica una funzione del suo rendimento. Dal teorema di Carnot si deduce infatti che il rendimento non dipende dalla sostanza impiegata ma solo dalle temperature dei termostati. Poniamo quindi che uno dei due termostati sia mantenuto in equilibrio con acqua al punto triplo e attribuiamo a tale temperatura il valore di 273.16K. L'altro termostato è mantenuto alla temperatura che vogliamo determinare. Siano Q_{pt} e Q le quantità di calore scambiate con il termostato al punto triplo e con quello alla temperatura da determinare. Definiamo allora *temperatura termodinamica assoluta*:

$$T = 273.16\frac{|Q|}{|Q_{pt}|}\text{K} \tag{13.9}$$

Notiamo che la temperatura T risulta essere sempre maggiore di zero. L'unità di misura adoperata è il Kelvin, già definita in precedenza.

13.5 TEOREMA DI CLAUSIUS

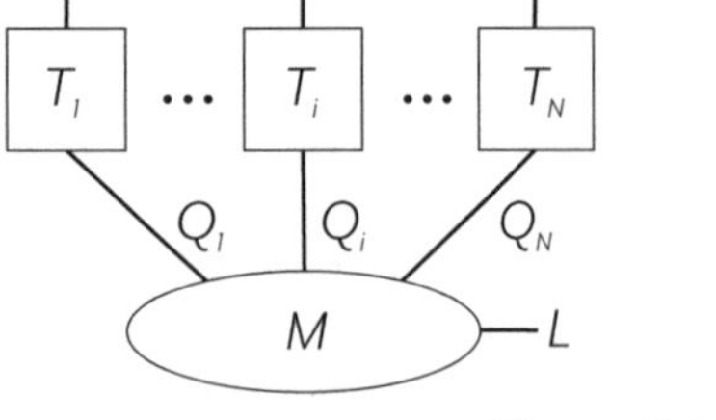

Figura 13.4

Dimostrazione del teorema di Clausius per la macchina *M*.

Il risultato del teorema di Carnot può essere generalizzato ad un sistema qualsiasi che compia trasformazioni cicliche scambiando calore Q_i con l'i-esimo termostato alla temperatura T_i, con $i = 1, ..., N$. Questa generalizzazione prende il nome di *Teorema di Clausius*:

$$\sum_{i=1}^{N}\frac{Q_i}{T_i}\leq 0 \tag{13.10}$$

Per dimostrare il teorema facciamo riferimento alla **figura 13.4**. Alla macchina M che produce (o assorbe) il lavoro L scambiando il calore Q_i con il termostato a temperatura T_i aggiungiamo N macchine di Carnot (ovvero macchine che compiono un ciclo di Carnot), indicate con C_i, che: (i) scambiano il calore $-Q_i$ con i termostati a temperature T_i, (ii) producono (o assorbono) il lavoro

L_i, (iii) scambiano il calore Q_{i0} con un unico termostato a temperatura T_0.

Dato che i termostati T_i scambiano opposte quantità di calore con le macchine M e C_i possiamo eliminarli. La macchina complessiva $M + C_i$ scambia calore con l'unico termostato T_0. Per il II principio della termodinamica (enunciato di Kelvin-Planck) il lavoro complessivamente prodotto non può essere positivo:

$$L_T = \sum_{i=1}^{N} L_i + L \leq 0 \tag{13.11}$$

Considerato che tutte le trasformazioni coinvolte sono cicliche la variazione di energia interna dei diversi sistemi è nulla. Per il I principio della termodinamica abbiamo quindi:

$$L_T = \sum_{i=1}^{N} Q_{i0} \leq 0 \tag{13.12}$$

Per ciascuna delle macchine C_i vale il teorema di Carnot (13.8). Ne segue che $T_0 Q_i / T_i = Q_{i0}$. Di conseguenza:

$$T_0 \sum_{i=1}^{N} \frac{Q_i}{T_i} \leq 0 \tag{13.13}$$

Ricordando che la temperatura termodinamica assoluta è definita positiva possiamo semplificare T_0 e dimostrare così il teorema.

Se la macchina M è reversibile possiamo invertire il funzionamento di tutto il sistema e giungere a dimostrare che $\sum_{i=1}^{N} \frac{Q_i}{T_i} \geq 0$. L'uguaglianza nell'enunciato (13.10) vale dunque nel caso in cui tutte le trasformazioni del ciclo siano reversibili.

È possibile anche considerare un ciclo di trasformazioni nel quale il numero di termostati tenda all'infinito mantenendo T_1 e T_N finite. In questo caso ad ogni trasformazione corrisponderà lo scambio di una quantità di calore infinitesima $đQ$. La disuguaglianza di Clausius prende quindi la forma integrale:

$$\oint \frac{đQ}{T} \leq 0 \tag{13.14}$$

Disuguaglianza di Clausius

13.6 ENTROPIA

La diseguaglianza di Clausius (13.14) fornisce una formulazione matematica del secondo principio della termodinamica, in

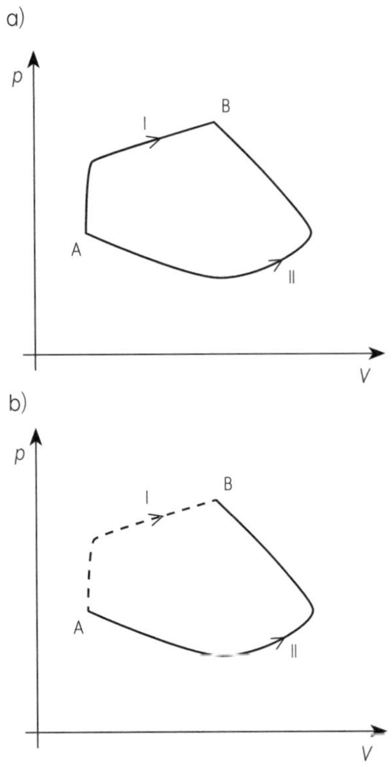

Figura 13.5

(a) Due trasformazioni reversibili I e II che connettono gli stati A e B; (b) Una trasformazione reversibile (II) e l'altra irreversibile (I) tra gli stessi stati A e B.

cui la grandezza fisica presa in esame è l'integrale del rapporto tra il calore infinitesimo scambiato ad una data temperatura e la temperatura stessa, misurata in gradi Kelvin. Per capire meglio l'importanza di questa disuguaglianza consideriamo il caso di due trasformazioni reversibili tra stessi stati iniziale (A) e finale (B) (si veda **figura 13.5(a)**).

Dato che le trasformazioni sono entrambe reversibili possiamo invertirne una, per esempio la II, e considerare il ciclo composto dal loro insieme:

$$\int_A^B \left(\frac{đQ}{T}\right)_I + \int_B^A \left(\frac{đQ}{T}\right)_{II} = 0 \Rightarrow \int_A^B \left(\frac{đQ}{T}\right)_I = \int_A^B \left(\frac{đQ}{T}\right)_{II} \qquad (13.15)$$

Per la generalità delle trasformazioni I e II, deduciamo che il valore dell'integrale non dipende dal tipo di trasformazione seguita ma solo dagli stati iniziale e finale, A e B.

Di fatto abbiamo seguito lo stesso ragionamento utilizzato in meccanica per introdurre il concetto di energia potenziale, funzione della posizione. Per completare l'analogia possiamo qui definire una nuova funzione di stato, che chiamiamo *entropia* S:

$$S(B) - S(A) = \Delta S = \int_A^B \left(\frac{đQ}{T}\right)_{rev} \qquad (13.16)$$

dove il pedice *rev* ci ricorda che la trasformazione è reversibile. Vedremo alla fine di questo capitolo che si tratta della stessa grandezza definita in (*entropia*) a partire dalla formulazione microscopica della meccanica statistica.

Per una trasformazione ciclica, dove lo stato iniziale coincide con quello finale, avremo $\Delta S = 0$.

Notiamo che, come per l'energia potenziale, l'entropia è definita *a meno di una costante additiva.*

Consideriamo le trasformazioni reversibili del gas perfetto.

In primo luogo la trasformazione adiabatica, essendo caratterizzata da scambio nullo di calore, è caratterizzata da entropia costante $\Delta S = 0$ se reversibile. Per questo è anche chiamata *isoentropica.*

Nella trasformazione *isoterma* reversibile, la temperatura durante la trasformazione rimane costante. Il calcolo dell'entropia è dunque molto semplice:

$$\Delta S = \frac{1}{T}\int_A^B đQ = \frac{Q}{T} = nR\ln\frac{V_B}{V_A} \qquad (13.17)$$

Nella trasformazione *isocora* reversibile $đQ = nc_v dT$ quindi:

$$\Delta S = \int_A^B \frac{nc_V dT}{T} = nc_V \ln\frac{T_B}{T_A} \qquad (13.18)$$

Nella trasformazione *isobara* reversibile $đQ = nc_p dT$ quindi

$$\Delta S = \int_A^B \frac{nc_p dT}{T} = nc_p \ln\frac{T_B}{T_A} \qquad (13.19)$$

Essendo una funzione di stato, S può essere utilizzata come variabile termodinamica nella descrizione grafica di un processo, considerando un diagramma cartesiano dove S sia posto in ascissa e T in ordinata. Come esempio mostriamo in **figura 13.6** il ciclo di Carnot nel diagramma T-S: le due trasformazioni adiabatiche sono caratterizzate da un valore di entropia costante, le due isoterme da temperatura costante, ne consegue che il ciclo in tale diagramma assume la forma di un rettangolo.

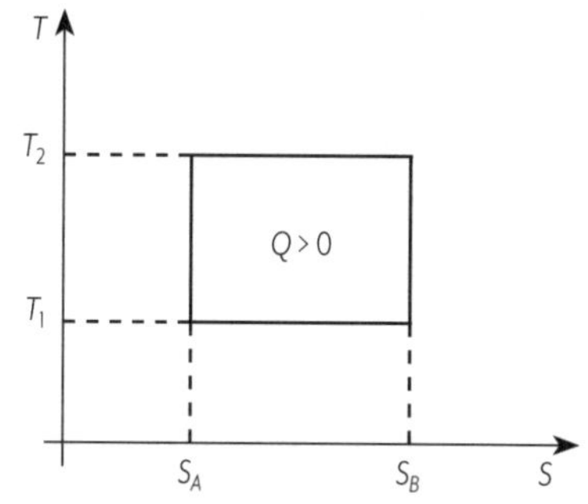

Figura 13.6

Diagramma del ciclo di Carnot nel piano T-S.

Vediamo ora il caso illustrato in **figura 13.5(b)** nel quale una delle due trasformazioni è irreversibile. Poiché è ancora possibile invertire la trasformazione II, essendo essa reversibile, otteniamo nuovamente una trasformazione ciclica. Per il ciclo così ottenuto la disuguaglianza di Clausius (13.10) si riscrive:

$$\int_A^B \left(\frac{đQ}{T}\right)_I + \int_B^A \left(\frac{đQ}{T}\right)_{II} < 0 \Rightarrow \int_A^B \left(\frac{đQ}{T}\right)_I < \int_A^B \left(\frac{đQ}{T}\right)_{II} \qquad (13.20)$$

Per la generalità delle trasformazioni I e II, deduciamo che il valore dell'integrale nel caso irreversibile è sempre minore del corrispondente valore per il caso reversibile. Ricordando l'equazione (13.16) otteniamo:

$$\Delta S \geq \int_A^B \left(\frac{đQ}{T}\right) \qquad (13.21)$$

dove l'uguaglianza vale se la trasformazione è reversibile.

Sistema isolato

Una semplice applicazione dell'equazione (13.21), ma di notevole importanza concettuale, è quello del *sistema isolato*. Per definizione il sistema isolato non scambia energia con l'ambiente circostante, quindi il calore scambiato è nullo. Ne consegue:

$$\Delta S_{\text{isolato}} \geq 0 \qquad (13.22)$$

In un sistema isolato che compie una trasformazione reversibile l'entropia resta costante, mentre se il sistema isolato compie una trasformazione irreversibile la sua entropia aumenta.

L'Universo, composto dal sistema più l'ambiente, rappresenta un caso particolare di sistema isolato. Detta ΔS_U la variazione di entropia dell'Universo avremo quindi:

$$\Delta S_U = \Delta S_{\text{sistema}} + \Delta S_{\text{ambiente}} \geq 0 \tag{13.23}$$

è questo il *principio dell'aumento di entropia*. In particolare, nel caso di trasformazioni cicliche, per i quali: $\Delta S_{\text{sistema}} = 0$, abbiamo

$$\Delta S_U = \Delta S_{\text{ambiente}} \geq 0 \tag{13.24}$$

13.7 ENTROPIA E IRREVERSIBILITÀ

Vediamo nel seguito alcuni esempi di processi irreversibili. Supponiamo di avere due termostati alle temperature T_1 e T_2, con $T_2 > T_1$. Mettiamoli a contatto con una parete diatermica, in modo che possano scambiare il calore Q. Per definizione un termostato non varia apprezzabilmente la sua temperatura in seguito allo scambio termico. Quindi possiamo scrivere:

$$\Delta S_1 = \int \frac{đQ}{T} = \frac{Q}{T_1} \tag{13.25}$$

$$\Delta S_2 = \int \frac{đQ}{T} = -\frac{Q}{T_2} \tag{13.26}$$

e la variazione totale del sistema:

$$\Delta S_{\text{sistema}} = \Delta S_1 + \Delta S_2 = Q\frac{T_2 - T_1}{T_1 T_2} > 0 \tag{13.27}$$

Se i due termostati risultano termicamente isolati dall'ambiente allora si verifica anche:

$$\Delta S_U = Q\frac{T_2 - T_1}{T_1 T_2} > 0 \tag{13.28}$$

Si tratta perciò di un processo irreversibile.

Supponiamo ora di avere due corpi solidi o liquidi immiscibili inizialmente alle temperature T_1 e T_2, con $T_2 > T_1$, caratterizzati da masse m_1 e m_2 e calori specifici c_1 e c_2. I due corpi vengono messi a contatto mediante una parete diatermica. Il calore viene trasferito dal corpo più caldo a quello più freddo fino al raggiungimento di una temperatura intermedia T_e di equilibrio. Per il secondo principio della termodinamica questo è un processo irreversibile.

Calcoliamo la variazione di entropia considerando una trasformazione reversibile tra gli stessi stati iniziale e finale. Scrivendo il calore infinitesimo scambiato come $đQ_i = m_i\ c_i\ dT\ (i = 1,2)$ abbiamo:

$$\Delta S_1 = \int \frac{đQ_1}{T} = \int_{T_1}^{T_e} \frac{m_1 c_1 dT}{T} = m_1 c_1 \ln \frac{T_e}{T_1} \tag{13.29}$$

$$\Delta S_2 = \int \frac{đQ_2}{T} = \int_{T_2}^{T_e} \frac{m_2 c_2 dT}{T} = m_2 c_2 \ln \frac{T_e}{T_2} \tag{13.30}$$

Ne segue:

$$\Delta S_{\text{sistema}} = \Delta S_1 + \Delta S_2 = m_1 c_1 \ln \frac{T_e}{T_1} + m_2 c_2 \ln \frac{T_e}{T_2} \tag{13.30}$$

Sostituendo l'espressione di T_e ricavata dall'equazione (12.18) si verifica facilmente che $\Delta S_{\text{sistema}} > 0$. Se i due corpi risultano termicamente isolati dall'ambiente inoltre:

$$\Delta S_U = \Delta S_{\text{sistema}} > 0 \tag{13.31}$$

confermando che si tratta di processo irreversibile.

Consideriamo ora una macchina termica che operi tra due termostati a temperature T_1 e T_2 con $T_2 > T_1$, scambiando con essi il calore Q_1 e Q_2 in modo da produrre il lavoro $L = Q_1 + Q_2$. La trasformazione è ciclica, quindi per il sistema vale $\Delta S_{\text{sistema}} = 0$. Avremo quindi $\Delta S_U = \Delta S_{\text{ambiente}}$. Per ambiente intendiamo i due termostati. Per essi calcoliamo la variazione di entropia:

$$\Delta S_1 = \int \frac{đQ}{T} = -\frac{Q_1}{T_1} \tag{13.32}$$

$$\Delta S_2 = \int \frac{đQ}{T} = -\frac{Q_2}{T_2} \tag{13.33}$$

Il segno meno è dovuto al fatto che stiamo seguendo il processo dal punto di vista dei termostati e non del sistema. Dobbiamo perciò cambiare il segno al calore.

$$\Delta S_U = \Delta S_{\text{sistema}} + \Delta S_{\text{ambiente}} = -\left(\frac{Q_1}{T_1} + \frac{Q_2}{T_2} \right) \tag{13.34}$$

Il termine a secondo membro nell'equazione è l'opposto di quello che appare nella diseguaglianza del teorema di Carnot (13.8). Risulta quindi $\Delta S_U > 0$ se il ciclo è irreversibile mentre $\Delta S_U = 0$ se il ciclo è reversibile.

13.8 ENTROPIA E PROBABILITÀ

Riprendiamo in esame ora la definizione di entropia introdotta nel capitolo dedicato alla meccanica statistica. Avevamo infatti visto che l'entropia descrive la tendenza naturale del sistema verso l'equilibrio statistico. In particolare, $S = k_B \ln P$, ovvero l'entropia è una quantità proporzionale al logaritmo del numero di stati microscopici compatibili con lo stato macroscopico (termodinamico) del sistema. Osserviamo innanzitutto che, dal punto di vista dimensionale le formule (11.37) e (13.16) sono consistenti: k_B ha infatti le dimensioni di un'energia per unità di temperatura assoluta. Inoltre, dalla definizione termodinamica, così come ottenuta a partire dal teorema di Clausius, si evince immediatamente che S è una grandezza fisica additiva, oltre che funzione di stato del sistema, come abbiamo già avuto modo di osservare in precedenza. Per operare un confronto quantitativo fra le due definizioni di entropia, esaminiamo nuovamente il problema dell'espansione libera di un gas ideale nel vuoto, già discusso alla fine del capitolo 11.

L'espansione libera è un processo tipicamente irreversibile, come dimostreremo calcolando la variazione di entropia ad essa associata. A tale scopo, consideriamo per semplicità la situazione in cui il gas si trovi inizialmente confinato, mediante una parete di separazione che poi rimuoveremo, in una metà del volume V di un recipiente coibentato a mezzo di pareti adiabatiche (vedi **figura 13.7a**).

Se si rimuove la parete, il gas si espande liberamente occupando tutto il volume (vedi **figura 13.7b**). Durante il processo non si compie lavoro. Il gas non agisce infatti su una parete mobile: il divisorio viene rimosso e non utilizzato, nelle fasi successive, per accompagnare gradualmente l'espansione. Durante il processo, inoltre, non viene scambiato calore, dato che il gas è contenuto fra pareti adiabatiche. Quindi, per il primo principio della termodinamica abbiamo:

$$Q - L = \Delta U = nc_V \Delta T = 0 \qquad (13.35)$$

Ne consegue che l'energia interna, e quindi la temperatura del gas, non varieranno fra lo stato iniziale e quello finale della trasformazione. Ai fini del calcolo della variazione dell'entropia, ΔS_{EL}, dobbiamo considerare una trasformazione reversibile, che abbia gli stessi stati iniziale A e finale B dell'espansione libera. Dal

a)

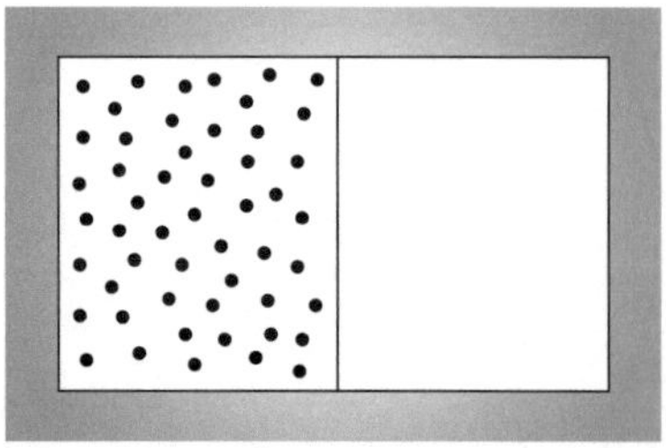

b)

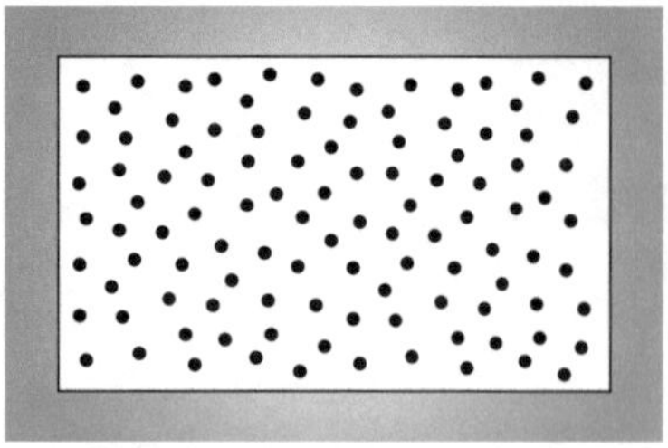

Figura 13.7

Espansione libera di un gas. Il gas inizialmente è confinato in metà del volume totale V, che occuperà alla fine del processo di espansione.

momento che i suddetti stati sono caratterizzati da un identico valore della temperatura, possiamo utilizzare una trasformazione isoterma per la quale vale:

$$\Delta S_{EL} = \int_A^B \frac{đQ}{T} = \int_{V_A}^{V_B} \frac{nRdV}{V} = nR \ln \frac{V_B}{V_A} = nR \ln 2 \qquad (13.36)$$

Poiché il recipiente è coibentato abbiamo che

$$\Delta S_U = \Delta S_{EL} > 0 \qquad (13.37)$$

a conferma che si tratta di una trasformazione irreversibile. Se volessimo riportare il sistema alla condizione iniziale, dovremmo infatti comprimere il gas in una metà del volume, con l'ausilio di un pistone, avendo cura di mantenerlo alla stessa temperatura. Si tratta in pratica di una trasformazione isoterma quasi statica lungo la quale si rende necessario compiere il lavoro

$$L = \int_{V_A}^{V_B} \frac{nRTdV}{V} = -nRT \ln 2 < 0 \qquad (13.38)$$

In questo modo il gas viene effettivamente riportato alla condizione iniziale, *mentre la stessa cosa non avviene per l'ambiente*, che deve di fatto esercitare il lavoro richiesto.

Per concludere il ragionamento, ricordiamo poi che $nR = k_B N$, con N numero di molecole. Dalla (13.40) abbiamo dunque:

$$\Delta S_{EL} = k_B N \ln 2 \qquad (13.39)$$

ovvero esattamente lo stesso risultato ottenuto nel capitolo 11, operando nel contesto di una formulazione microscopica del problema. In sostanza le due definizioni di entropia, quella termodinamica e quella statistica, coincidono. La meccanica statistica permette dunque di studiare il comportamento di sistemi costituiti da un grande numero di elementi interagenti (atomi, molecole), allo scopo di prevederne le proprietà macroscopiche (volume, densità, pressione, temperatura), accessibili ad una misura sperimentale diretta.

Made in the USA
Monee, IL
05 November 2026

67808881R00125